主要农作物生产全程机械化科普系列丛书

小麦生产全程机械化装备的选择、使用与维护

农业部农业机械试验鉴定总站　编

中国农业出版社

图书在版编目（CIP）数据

小麦生产全程机械化装备的选择、使用与维护/农业部农业机械试验鉴定总站编．—北京：中国农业出版社，2016.12

ISBN 978-7-109-22413-1

Ⅰ.①小…　Ⅱ.①农…　Ⅲ.①小麦－生产－农业机械－选择②小麦－生产－农业机械－使用方法③小麦－生产－农业机械－机械维修　Ⅳ.①S225.3

中国版本图书馆 CIP 数据核字（2016）第 283543 号

中国农业出版社出版

（北京市朝阳区麦子店街 18 号楼）

（邮政编码 100125）

责任编辑　魏兆猛

中国农业出版社印刷厂印刷　　新华书店北京发行所发行

2016 年 12 月第 1 版　　2016 年 12 月北京第 1 次印刷

开本：880mm×1230mm 1/32　　印张：12.125

字数：330 千字

定价：26.00 元

《小麦生产全程机械化装备的选择、使用与维护》编委会

主　编　仪坤秀　兰心敏

副主编（按姓名笔画排列）

冯　健　刘　辉　孙　超　张晓晨

陈兴和　商稳奇

编　者（按姓名笔画排列）

于瑞莲　石文海　仪坤秀　冯　健

兰心敏　刘　辉　孙　超　张晓晨

陈兴和　商稳奇

作 者 分 工

第一章　机械化选种装备 ………………………… 孙　超

第二章　机械化整地装备 ………………………… 商稳奇

第三章　机械化种植装备 ………………………… 冯　健

第四章　机械化田间管理装备 …………………… 刘　辉

第五章　机械化收获装备 ………………………… 陈兴和

第六章　机械化仓储装备 ………………………… 张晓晨

前　　言

小麦是我国的基本口粮作物之一。近年来，小麦生产全程机械化装备以其省时省力、节本高效的特点，广受农户的欢迎。据农业部统计，2014年全国小麦机耕面积和机播面积分别为2 167.543万hm^2和2 093.63万hm^2，机收水平已达到94%以上，机械化生产已成为当前小麦生产的主要方式。但随着我国小麦生产机械化的快速发展，部分地区出现机收损失率偏高等问题。经调研发现，由于各地耕作条件、农艺要求不同，农民对小麦生产机具的选择、使用存在区域化差异。因此，除机器本身质量外，农民对小麦生产机具选择不恰当、对机具使用操作不熟练、对机具维护不到位等因素也是导致机收损失偏高等问题的主要原因。

为贯彻中共中央办公厅、国务院办公厅《关于厉行节约反对食品浪费的意见》（中办发〔2014〕22号）中“加强粮食生产等环节管理，有效减少损失浪费”的意见精神，落实《农业部关于开展主要农作物生产全程机械化推进行动的意见》（农机发〔2015〕1号）中“全面推进主要农作物生产全程机械化”的目标任务，落实农业部办公厅《关于切实加强粮食机械化收获作业质量的通知》（农办机〔2015〕12号）的有关要求，全面推进小麦生产全程机械化，普及先进适用的小麦生产全程机械化技术及装备，农业部农业机械试验鉴定总站发挥试验鉴定优势，总结提炼技术成果，组织编写了《小麦生产全程机械化装备的选择、使用与维护》一书，用以指导广大农民、农机手和农机工作人员正确开展小麦机械化生产活动，提高小麦机械化生产质量，为农民、农机手和农机工作人员提供农机技术科普读物，为农机企业和学校提供培训教材。

全书共分机械化选种装备、机械化整地装备、机械化种植装备、机械化田间管理装备、机械化收获装备和机械化仓储装备 6 个部分，从基础知识、机具选择、使用调整、安全操作和维护保养等方面，详细阐述了小麦生产全程机械化装备的选择、使用与维护要求。我们以凝练典型技术及装备、融合农机农艺要求、便于技术人员使用为出发点，精心组织各部分内容，力争做到通俗易懂、图文并茂。

在本书编写过程中，我们得到了一些科研单位和生产企业的大力支持和协助，在此表示衷心的感谢！

由于我们的水平有限，书中不足之处难免，恳请读者批评指正。

编　者

2016 年 9 月 20 日

目　录

第一章　机械化选种装备

第一节　选种基础知识

小麦是我国的基本口粮作物之一。2014 年全国小麦播种面积为2 406.9万 hm^2，产量为12 620.8万 t，播种面积和产量居所有粮食作物第三位，为保障国家粮食安全发挥了重要作用。

优质的小麦种子是小麦高产增效的首要前提，这既需要小麦品种自身高产、抗耐性强、适宜机械化作业，也需要采用现代化选种装备对小麦种子进行机械化选种作业，以提高小麦种子的净度、活力和抗耐性，充分发挥品种自身的优质特性。我国小麦种植面积极为广泛，由于各地区的生产条件和管理技术水平等因素存在差异，需要综合掌握小麦机械化选种的常用方式和技术路线，熟悉机械化选种装备的选择、使用与维护。

一、选种的目的

选种作业是将收获后的小麦籽粒加工为适播种子的过程。目前选种作业分为人工选种和机械化选种两种方式。采用人工选种不仅劳动强度大、处理能力低，而且得到的小麦种子含杂率高、活力差、抗耐性低，难以进行仓储，不利于发挥种子的品种优势。采用机械化选种能够清除小麦籽粒中尺寸、密度或表面特性不一的杂质，还能按照籽粒尺寸、密度和色泽等特性进行精选分级，然后采取包衣包膜等手段提高种子质量，最后通过计量包装获得小麦种子商品。通过机械化选种作业，可以提高小麦种子的整体品质，增加种子在市场上的竞争力，减少种子播量，提高种子发芽率、发芽势和田间出苗率，促使幼苗生长健壮，为夺取高产打下基础。

二、机械化选种技术

（一）机械化选种工序

机械化选种作业可以分为种子清选、精选分级、包衣和计量包装四大作业工序，其基本定义、主要目的及常用方法如表 1-1 所示。

表 1-1　机械化选种作业工序的基本定义、主要目的和常用方法

作业工序	基本定义	主要目的	常用方法
清选	种子与杂质分离的过程主要分为初清选、基本清选和精选	清除混入种子中的茎、叶、穗、损伤种子、异作物种子、杂草种子、泥沙、石块或空瘪种子等掺杂物，以提高种子净度，并为种子安全干燥和包装贮藏做好准备	风选和筛选等
精选分级	在基本清选之后进行的精选和分级作业	剔除混入种子中的异作物、异品种种子、空瘪、虫蛀、劣变、发过芽或活力低的种子，以提高种子的精度级别和利用率，进而提高纯度、发芽率和种子活力	风选、筛选、比重选、窝眼选和光电选等
包衣	在种子外表面包敷一层包衣剂的过程。包衣剂包括杀虫剂、杀菌剂、染料及其他添加剂等。包衣后的种子形状不变而尺寸有所增加	使种子适于播种，促进种子发芽出苗，在苗期起到防病、防虫、抗寒、抗旱和抗潮作用，降低小麦苗期发病率和死苗率，增加产量并改善产品质量	丸化、包衣和包膜等
计量包装	对经过清选、精选和包衣等工序的种子用特定包装容器进行计量包装	防止种子因混入杂质、吸收水分或感染病菌等引发劣变，保护种子品质	计量和计数等

小麦种子机械化选种作业包括清选、精选、分级、包衣、包装和计量包装等工序，基本工艺流程见图 1-1。

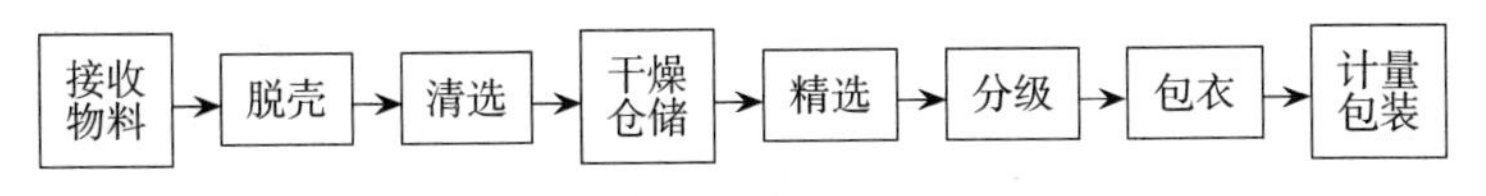

图 1-1　小麦机械化选种的基本工艺

（二）机械化选种方法

1. 风选

利用种子混合物与气流相对运动时受到作用力的不同而进行分离，常用的风选方式有垂直气流清选（图 1-2）、倾斜气流清选

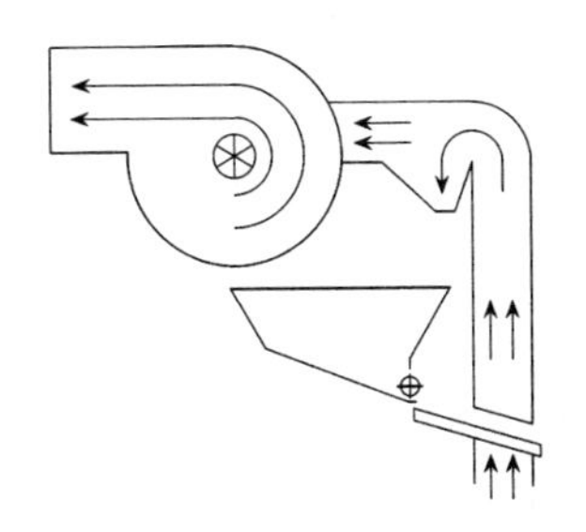

图 1-2　垂直气流清选工作原理

（图 1-3）和抛掷清选等。

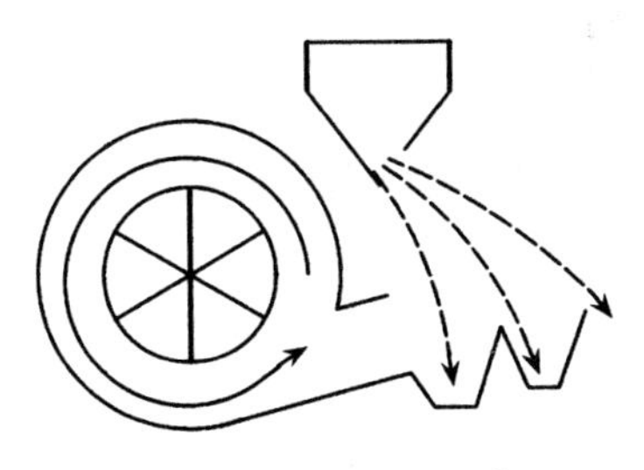

图 1-3　倾斜气流清选工作原理

2. 筛选

由于种子混合物中各成分的尺寸和形状不同，可通过种子混合物的筛上运动，将种子混合物分为筛上和筛下两部分，达到清选目的。不同类型筛子的筛选能力也不同，长孔筛（图 1-4）能够按照种子的厚度分离，圆孔筛（图 1-5）能够按照种子的宽度分离。

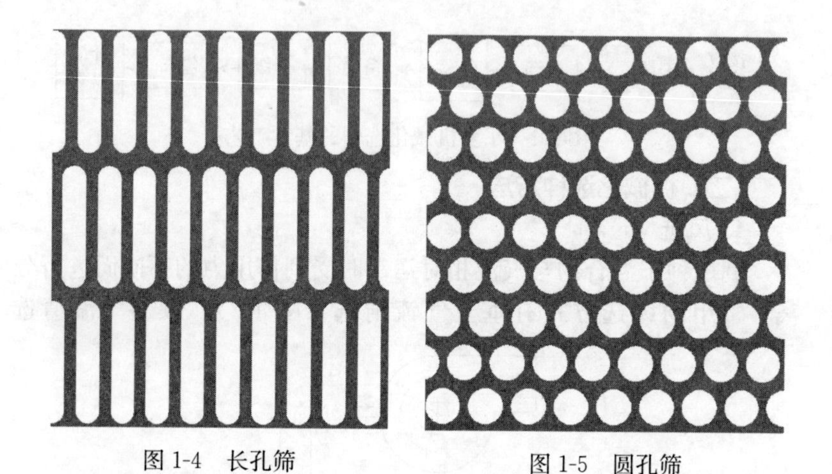

图 1-4　长孔筛　　　　图 1-5　圆孔筛

3. 比重选

利用种子混合物密度或比重的差异进行分离，先使种子混合物形成若干层密度不同的水平层，然后使这些层彼此滑移，相互分离（图 1-6）。

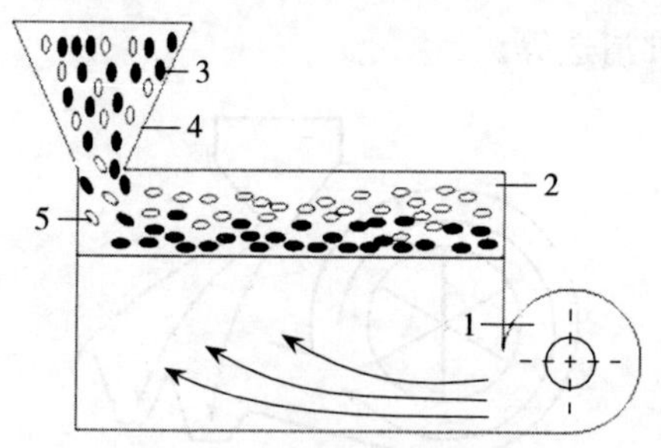

图 1-6　比重清选工作原理

1. 风机　2. 种子层　3. 高密度种子
4. 种子漏斗　5. 低密度种子

4. 窝眼选

利用种子混合物能否进入旋转窝眼筒（盘）上的窝眼进行精选的方法，按种子长度进行精选，能同时将小于小麦种子长度的杂质（如草籽等）或大于小麦种子长度的杂质（如大麦等）分离出去（图 1-7、图 1-8）。

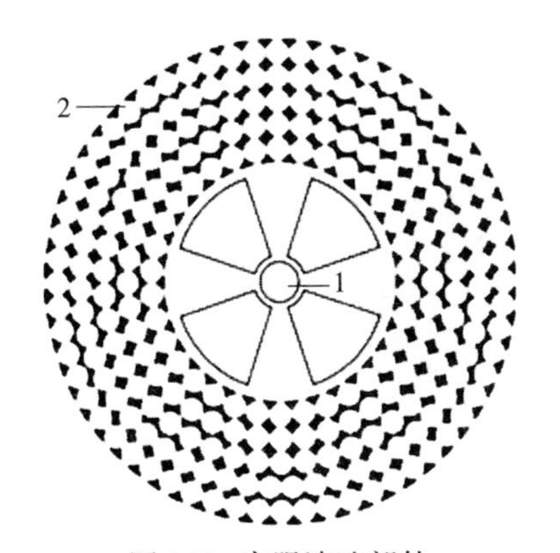

图 1-7　窝眼清选部件结构简图

1. 窝眼筒轴　2. 窝眼

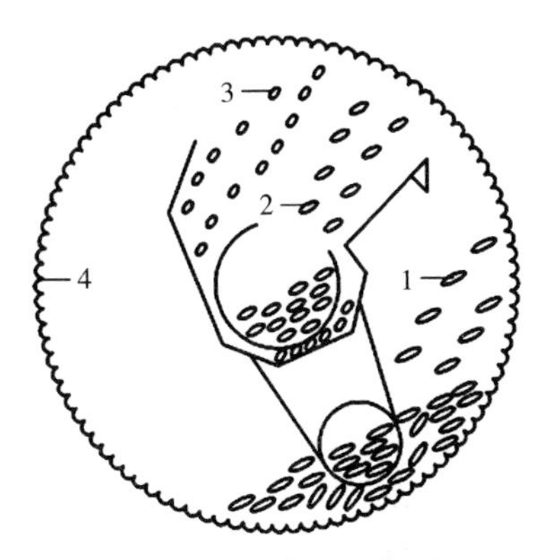

图 1-8　窝眼清选工作原理

1. 长粒种子　2. 合格种子

3. 短粒种子　4. 窝眼筒壁

5. 光电选

利用种子混合物颜色或色泽的差异进行精选，将种子通过光导区后形成的反射光与设定好的标准光色进行比较，当二者不同时，会产生电信号并带动工作部件运动，实现种子的分离（图 1-9）。

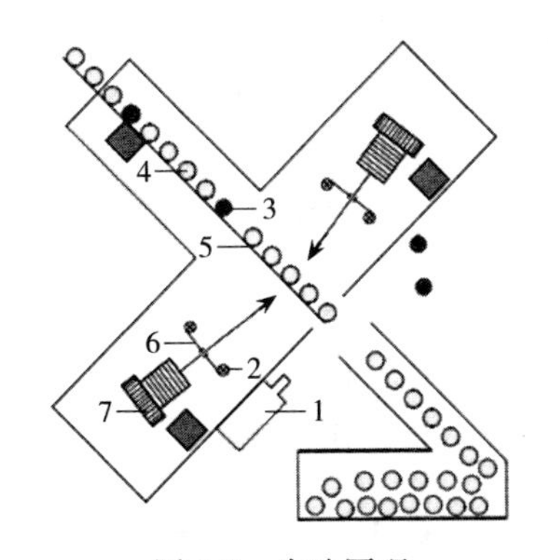

图 1-9　光选原理

1. 喷气阀　2. 光源　3. 不合格　种子　4. 合格种子

5. 滑轨　6. 背景板　7. 镜头

6. 种子包衣

(1) 包衣种子　包衣种子是指利用黏着剂，将微量元素、杀菌剂和杀虫剂等物质黏附在种子外表以改善种子的出苗特性（图 1-10），而不明显改变种子形状和包衣方法。

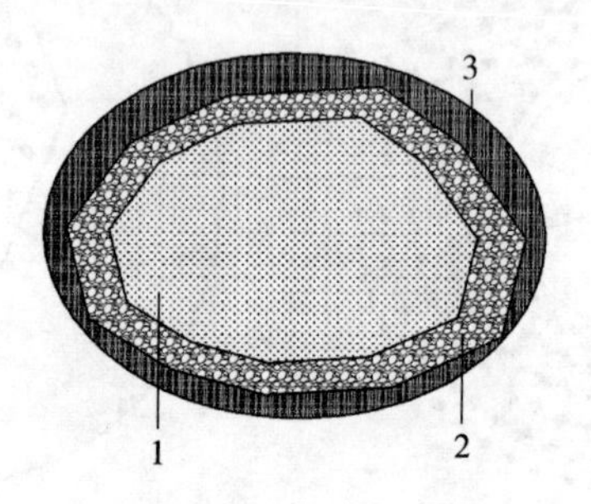

图 1-10　小麦种子结构示意

1. 小麦种子　2. 包膜　3. 包衣

（2）包膜种子　包膜种子是指利用成膜剂，将杀菌剂、杀虫剂、微肥、染料等非种子物质包裹在种子外部，形成一层薄膜，经包膜后，种子外形基本保持不变，但其大小和重量随着包衣剂不同而改变。

7. 计量包装

根据重量（体积）或粒数将包衣后的种子进行包装（图 1-11），主要工艺流程为：进料→提升→计量→套袋输送→封包或热合封口→计量包装成品输出。

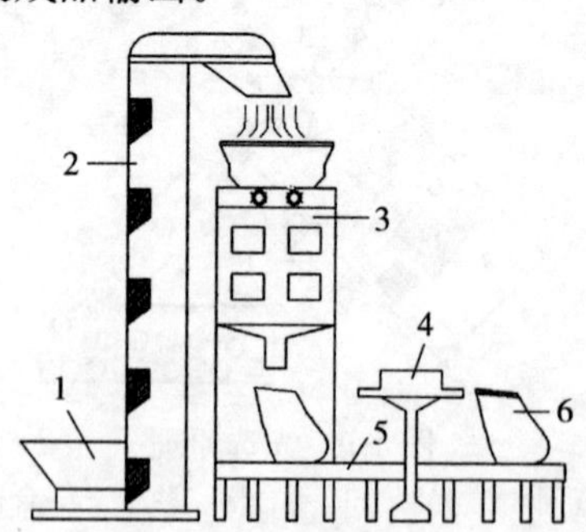

图 1-11　种子定量包装秤工作原理

1. 进料斗　2. 提升机　3. 计量称

4. 缝包机　5. 输送带　6. 包装成品

三、机械化选种作业指标

（一）小麦种子质量标准

小麦种子分为原种和大田用种。原种指用育种家种子繁殖的第一代至第三代、经确认达到规定质量要求的种子。大田用种指用原种繁殖的第一代至第三代或杂交种、经确认达到规定质量要求的种子。GB 4404.1—2008《粮食作物种子第1部分：禾谷类》规定了在中华人民共和国境内生产、销售的小麦作物种子（涵盖包衣种子和非包衣种子）必须满足的质量标准（表1-2）。

表1-2 小麦作物种子质量标准

作物名称	种子类别		纯度不低于	净度不低于	发芽率不低于	水分不高于
小麦	常规种	原种	99.9%	99.0%	85%	13.0%
		大田用种	99.0%			

国家标准规定的小麦种子质量指标包含小麦种子的纯度、净度、水分等指标，所以要采用适宜的机械化选种方式，选择适用的选种机械进行作业，最终得到符合标准要求的小麦种子。

（二）作业性能指标及合格标准

1. 作业性能指标

机械化选种作业质量可以用生产率、净度、获选率、破损率、分级合格率、包衣合格率、种衣牢固度和危害农作物杂草籽清除率等主要质量指标进行衡量，其定义和计算方法见表1-3。

表1-3 作业性能指标的基本定义和计算方法

作业性能指标	基本定义	计算方法
生产率	指以加工一定状态的作物种子（通常指小麦种子）按喂入量标定的机器生产率	作为产品的主参数，生产率是设计值

（续）

作业性能指标	基本定义	计算方法
净度	指在一定量的种子中，正常种子的质量占种子总质量的百分比	$净度=\left(1-\frac{杂质总质量}{种子总质量}\right)\times100\%$
获选率	指实际选出的好种子占原始物料中好种子含量的百分率	$获选率=\frac{主排出口样品种子中好种子质量}{各排出口样品的好种子质量之和}\times100\%$
破损率	指加工过程中好种子的破碎损伤量占原有种子总重量的百分率	$破损率=\left(\frac{各排出口样品中破损种子量总和}{各排出口样品量总和}-\frac{原始种子}{破损率}\right)\times100\%$
分级合格率	指使用加工设备对小麦种子进行分级的合格率	$分级合格率=\frac{测定样品种子合格籽粒量}{样品籽粒量}\times100\%$
危害农作物杂草籽清除率	清除危害农作物的杂草籽（如秕子、野豌豆、野燕麦等）的比例	$危害农作物杂草籽清除率=\left(1-\frac{选后草籽量}{选前草籽量}\right)\times100\%$
包衣合格率	指种衣剂包敷面积大于80%的包衣种子占全部包衣种子的比例	$包衣合格率=\frac{种子剂包敷种子面积大于或等于80\%的粒数}{种子剂包敷种子的总粒数}\times100\%$
种衣牢固度	指种衣剂包裹在种子上的牢固程度	$种衣牢固度=\frac{振荡后包衣种子质量}{样品质量}\times100\%$

此外，噪声和粉尘浓度是选种作业中对操作人员有直接影响的安全性指标，其基本定义和测试方法见表1-4。在作业中应当保证噪声和粉尘浓度符合相关标准要求，保证作业人员安全。

表1-4　选种作业主要安全指标的基本定义和测试方法

主要安全指标	基本定义	测试方法
噪声	衡量种子加工设备作业过程中对环境噪声影响的程度大小	在机器工作时，用声级计在机器四周距机器1m远，距地面1.5m的几个不同位置测定，单机取最高值为噪声值dB（A）。成套设备取对数平均值或算术平均值为其噪声值dB（A）
粉尘浓度	衡量种子加工作业环境的好坏，仅用于成套加工设备	在计量装袋与原始物料喂入处（此外可再选择1～3个部位）进行测定。测点应选在距机具或物料进、出口处1m、距地面1.5m的不同位置测定三点，其算术平均值即为所测粉尘浓度

2. 合格标准

机械化选种的作业性能指标中，生产率、净度、发芽率、获选率和包衣合格率是较为重要的指标，其合格标准如表1-5所示。

表1-5　选种作业主要指标合格标准

序号	性能指标	合格标准
1	生产率，t/h	符合使用说明书规定
2	净度，%	≥99
3	发芽率，%	高于选前
4	获选率，%	≥98
5	包衣合格率，%	符合GB 15671的规定

四、选种作业注意事项

在采用机械化选种方式获得优质小麦种子前，要综合考虑种植地域自然条件、粮食小麦的品质特性和机械化作业要求等方面因素对小麦种子的要求，需要注意以下几点。

（一）根据农艺需求选择适宜种子

小麦品种在推广前必须通过审定，大面积推广的品种还要经过区域试验和生产试验，由国家或省品种审定委员会审定通过。因此，在选种作业前要查阅相应的审定公告，查找该小麦品种的审定情况，是否具有审定编号，了解该小麦品种的优缺点、适宜种植区域等信息。各地气候特点和生态类型各异，对品种要求不同，要根据小麦品种的发育特性选择品种，正确地引种和运用栽培措施。

（二）根据机械化作业需求选择适宜种子

机械化作业需求是小麦选种时要考虑的重要因素。如在进行机械化播种时，可以利用品种阶段发育特性确定合理的播期和播量。如冬性品种春化阶段长，播种期较早，分蘖多，群体大，播种量应适当少一些。而半冬性品种通过春化时间短，适宜的播种期较晚，分蘖少，为使单位叶面积达到足够的成穗数，播种量应适当多些。

五、选种机具种类介绍、型号编制规则

（一）选种机具种类

1. 种子清选机

种子清选机能够利用小麦种子与杂质之间的不同特性，采用风力、重力或表面性质等原理，清除小麦种子中的小粒、秕粒、病粒、破碎粒、草籽或杂质等，留下粒大饱满的种子作为播种用种。常见的种子清选机有风筛式清选机、比重式清选机、窝眼筒式清选机、磁力式清选机和光电式分选机等。

（1）风筛式清选机　风筛式清选机是将风选与筛选方式组合进行清选作业的机具，是最基本的种子清选机械，能按照种子的重量和尺寸进行风选和筛选，既能完成初清选，也能实现种子分选，获得纯度较高的小麦种子（图 1-12）。

（2）比重式清选机　比重式清选机是以双向倾斜、往复振动的工作台和贯穿工作台网面的气流（正压气流或负压气流）相结合进行清选或分级作业的机具（图 1-13）。待清选的种子混合物中存在的不合格种子和杂质，其尺寸、形状和外部特征上与合格种子十分

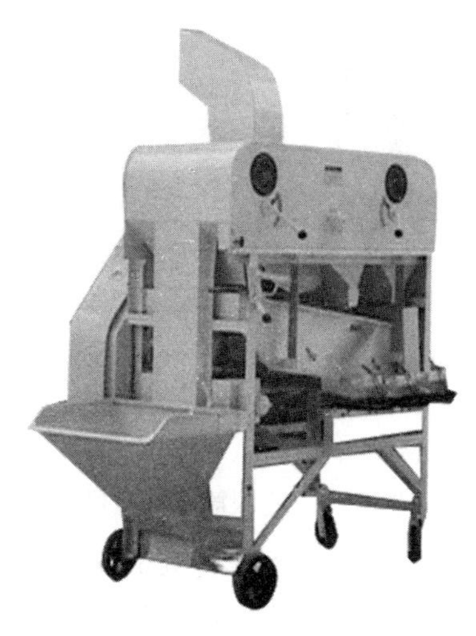

图 1-12　风筛式清选机

接近，如虫害、发霉、空心的种子以及石块、砂砾等，无法采用风选或磁选等清选方式将其有效分离，可以使用比重式清选机进行处理。

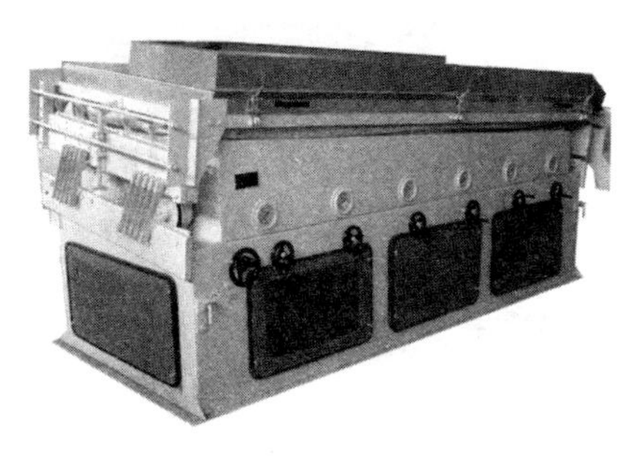

图 1-13　比重式清选机

（3）窝眼筒式清选机　窝眼筒式清选机是以内壁带窝眼的圆筒进行清选或分级作业的机具，能够按籽粒长度分选，当种子混合物平铺其上，长度小于窝眼口径的籽粒在振动作用下进入窝眼，长度大于窝眼口径的籽粒留在窝眼外，从而实现种子和杂质之间的分离（图 1-14）。

图 1-14　窝眼筒式清选机

（4）光电式分选机　光电式分选机是按种子物料光反射特性的差异通过光电转换装置进行清选作业的机具，按照不良种子（如不够饱满、过分发酵处理、老化或病菌侵染等）与合格种子之间光反射特性差异进行清选作业（图 1-15）。当待清选种子反射光与目标光谱不一致时，通过喷射气流等方式将不合格种子弹出。

图 1-15　光电式分选机

2. 种子包衣机

种子包衣机能够以一定的药种比例，通过机械批量式连续作业，将包衣剂均匀、牢固地包裹在种子表层，形成丸化种子、包衣种子和包膜种子（图 1-16）。经过包衣的种子能够便于机械化播种，同时有效防治作物苗期病虫害，促进幼苗生长，达到增产增收的效果。

图 1-16　种子包衣机

3. 种子计量包装机

种子计量包装机能够一次性完成小麦种子的进料、提升、计量、套袋、缝包或热合封口、输送等工序，实现小麦种子自动定量准确包装（图 1-17）。

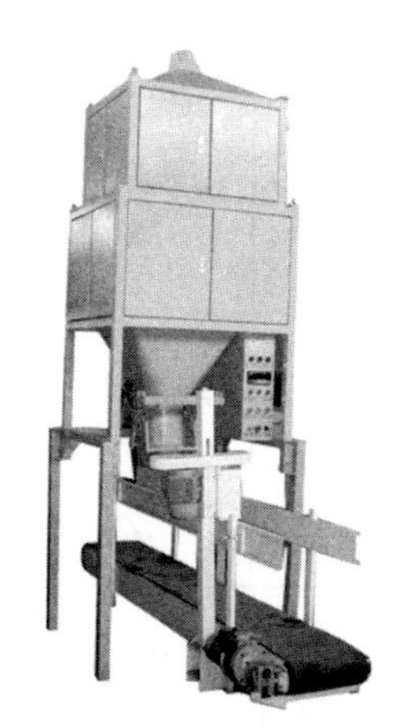

图 1-17　种子计量包装机

此外，不同种类的选种机具还可以组合为种子加工成套设备，它是指能够完成种子全部加工要求的加工设备及其配套和附属装置的总称。GB/T 21158—2007《种子加工成套设备》规定，小麦种子加工成套设备一般加工工艺流程分为进料、基本清选、比重分选、长度分选、包衣和包装等过程，设备配置包括风筛式清选机、重力式分选机、窝眼筒分选机和定量包装机等。

（二）型号编制规则

根据JB/T 8574—2013《农机具产品型号编制规则》，选种机具产品型号依次由分类代号、特征代号和主参数代号三部分组成，产品型号的编排顺序如下：

常见选种机具的产品型号如表1-6所示。

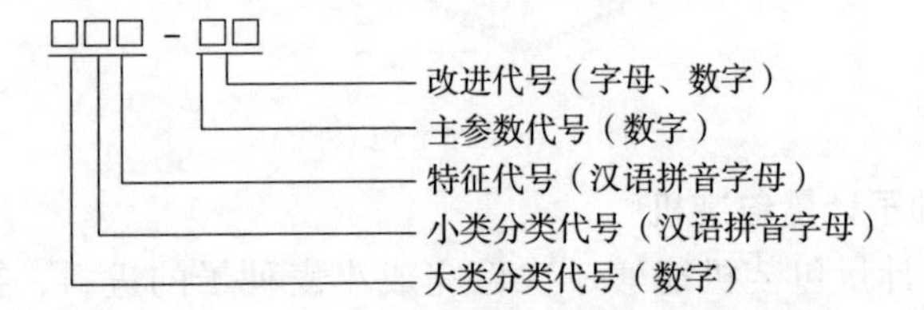

表1-6　常见选种机具的产品型号编制规则

序号	机具类别和名称	大类分类代号	小类分类代号	特征代号	主参数代号意义
1	清选机 风筛式清选机 重力式清选机 圆筒筛清选机 窝眼筒清选机 复式清选机	5	X	— — Z Y W F	生产率（t/h）
2	种子包衣机	5	B	—	生产率（t/h）
3	种子加工成套设备	5	Z	T	生产率（t/h）

小麦种子加工成套设备以生产率为成套设备主参数，按生产率（t/h）的不同可以分为1.0、1.5、3、5、(7)、10、15等不同主参数系列。复式粮食清选机以生产率为主参数，按生产率（t/h）的不同可以分为5、10、15、20、25、30、40等不同主参数系列。

第二节　选种装备的选择

选种装备选择时，首先要确认设备的适用范围是否能够满足机械化选种作业需求，充分考虑当地的电力条件、厂房条件、作业条件和作业季节等限制条件，全面考核设备的经济性、安全性、作业质量等指标是否能够满足生产的基本要求，最后科学地选择机械化选种作业方式和技术路线。

一、风筛式清选机

风筛式清选机是由风选部件和筛选装置组合而成的种子清选机，小麦种子首先经过风选系统，实现轻杂质的分离，饱满籽粒再经过筛选系统，按种子的几何尺寸进行再次分选。

（一）风筛式清选机的种类

风筛式清选机按照是否可以自由移动分为固定式风筛清选机和移动式风筛清选机。固定式风筛清选机生产率相对较高，清选性能稳定，机身在工作场地固定，不能自由移动。移动式风筛清选机又称风筛清选车，具有行走底盘，能够通过牵引在平坦的地面上自由移动。

（二）风筛式清选机的产品特点

风筛式清选机集上料、风选和筛选加工于一体，包括提升系统、风选系统、筛选系统和原料通过提升系统。混合物料被提升到高处，依靠重力从高处落下并进入风选系统，混合物料中轻杂质与较重的饱满籽粒实现第一次分离，分离后较重的物料在自身重力作用下振动进入筛选系统，种子物料在筛选系统被按照种子的几何尺寸，依靠多层筛板进行第二次分离。目前市面上的主流产品为双筛箱、双风道结合多筛层结构，调节性能也向更加精细、灵活的方向发展。

（三）风筛式清选机的主要技术参数

以下列举了几种常见风筛式清选机的主要技术参数（表 1-7）。

表 1-7　风筛式清选机的主要技术参数

产品型号	5XZC-3A	5XZC-5A	5XZC-15A
生产率，kg/h	3 000	5 000	15 000
外形尺寸，mm	3 970×1 800×2 750	4 970×1 950×3 100	5 970×2 350×3 300
整机质量，kg	1 300	1 600	2 000
电源，V/Hz	380/50	380/50	380/50
功率，kW	7.25	12.74	20.93
筛片层数	2	2	4

（四）风筛式清选机的适用范围

由于风筛式清选机具有风选和筛选功能，能够按照小麦种子的力学特性和尺寸特性进行选种作业，所以能够应用在小麦种子的预清选、基本清选和精选分机作业。

二、比重分选机

比重分选机的主要功能是按比重不同来分离主要种子中的杂质。

（一）比重分选机的种类

比重分选机可以按照气流作用方式进行分类：气流在负压下进行作业，风机位于气流管路的排气端为负压式（吸式）比重分选机，由于这种类型分选机工作台面需要密闭，又称之为闭式比重分选机；气流在正压下进行作业，风机位于气流管路的进气端为正压式（吹式）比重分选机，分选机工作台面敞开，又称之为开式比重清选机。此外，按照工作台面形状（长方形、三角形或梯形等）不同也可对比重分选机进行分类。

（二）比重分选机的产品特点

比重分选机用于清选外形尺寸相同但比重不同的小麦种子，以正压式比重分选机为例，其主要由进料斗、振动筛、风机、无级变速机构和机架组成。比重分选作业中，机器首先将具有一定压力的空气气流通过种子，使排布混乱的种子因比重不同而进行升降。其次，筛面振动与之接触的较重种子，种子从进料端至排料端向高处走，而较轻的种子从进料端至排出端向低处走。在种子抵达筛面的排料端时，分离即完成。较重的种子集中在筛面的高处，而较轻的种子集中在筛面的低处，其他种子位于中间层。作业时，要避免空气流量过大造成种子自由浮升于筛面之上、分层效果差的现象。目前，市面上的比重分选机可采用浮动自平衡振动机构、改进气流工作系统和提高调节装置操纵灵活性等方式来提高产品性能。

（三）比重分选机的主要技术参数

以负压式比重分选机为例，以下列举了几种常见比重分选机的主要技术参数（表 1-8）。

表 1-8　负压式比重分选机产品技术参数

产品型号	5XJC-3	5XJC-5	5XJC-6
生产率，kg/h	3 000	5 000	6 000
外形尺寸，mm	4 000×1 770×2 870	4 000×1 990×2 880	4 000×2 040×2 880
整机质量，kg	1 000	1 300	1 600
电源，V/Hz	380/50	380/50	380/50
功率，kW	4.18	6.8	6.8
风机风量，m^3/h	2 664～5 268	4 012～7 419	4 012～7 419
风机风压，Pa	989～1 578	1 320～2 014	1 320～2 014
筛面尺寸，mm	2 000×300	2 000×450	2 000×600
除轻杂率，%	≥83	≥83	≥83
除重杂率，%	≥80	≥80	≥80
噪声，dB（A）	≤87		

（四）比重分选机的适用范围

比重分选机适用于清除尺寸、形状和外部特征上与主要种子相近的不合格种子和杂质，尤其当使用风选、筛选和磁选等方式不能把它们有效分离时，利用杂质与主要种子比重上的区别进行分选作业，能够有效除去小麦种子中的虫害、发霉、空心、无胚的种子以及泥土、石块、砂粒等杂质。

三、窝眼筒清选机

（一）窝眼筒清选机的种类

用于小麦种子清选的窝眼筒主要有单作用窝眼筒和双作用窝眼筒两类（图 1-18）。单作用窝眼筒是沿窝眼筒轴向窝眼直径完全相同的分离清选装置，能够将小麦种子与长杂分离开来。双作用窝眼筒沿窝眼筒轴向窝眼尺寸不完全相同,窝眼筒由窝眼直径较小的部分和窝眼直径较大的部分组成,清选时首先将短杂分离,然后将长杂分离,最后得到合格种子。

图 1-18　单作用窝眼筒和双作用窝眼筒

（二）窝眼筒清选机的产品特点

窝眼筒清选机主要由进料斗、滚筒体、窝眼筒、集料槽、集料槽调节装置、排料装置、传动装置和机架等结构组成。影响选种作业的主要工作参数有滚筒转速、滚筒尺寸、滚筒倾角、负荷情况和窝眼直径等。滚筒转速增大，分选效率提高，但转速增大到一定程度后会影响获选率。清选小麦种子时，滚筒应由进料端向排料端向下倾斜 1.5°～2.5°。正分选小麦种子时，窝眼直径应选择 4.5mm 或 5.0mm；逆分选小麦种子时，窝眼直径应选择 8.0mm、8.5mm 或 9.0mm。窝眼筒清选除了双作用窝眼筒（清长杂与清短杂组合）外，还可在窝眼筒下方配置较小的窝眼筒，实现主要清选与辅助清选组合，也可在窝眼筒外再套一个圆筒筛，将小麦种子按尺寸不同再分成 2～3 级。

（三）窝眼筒清选机的主要技术参数

以下列举了几种常见窝眼筒清选机的主要技术参数（表 1-9）。

表 1-9　窝眼筒清选机的主要技术参数

产品型号	5XW-2	5XW-3	5XW-5
生产率，kg/h	2 000	3 000	5 000
外形尺寸，mm	2 650×700×2 100	2 990×750×2 270	3 880×1 040×2 330
整机质量，kg	1 000	1 300	1 500
功率，kW	1.5	2.0	3.0
滚筒长度，mm	2 000	2 400	2 700
滚筒直径，mm	550	600	700
滚筒转速，r/min	15～50	15～50	15～50
窝眼直径，mm	5.6 或 8.5	5.6 或 8.5	5.6 或 8.5

（四）窝眼筒清选机的适用范围

窝眼筒清选机能够按照种子的长度进行分选，既能将短小的杂质分离出去，也能将长籽粒和杂质清除出去。窝眼清选与筛选相比，虽然分选精度有一定局限性，生产效率略低，但仍然是目前按小麦种子长度进行分选的唯一有效方法。

四、光电分选机

（一）光电分选机的种类

光电分选机可分为单选光电分选机和复选光电分选机两类。单选色选机只有一次色选，适用于原料异色粒较少的工作条件，工艺配套较为简单。复选光电分选机有两次及以上的色选，当小麦种子中异色粒含量比较高时，可以实现成品一次色选合格。

（二）光电分选机的产品特点

光电分选机主要由喂料、检测、信号处理、分选和排料等装置组成。喂料装置包据贮料斗、振动喂料器和通道，振动喂料器作往复运动，其振幅可以调节，通道的主要作用是让物料匀速、有序地进入分选区。检测装置主要由集中在光学箱内的背景、前置放大器、日光灯等组成。喷射阀是主要分选装置，根据信号处理装置发出的命令，借助喷射阀喷出的脉冲式压缩空气将异色物料吹离合格种子的正常轨道，达到分选目的。排料装置的主要作用是保持合格种子与杂质的分离状态，使异色物料不致分散反弹。

（三）光电分选机的主要技术参数

以下列举了几种常见光电分选机的主要技术参数（表1-10）。

表1-10　光电分选机的主要技术参数

产品型号	6SXZ-68	6SXM-300B	6SXZ-640
生产率，kg/h	800～1 500	10 000～17 000	16 000～35 000
外形尺寸，mm	900×1 200×1 500	2 075×1 535×2 142	4 100×1 650×2 150
整机质量，kg	220	1 290	1 900
电源，V/Hz	220/50	180～240/50	220/50
功率，kW	0.8～2.5	2.9	2.5～6.3
气源压力，MPa	≥0.4	0.6～0.8	0.6
气源消耗，m^3/min	＜1.0	＜1.6	＜8.0

（四）光电分选机的适用范围

光电分选机的适用范围较广，分辨的灵敏度和准确度高，可以完成其他分选机械难以完成的若干分选作业，能够根据小麦种子的颜色及明暗差异进行精细分选，分选过程对种子物理损伤小。需要注意的是，由于光电分选机设备精密度高，为避免光电分选机通道内黏附泥沙、麦壳等异物，应对待分选的小麦种子进行初清选后再进行光电分选作业。

五、种子包衣机

（一）种子包衣机的种类

种子包衣机按搅拌方式的不同，可分为螺旋搅拌式和滚筒搅拌式两类。按药液雾化的方式不同，可分为气体雾化、高压药液雾化和甩盘雾化三类。

（二）种子包衣机的产品特点

种子包衣机由进料斗、物料控制器、雾化装置、清理装置、搅拌器、药箱、计量泵和电控箱等部件组成。包衣机工作时，种子经提升机提升喂入料斗，经喂料控制装置，按不同种子的喂入量要求定量进料，并通过计量泵的旋柄刻度准确地按比例将药剂泵入工作雾化筒内，经种子离心分料器连续不断地作用产生离心力，种子在下落过程中不断地翻滚运动。而药剂经高速旋转的雾化装置雾化成细的雾滴射到种子各个表面，均匀地在种子表面成膜。最后，包好药剂的种子进入输送混合装置进一步搅拌，使药剂更均匀、更牢固地黏附在种子表面后，经出料口排出，按计量标准要求进行包装。目前，市面上的种子包衣机以具有连续式供给药剂和种子、优化种子与药剂的抛洒喷雾与拌和过程、全程自动化作业等特点的产品为主流。

（三）种子包衣机的主要技术参数

以下列举了几种常见种子包衣机的主要技术参数（表 1-11）。

表 1-11　种子包衣机的主要技术参数

产品型号	5BYX-2	5BYX-5
生产率，kg/h	2 000	5 000
外形尺寸，mm	1 530×670×1 540	2 504×988×2 434
整机质量，kg	200	320
电源，V/Hz	380/50	380/50

（续）

产品型号	5BYX-2	5BYX-5
功率，kW	1.85	3.18
包衣方式	搅拌	离心甩盘雾化
药种配比范围	1∶25～1∶120	1∶25～1∶120
包衣均匀度，%	≥93	≥98
破碎率，%	≤0.1	≤0.1
破损率，%	≤0.1	
工作场所空气中有害物质浓度，mg/m^3	符合 GBZ 2.1 的规定	
噪声，dB（A）	≤85	

（四）种子包衣机的适用范围

种子包衣是将一定比例的种衣剂均匀、牢固地包裹在种子表层的过程，要求包衣的种子净度高，种子之间个体差异小，适用于经过精选、含水量在12%～14%、无土块和秸秆等杂质的小麦种子。

六、种子计量包装机

（一）种子计量包装机的种类

为了适应目前计量包装按种子体积、重量和粒数包装三种方式要求，种子包装机械有定量和定数包装两种类型。按照包装头的数量还可以分为单头、双头和多头包装机。

（二）种子计量包装机的产品特点

种子计量包装机一般都由称重系统、装袋缝包系统、输送系统和控制系统等组成。

（三）种子计量包装机的主要技术参数

以单头种子计量包装机为例，以下列举了几种常见种子计量包装机的主要技术参数（表1-12）。

表 1-12　种子计量包装机主要技术参数

产品型号	DGS-1	DGS-25	DGS-50
称量范围，g	100～1 000	5 000～25 000	10 000～25 000
外形尺寸，mm	700×800×1 800	1 015×1 000×3 070	1 075×1 120×3 160
整机质量，kg	120	250	270
电源，V/Hz	220/50	220/50	220/50
功率，W	400	500	500
显示刻度，g	0.1	1	2
允许误差，g	≤±1	≤±15	≤±30

（四）种子计量包装机的适用范围

在选用种子计量包装机时，应该首先明确待包装种子物料的大小、包衣情况等物料特性，按照实际包装要求，按照种子粒数、体积或者是重量选择相应的计量包装机进行种子计量包装作业。

第三节　选种机具的安全操作

小麦机械化选种作业涉及的物料和选种机械操作较为复杂，对安全操作的要求较高。操作人员既要熟悉机器安全操作的规范流程，也要掌握安全注意事项，从人员素质、机械防护、电气防护、防火安全和日常维护等方面严格遵守安全操作要求，保证机械化选种作业的安全进行。选种机具操作应注意人员安全与机具安全两方面要求，在实际操作时也要按照机型之间的差异做到操作安全。

一、选种机具的安全要求

（一）人员安全要求

（1）选种机具必须由经过培训和训练的熟练操作人员来操作。

（2）操作人员应仔细阅读产品使用说明书，遵守有关的安全操作规程，不可盲目操作。

（3）操作人员应健康、无疾病，操作人员、外围技工和来宾等人员在选种作业过程中禁止吸烟。

（4）操作人员应配备安全防护装备，常见的安全防护装备有安全帽、防护服、防护鞋、口罩、防护耳器和防护眼镜等。为防止重物下落对人员造成伤害，必须佩戴安全帽。在进行包衣等具有腐蚀性液体作业过程中，为防止地面有毒液体对人员造成伤害，必须配备防护服和防护鞋。在有灰尘的环境中作业必须佩戴口罩。为防止噪声对人员造成伤害，必须佩戴防护耳器。为防止高速喷溅的液体、物料对人员造成伤害，必须佩戴防护眼镜。

（二）机具安全要求

1. 危险部位安全防护

（1）外露旋转件应设置防护罩，打开或移去防护罩时必须停机，避免意外伤害。

（2）格栅、条栅或安全罩等防护装置要通过工具固定在机器上，操作机器之前要检查防护装置固定是否牢靠。

2. 安全标志

选种机具应在检查口、排风管、出料口、防护罩等危险部位粘贴安全标志，常见选种机具的安全标志及相关要求如表1-13所示。

3. 电气防护

（1）电器控制装置应安全可靠，开关要装在机器附近，或者在生产线控制柜上。

（2）当进行大修、装配、检查和保养工作时，应完全切断电源以使电机脱离工作状态。

（3）需爬上或进入机器时，必须切断机器的总电源。

（4）为保证接地良好，防止产生静电，应去掉接地导电体表面的油漆层。

4. 防火安全

（1）要及时清除机器及加工车间内的灰尘、杂物和废料等残留物。

表 1-13　常见选种机具的安全标志及相关要求

标志类别		标志图样	粘贴位置及主要作用
警告标识	1	警　告 切入电源以后，严禁打开控制箱，会造成触电危险，一定要将总电源关闭后，才可进行电气检查	此标志为橙色，表示警告； 位于机器控制箱处，警示操作人员电源切入后禁止打开控制箱，避免发生意外
	2	警　告 ○运转前，检查各部安全护盖是否就定位并且锁紧 ○运转中，请勿打开保护盖 ○运转中，如发现有异常及杂音，应立刻停止 ○安装本机台时，请保留维修空间 ○皮带请使用专用规格	此标志为橙色，表示警告； 位于机器侧下方，警示机器运转前、中的注意事项，防止发生意外危险
注意标识	1	注　意 运转中严禁打开检查窗、扫除口等安全盖，有可能会造成严重伤害	此标志为黄色，表示注意； 位于机器各检查窗与扫除口处，提醒机器运转状态时禁止打开检查窗与扫除口等安全盖，避免造成意外伤害
	2	注　意 严禁在拆下排风布管(保护网)的状态下运转，有可能会被叶片卷入而造成严重伤害	此标志为黄色，表示注意； 位于排风机处，提醒在机器运转时，不可拆下排风布管（保护网），以免被风机叶片卷入，造成意外伤害

（续）

标志类别		标志图样	粘贴位置及主要作用
注意标识	3	注 意 出料接管角度需大于60° 以上，否则会造成阻塞 60°	此标志为黄色，表示注意；位于枝梗排除搅龙接管处，提醒用户注意接管角度，错误的角度有可能造成阻塞，引发意外事故
	4	注 意 运转中严禁打开安全盖，有可能会被运转中的皮带卷入而发生危险	此标志为黄色，表示注意；位于入料回转阀链条护盖处，提醒运转时不能打开防护罩，否则可能会被运转中的链条卷入，造成意外伤害
	5	注 意 运转中严禁打开安全盖，以免被搅龙卷入，发生受伤的危险	此标志为黄色，表示注意；位于排出搅龙安全盖处，提醒运转时打开安全盖，有可能会被搅龙叶片卷入，造成意外伤害

（2）若发现机器漏油现象，必须立即停机检查，并及时处理。

（3）有可燃粉尘的区域应保持干净，避免废物料积聚或失散在机器旁。

（4）为减少环境粉尘，应及时检查传动部件工作状态，避免管道与连接处发生渗漏。

（5）为避免爆炸发生，必须及时清理机器及车间内的粉尘，严禁粉尘在电机上积累。

5. 日常安全要求

（1）操作人员要对设备进行周期性保养与检查，保证机器满足长期使用的安全标准。

（2）机器及附件的清理或检修必须在停机状态下进行。

（3）严禁在工作车间内使用焊机和焊枪等工具，以免造成粉尘爆炸危险。

（4）严禁在工作状态的传动系统上进行焊接操作。

二、选种机具的安全操作

（一）风筛式清选机

1. 安全注意事项

风筛式清选机在使用时要注意以下安全事项。

（1）格栅、条栅、防护罩必须固定牢靠，打开或移去防护时必须停机，避免意外伤害。

（2）使用者必须通过良好保养等适当措施，来保证机器满足长期使用的安全标准。

（3）当进行大修、装配、检查和保养工作时，要注意完全切断电源以使电机不在工作状态。开关要装在机器的旁边，或者在生产线控制柜上。

2. 安全警示标志

风筛式清选机安全标志及相关要求如表 1-13 所示。

3. 安全操作规程

（1）机器安装　机器应安放在避风处，地面应平整坚实，不允许有纵向和横向倾斜（尤其不能有横向倾斜），否则会使种子在筛面上的分布不均匀，从而影响选种质量和效果。

（2）开机前准备

①润滑：应在设备油杯处和无油杯的轴套上分别加润滑油，以减少磨损、降低噪声。

②设定清选风速：根据使用说明书和小麦物料状况选择适宜的清选风速。通常可以采用改变电机主动轮槽的方法改变风速，主动轮采用大直径槽的风速大，反之则风速小。

③连接电源：正确接线应该是风机转向与机上所示箭头方向一致，否则风机反转，风量不满足要求，则无法选种。接上电源后，空运转几分钟后方可作业。

（3）作业要求

①风量的调整：关闭料斗闸门，将种子装入料斗再启动电机，然后用手向外拉调节手轮，使手轮定位插销脱离定位座，然后旋转手轮。方向标指示“上”方向旋转，是关小风门；方向标指示“下”方向旋转，是开大风门。

②进料闸门的调节：进料闸门在风机达到正常转速、风门开到一定大小时开启。调节时由小到大，以既保证一定的生产率，又不使种子从前吸风口落下为宜。

③敲击锤的调节：根据上筛孔被种子的堵塞程度使用敲击锤，避免敲击力过大。

④控制板的调节：调整时应拧松蝶形螺母使控制板上提或下降，达到合适位置时再拧紧螺母，使控制板下端与下筛之间达到合适的间隙，处理小麦种子时为8～12mm。

⑤皮带松紧度的调节：风机皮带在使用一段时间后会拉长，这时应利用电机底座上的螺栓使其拉紧而达到一定的风机转速，曲轴皮带和偏心轴皮带则可利用张紧轮来调整其松紧程度。

（4）作业结束　当选种作业中止或需要更换品种时，必须对机内残留种子进行彻底清除，清除时要使机器继续运转，并将风门开关几次，以排除沉积在前、中后沉积室内的种子和杂质。然后使机器停止运转，消除筛面上及排杂口中的种子和杂质，并注意将机内（包括出料口）所有残留种子清除。

（二）比重分选机

1. 安全注意事项

（1）配电箱内各个空气开关控制相应的电机，提供短路和过载保护，如果无故掉闸，应检查电源接线是否突然缺相。

（2）每次调整纵向、侧向倾斜度后，一定要把锁紧手轮拧紧，防止发生意外。

（3）比重分选机靠振动原理进行分选作业，每班均应检查所有的传动件紧固螺栓是否松动，纵横夹板是否可靠夹紧，若松动应锁紧。

（4）每月对轴承加油一次并检查是否损坏。

2. 安全警示标志

比重分选机安全标志及相关要求如表 1-13 所示。

3. 安全操作规程

（1）机器安装 机器应安放在平整坚实的地面上工作，并尽量放在避风处，负压式比重分选机要注意密封良好。机器放置的地面不允许有纵向和横向倾斜。

（2）开机前准备 机器空转几分钟再进行分离工作。在空转期间，应静听机器运转声音是否正常，观察筛面振动情况是否正常，变换振动速度控制，观察筛面振动是否有所改变。

（3）作业要求

①在种子进入筛面前，设定作业参数喂入量、纵向倾角、横向倾角、振动频率及空气流量。

②在纵向倾角调节好之后上紧夹子，启动机器，轻轻开启进料门，必须按照种子运动情况正确调整选择作业参数，以保持其相互匹配，取得最佳分离结果。

（4）作业结束 当分选工作结束或需要换品种时，应对机内残留种子进行彻底清除。

当分选工作中止或不需要换品种时，应马上停机，保留比重筛面上的谷物，以便下次作业时，不用重新调整作业参数，开机、喂入立即进入正常工作状态。

（三）光电分选机

1. 安全注意事项

（1）气路管道不宜采用塑胶管与铸铁管，应使用不锈钢管。否则会因管道磨损或生锈而引发漏气。不仅影响压缩空气的清洁程度，还容易引发管道爆裂。

（2）当生产中遇到特殊情况时，如停电，应立即关闭料门开关，同时切断光电分选机电源，防止无人值守时来电，而导致光电分选机突然恢复工作状态。

2. 安全警示标志

光电分选机安全标志及相关要求如表 1-13 所示。

3. 安全操作规程

（1）机器安装　光电分选机的安装基础必须保证水平、坚固，确保光电分选机机身始终保持水平，其周围不应有振动较大的设备。场地应避免阳光直射或照明影响，以免改变光电分选机的亮度，影响色选灵敏度。

（2）开机前准备

①应保证光电分选机的气源符合要求。保证气源无油、无水、无尘，进机前应进行干燥过滤。进气压力和流量符合产品使用说明书要求的最佳进气压力和流量范围，机器的气源应设置储气罐以稳定压力，保证机器正常运行。

②电源进机前应进行稳压，以避免送电冲击和其他设备启动时电压波动而损坏机器内电子元件。

③预热20～30min后方可进行光电分选作业。

（3）作业要求

①应视原料的纯度（含异色米粒的多少）正确地设置工作参数，使机器在最佳状态下运行。视原料的粒形确定流量参数，小粒、细长形的米粒选用小流量，圆粒、大粒形的米粒选用大流量。

②不宜频繁更换灵敏度、扩展、延时三个参数，以免因频繁变动而导致机器运行故障。

③经常检查机上油水分离器有无沉淀物，以便了解气源清洁程度，否则极易堵塞气路、喷射阀，影响喷射阀动作的灵敏程度，也会加速其磨损。

④作业过程中应保持振动喂料器、通道、喷射阀畅通、无异物、无积糠，以免机器作业发生故障，引发意外。

（4）作业结束

①注意光学箱内分选室玻璃板有无未清尽的积糠，如有应用干净的软布擦拭，严禁用水擦洗。

②电源与喷射阀驱动箱内装有风机，可自行冷却，应经常清洁进风口处过滤器，以保持干净、干燥、通风良好。

(四) 种子包衣机

1. 安全注意事项

(1) 在拌药机出料口人工接料时，换接麻袋速度要快，尽量缩短出口插板插上的时间，以免搅拌槽堵塞。接料人员不要把手放在传动链防护罩上，以免发生事故。

(2) 机器发生故障时，应立即停机检查。

(3) 工作人员在作业时应采取必要的防毒保护措施，防止药物中毒。

2. 安全警示标志

种子包衣机在使用选种装备基本安全警示标志的基础上，还应采取其他安全警示标志，主要包括防止粉尘吸入和当心有毒气体的警示标志，其图样如图 1-19 所示。

图 1-19　防止粉尘吸入和当心有毒气体安全警示标志

3. 安全操作规程

(1) 机器安装　包衣机应当安装在平整的水泥地面上，要求通风条件良好。由于包衣机运转时振动不大，可不用地脚螺栓固定。安装后的包衣机机体要水平。纵向不水平会影响包衣机的生产率，横向不水平会造成计量药箱内的药液面倾斜，使两侧的加药量不相同。注意搅拌部分的运转方向应符合产品使用说明书要求。

(2) 开机前准备　机器安装好后应进行空运转，空运转时不得有金属碰撞等异常声响。

(3) 作业调整

①种子喂入量：可通过调整喂料斗上的闸板或配料装置中配料斗盛置装置进行喂入量调整。

②种子生产率：靠调节包衣机喂料门开度进行调整，不能通过调整提升机喂料门开度大小调整生产率。

③药种比：初调配重锤高度后，同时在排料口和排药口定时接取种子和药液样品 3 次，排药口处应按产品使用说明书要求将药勺固定好，称重后计算药种比。

（4）作业结束　包衣种子运送前，应查看包装有无损坏、缝隙和不结实，避免有毒种子漏出。包衣种子要独自寄存保管，不能与粮食、食物、饲料等人畜运用的物品放在一起，避免发生安全事故。

第四节　选种机具的使用与调整

一、风筛式清选机

（一）作业调整

（1）物料流量调节　小麦种子选择小流量。

（2）风量调节　应根据种子特性、杂质情况和生产需求合理选择风量。

（3）筛体倾角调节　倾角变大，可提高生产率，但清选净度相应降低。

（4）筛体摆动频率调节　频率增大，提高生产率，但清选净度相应降低。

（5）排轻杂旋钮调节　应尽量调大，除去原种内的灰尘、轻杂。以出口无种子（包括瘦秕种子）排出为宜。

（6）排重杂旋钮调节　以出口内无饱满种子排出为宜，而且尽量调整使主排口中无瘦秕种子排出。

（二）其他调整

（1）刷子与筛片之间的松紧程度调整，以达到清筛要求为准。

（2）在更换筛片时，可通过调整手柄降下刷架，换完之后，再升起刷架。

（3）当清选不同小麦品种时，需将落料体内的原种放净。

（4）机器运转时，前门不可打开，而且必须锁住。

二、比重分选机

（一）作业调整

（1）工作台倾斜度调节　转动机器上的倾斜指示器（水平仪）。

（2）通过关小风量分配调风板开口来减小气流量、减小工作台入口边和好种子出口之间的横向倾斜度、增大筛床振动频率能够增加重种子出口产量。

（3）通过开大风量分配调风板开口来增加气流量、减小筛床振动频率、增大工作台入口边和好种子出口之间的横向倾斜度减少重种子出口产量。

（4）首次调整应保证整个工作台网面上均匀覆盖一层物料，并获得最佳清选效果，只有在达到上述要求后，才能考虑增大加工能力。

（5）增大加工能力　可增大纵向挡料板开口，同时增大喂料量（通过喂料装置）。

（6）除去好种子中过轻的颗粒　可通过开大调风板开口来增加气流量、减小筛床振动频率或增大工作台入口和好种子出口边之间的横向倾斜度。

（7）清选结果不理想的原因　喂种量不足、排料口开度不够、工作台最低角低于水平位置 10cm 等。

（二）其他调整

由于只有在工作台面被物料均匀覆盖，机器才能有效工作，因而在需要短时间或暂时中断加工（如突发事件、短暂休息）时，建议关掉喂料装置，同时关掉偏心轮驱动和风机电机，这样能保证重新开始加工时工作台面仍覆盖一层均匀的物料。重新开始加工时按上述相同顺序开机。

三、光电分选机

（一）安装要求

（1）光电分选机操作平台四周要留有 600mm 以上的空间，以便进行操作、巡视、保养和维修。

（2）光电分选机的平台高度一般选择 1 500mm 左右，平台上不能有其他清选设备，以免与光电分选机共振，影响色选效果。

（3）按照使用说明书要求，安装下料斗，要保证成品料、不良品料（回收二次色选）、废品料管道正确安装。

（4）集料斗应当悬空安装，保证集料斗在存料时不会挤压光电分选机。

（二）作业调整

（1）根据光电分选机的滑槽规格和通道数，调节工作参数，使光电分选机在额定的最大产量内工作。

（2）依据待清选种子的特性，选择色选的灵敏度，灵敏度数值越大，精度越高，要根据现场环境因素和顾客要求合理设定。

（3）根据待清选种子特性，选择背景板电位器数值范围。

（4）根据实际工作要求，选择定时参数，主要包括清灰间隔、延时、吹气、间隔、消磁等。清灰间隔一般为 15min，可根据实际情况调整。延时一般为 6.5～8.5ms，吹气、间隔、消磁根据实际种子情况调整，一般均为 0.7ms。

四、种子包衣机

种子包衣机操作顺序是先启动滚筒电机，然后依次启动雾化电机和提升机，如果滚筒电机不启动，其他电机则无法启动。滚筒电机和提升机电机必须按规定方向旋转。

（1）生产率调节　松开锁紧螺母，调整调节手柄，通过控制进料斗的开度进行调整（种子不允许溢出种子计量斗）。

（2）种药配比的调节　对照种子品种所需种衣剂，将种衣剂加入盛药箱。启动主电机，利用液泵将种衣剂泵入配药箱，直到回流管内有种衣剂回流时再进行下述调整：根据种子和种衣剂配比要求，选定药勺规格及数量，打开配药箱上盖，将药勺装在摆臂上并将其固定好（药勺数量的增减也必须成对进行），将计量砝码调至对应配比位置固定（表1-14）。配比调整正确后，即可以开始包衣作业。

表1-14 药勺规格和数量及计量砝码位置对应配比

药勺数量及规格 计量砝码位置	一对大药勺和 一对小药勺	一对大药勺	一对小药勺
1～6档	1∶24～30	1∶37～45	1∶65～85
6～11档	1∶30～38	1∶46～59	1∶86～107
11～17档	1∶39～47	1∶60～75	1∶108～130

第五节 选种机具的维护保养与常见故障排除

一、风筛清选机

（一）维护保养要求

1. 常规检查和保养

（1）为防止皮带由于运转发热而在皮带轮上打滑，皮带应进行常规性检查，至少一周一次。

（2）速度指示器和相应的安全装置应进行常规测试，至少一周一次。

（3）为避免轴和轴承运转过热，应进行常规性检查，至少一周一次，定期给各轴承加注润滑油。

（4）要经常性地清除灰尘、污物和物料残留物，增加清选机运行的可靠性和安全性。

2. 电器设备

（1）电器设备及元件必须进行常规性检查和测试。以下要点特别要注意：

①老化及过期的电线和热继电器不允许使用。

②必须立即修理或替换有故障的设备和元件。

③禁止紧固松散在地面上的电线，保证电线散热良好。

④作业结束后，应从总开关开始彻底切断电源。

⑤电器系统应每年由电器工程师根据动力线路规则检查绝缘损坏情况。

（2）在使用变频器时应注意其开启和关闭的顺序。

①开启变频器时应先打开总电源，再开变频器，使其控制的电机运行。

②关闭变频器时应先关闭变频器电源，再关总电源。

（二）常见故障及排除方法

风筛式清选机常见故障、原因及排除方法见表 1-15。

表 1-15　风筛式清选机常见故障、原因及排除方法

常见故障	故障原因	排除方法
风力不足，不能提升种子或生产率低	风机转速不够，中、后沉积室活门卡住未合上，风道漏风	改变皮带轮槽提高转速，调节风机皮带轮松紧度，使活门转动灵活，焊接漏风裂口
喂料斗阀门开启不灵活	可能有种子嵌入闸门滑槽内	清除滑槽内的种子
上筛筛孔堵塞	敲击锤击力不够	调整敲击锤，增大敲击力
下筛筛孔堵塞	清筛刷太低	调整四个滑轮，提高筛刷高度
上筛面上种子一侧多一侧少	机器放置不平	用水平仪校准，调平机器
筛箱横向振动过大，整机抖动厉害	筛箱位置不正，吊耳歪斜，出现吊板扭曲	调整筛箱高低，使吊耳与箱板垂直，消除吊板扭曲
出风口及中后沉积室有饱满种子出现	风量过大	调节风门大小，使其风量适宜为止

二、比重分选机

（一）维护保养要求

比重分选机必须定期维护和保养，否则会发生故障。

1. 筛面

筛面是直接与种子接触而产生分离的部位，在精选过程中，灰尘也会逐渐地在筛面的下方堆积起来，这将会限制空气流经筛面，终将造成筛面部分或全部阻塞，影响分离效果。为了获得最佳分离效果，筛面应经常全面清理，保持清洁，避免遗漏部位。最好的清洁方法是利用压缩空气，自上而下地清理整个筛面。

筛面直接与种子接触，会受到磨损，筛面变得光滑，影响分离效果，此时应当更换筛面。第一次只得把编织筛面翻过来用即可，但要注意，避免筛面磨穿后更换，因为编织筛磨穿之后，第二层的冲孔筛会很快随之磨损，从而影响风量分布效果和种子的分离效果。

2. 皮带

每台比重分选机主要有 3 套皮带，分别是电机轴至风机轴段皮带、风机轴到变速器段皮带和变速器至偏心轴段皮带。新机器运转的前几周要经常检查皮带是否打滑，因为新皮带较易拉长。检查方法是，在两皮带轮中间用手向皮带施加压力，皮带应下凹 13mm 左右为宜。

3. 轴承

所有固定轴承螺丝都应在作业之前进行检查，在机器运转 150h 后再进行一次检查。为了延长轴承寿命，可在每季工作开始时，给每一轴承注射 1～2 次油脂（应避免过多），能够提高轴承机械效率。若发现有异常噪声，应及时停机检查。若轴承过热，表示轴承可能损坏，需更换。

4. 其他要求

（1）空气滤清器应经常清洁，一旦堵塞会影响滤清效果，将影响正常的空气流量供给。

（2）每个作业季节结束后，应对机器进行清理和检查，及时修理损坏部件，加塑料等材质的防护罩，避免露天存放，注意防水和防晒。

（3）对于需要润滑的部位，工作 30～60d 后需加油一次。

（二）常见故障及排除方法

比重分选机常见故障、原因及排除方法见表1-16。

表1-16　比重分选机常见故障、原因及排除方法

常见故障	故障原因	排除方法
风量不足	1. 风扇反转 2. 筛面堵塞或局部堵塞 3. 空气过滤器堵塞	1. 面对电机轴端，风扇轴应顺时针旋转 2. 可将筛面移出并清理干净 3. 可取下过滤器，用压缩空气清洁丝网
振动频率自行降低	皮带松动	对三角带进行张紧
振动过大	1. 不牢固 2. 夹子没上紧	1. 将比重分选机安装在至少150mm厚的水泥地上，使地基能够吸收分选造成的振动 2. 将夹子上紧，避免产生较大的振动，得到与弱地基相同的结果
分选效果不佳	1. 容量太大 2. 筛面不符 3. 皮带松动	1. 通常减低一点运转容量，将会大大改进分选品质。分选的品质和产量是相反的关系，通常增加容量会降低分离品质，减少容量则提高品质 2. 每台机器有两种筛面，一种是14目（孔数），另一种是7目。14目筛面用于清选小麦、水稻等，7目筛面用于清选大豆、玉米等。如用错筛面，将大大影响分选质量 3. 应停机检查。在两个皮带轮中间向皮带施加压力，以皮带下凹13mm左右为宜

三、光电分选机

（一）维护保养要求

光电分选机维护保养可分为空气压缩清洁系统和色选机两部分内容。

1. 空气压缩清洁系统的维护保养

（1）每天维护保养内容

①空压机及气罐排水。

②空压机油位检查。

③气候寒冷时，检查油雾分离器和空气过滤器排出口，若冻住应及时采取手动放水。

（2）每季维护保养内容　将空气过滤器滤芯拆下，用汽油或稀酸清洗干净。

（3）每年维护保养内容　更换新的空气过滤器，油雾分离器滤芯。

2. 色选机的维护保养

（1）每天维护保养内容

①用软布轻擦荧光灯前方防尘玻璃表面的糠、粉、灰尘。

②用气枪清理色选区周围的糠粉及残留在各角落的物料。

③检查喂料器出料口处是否有异物。

（2）每周维护保养内容

①用药棉轻擦每只传感器表面，以防粉尘粘上，降低其灵敏度。

②检查喂料器、通道上是否有米糠黏附。如有，则用软布轻擦，冬季可使用加热器清除通道浮糠。

③检查清理刷工作效果，如效果不佳，可更换刷板。

④清理色选机冷却风机进口防尘网。

⑤用气枪仔细清理各控制板上吸附的尘杂，防止时间长，尘杂受潮结块霉变，引发控制板上电路故障。

（3）每月维护保养内容　将电源打开，详细检查各喷射阀的工作情况，如有漏气现象，应拆卸、清理移动片及阀座内灰尘。如气体喷射困难，则检查其他配套连接件的密封情况。

在做好常规保养的同时，还应注意防虫、防鼠、防潮。长期不使用时，定期开机除湿，其周期一般为：春季15d左右，其他季节30d左右。

（二）常见故障及排除方法

光电分选机常见故障、原因及排除方法见表1-17。

表 1-17　光电分选机常见故障、原因及排除方法

常见故障	故障原因	排除方法
分选效果差	光电分选机分选室玻璃板有积糠	用干净的软布擦拭杂物，并在色选机与上方料斗接口处加设护栏网
光电分选机内部过滤元件冻结	作业温度较低，使压缩空气温度低于 0℃	压缩系统中应安装空气干燥器
分选灵敏度已调到规定上限，但成品中异色粒含量仍然超标	物料流量超标	合理降低物料流量，否则不仅会导致色选精度偏低，而且还有可能导致空气压缩机工作不正常
光电分选机的玻璃观察窗内有物料跳出通道	通道上或通道里有异物	应及时对通道内异物进行清理

四、种子包衣机

（一）维护保养要求

正确的保养和维护能使机器处于良好状态，不仅保证其正常工作，而且还能延长机器使用寿命。

1. 一般性保养

（1）检查三角带松紧程度，一般以三角带的最松处用手能按下 13mm 左右较为合适。

（2）若三角带磨损严重，将排料箱卸下，即可更换三角带。

（3）应及时检查各部螺栓和螺钉连接，若松动应及时紧固。

（4）检查各电线和电缆是否与转动件有接触并及时处理，以免磨破绝缘层而发生触电事故。

2. 机器的长期存放

（1）将供液筒内残留药液放尽，再将不少于 50L 的清水倒入供液筒内　模拟正常包衣，开启液泵、空压机、滚筒和手动计量摆杆，反复冲刷，将供液筒、PVC 编织管路、药液箱、药勺和滚筒清洗干净。若不进行冲刷、清洗，残存的药剂有可能堵塞喷头而影响雾化效果。

（2）切断电源　将机器擦干净，紧固各处螺栓和螺钉，并加注润滑油，以防止机体锈蚀。

（二）常见故障及排除方法

种子包衣机常见故障、原因及排除方法见表 1-18。

表 1-18　种子包衣机常见故障、原因及排除方法

常见故障	故障原因	排除方法
电机超负荷，搅拌桶停止转动	造成的原因可能有喂入量过大、电压过低、机内有异物或作业程序错误等	可通过减少喂入量、调整电压、清除异物或清除堵塞物料等方式排除故障
包衣不均匀	造成的原因可能有配料斗左右盛种量相差太大、给料器给药不均匀、机器安装不水平等	可通过重新调整盛种量、调整给料器、将机具调整水平等方式排除故障
药液计量箱液面达不到标准高度	造成的原因可能有软管泵胶管损坏、药液箱内有异物使胶管堵塞等	可通过更换软管泵胶管、清楚药液箱内异物并疏通胶管等方式排除故障
电磁振动给料器工作不正常	造成的原因可能有衔铁与铁芯间隙调整不当、底座固定过紧、控制器损坏等	可通过重新调整衔铁与铁芯间隙（应为 1.5～2mm）、调整底座、检查控制器等方式排除故障
生产率低	造成的原因可能有无级变速器内卡板磨损等	可通过修复或更换磨损零件和张紧三角带等方式排除故障

参　考　文　献

马志强，马继光，2009. 种子加工原理与技术［M］. 北京：中国农业出版社.

乔玉剑，2004. 色选机的操作维护及在大米加工工艺中的合理布置［J］. 粮食与饲料工业，5：9-11.

中国农业机械化科学研究院，2007. 农业机械设计手册［M］. 北京：中国农业科学技术出版社.

第二章　机械化整地装备

第一节　耕整地基础知识

一、耕整地的目的

机械化耕整地是种植生产的基础，目的是改良土壤物理状况，提高土壤孔隙度，加强土壤氧化作用，调节土壤中水、热、气、养的相互关系，并消灭杂草病虫害等，为作物的种植和生长创造良好的土壤条件。通过合理耕整地，能够取得如下效果：

（1）使土壤疏松，孔隙度增加，减少地表径流，减少土壤水分蒸发，提高土壤的蓄水能力。

（2）能提高土壤的通气性能，使土壤中的二氧化碳和其他有害气体（硫化物和氢氧化物等）排出，利于作物的根系的呼吸和生长，并能加速有机质分解，提高固氮量。

（3）使土壤水分和空气有所增加，能改善土壤的温热条件。

（4）对于质地较黏重，潜在养分较多的土壤，使土壤垡片经过冬冻或日晒，能促进土壤风化和释放养分。

（5）使肥料在耕作层中均匀分布。翻土覆盖肥料，可以提高肥效。

（6）将杂草、作物残茬覆盖于土中，有助于消灭杂草和害虫。将肥料、农药等混合在土壤中，有助于增加其效用。

二、机械化耕整地技术

（一）机械翻耕

机械翻耕就是使用犁等农具将土垡铲起、松碎并翻转的一种土壤耕作方法。

一般在作物收获后及早翻耕，有利于提高整地质量。翻地耕深为16～22cm。深翻作业一般以拖拉机配套铧式犁（图2-1）或双向翻转犁进行。机械深翻宜在秋季收获后进行（图2-2），以便接纳雨雪水，春季深翻则易造成散墒跑墒。

图2-1　铧式犁

图2-2　翻耕作业效果

（二）机械旋耕

机械旋耕是以旋转刀齿为工作部件与配套拖拉机驱动完成土壤耕、耙的作业方法（图2-3）。因其具有碎土能力强、耕后地表平坦等特点，而得到了广泛的应用。

机械旋耕适用于前茬为深松或深翻基础的旱田软茬地和水田的浅层耕作。旋耕作业耕深12～15cm，碎土能力强，地表平整，秸秆、根茬粉碎覆盖严密，一次旋耕能达到一般犁耕和耙地作业几次的碎土效果，耕层透气透水，有利于作物根系发育，其板状犁底层有保水作用（图2-4）。

（三）机械深松整地

机械深松整地就是用深松铲或凿形犁等松土农具疏松土壤而不翻转土层的一种耕作方法。

用拖拉机配套相应的间隔深松机或全方位深松机进行深松作业，主要适用于旱田整地，周期一般3～4年进行一次。深松深度以打破犁底层为原则，一般为25～35cm。深松方式分为全方位深

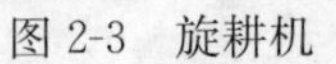
图 2-3　旋耕机

图 2-4　旋耕作业效果

松和间隔深松。全方位深松用于全面松动土壤，深松的深度为25～30cm。间隔深松用于创造虚实并存的耕层构造。一般采用凿式深松铲，破碎犁底层效果好（图 2-5 至图 2-8）。

图 2-5　深松机作业

图 2-6　深松作业效果

图 2-7　深松整地联合作业机

图 2-8　深松整地作业效果

（四）机械秸秆粉碎还田

用大中型拖拉机配套秸秆粉碎还田机将作物秸秆直接粉碎抛洒耕翻入土，使之腐烂分解为底肥。秸秆粉碎还田是保护环境发展生态农业重要措施，需秸秆还田或灭茬的田块，应选择秸秆还田机（图 2-9）或反转旋耕灭茬机进行秸秆还田或灭茬作业（图 2-10）。

图 2-9　秸秆粉碎还田机

图 2-10　秸秆粉碎还田作业效果

（五）机械耙地

耙地是翻耕后用各种耙（图 2-11）平整土地的作业。耙深 4～10cm。在机耕或旋耕后都应根据土壤墒情及时耙地（图 2-12）。

图 2-11　悬挂耙

图 2-12　耙地作业效果

（六）机械耙浆平地

耙浆平地用于水田耕翻泡田后碎土耙浆、压茬平地的联合作业。目前，采用新型水田刀的耙浆平地机具（图 2-13），在稻茬地灌水泡田 24h 以上，田面水深为 3～5cm，待土壤松软后即可直接作业，实现秸秆、根茬和绿肥的翻埋覆盖，达到作业后埋茬严密、田面平整、土壤起浆好的要求（图 2-14）。

图 2-13　驱动型耙浆平地机

图 2-14　耙浆平地作业效果

三、机械化耕整地作业指标

（一）作业要求

耕整地作业质量主要包括耕深、耙深、碎土、耕整后地面平整度、土垡翻转及肥料和秸秆残茬覆盖、漏耕或重耕、地头是否整齐等内容。一般要求是耕翻适时，翻垡良好，耕深一致，地表地沟平整，不漏耕重耕，地头整齐等。整地后的地表应当平整，无大的土块，上虚下实，表面无杂物，少重耙、无漏耙。

（二）作业性能指标及合格标准

1. 犁耕作业

使用各种铧式犁对耕层土壤进行的耕翻作业。参照 GB/T 14225—2008《铧式犁》技术条件，作业性能指标如表 2-1 所示。

表 2-1　犁耕作业性能指标及合格标准

序号	性能指标		合格标准	
			犁体幅宽＞30cm	犁体幅宽≤30cm
1	耕深及耕宽稳定性，变异系数，%		≤10	
2	植被覆盖（旱耕）率，%	地表以下	≥85	≥80
		8cm 深度以下（旱田犁）	≥60	≥50

（续）

序号	性能指标		合格标准	
			犁体幅宽＞30cm	犁体幅宽≤30cm
3	碎土率,%	旱田耕作,≤5cm 土块,%	≥65	≥70
		水田耕作,断条,次/m	—	≥3.0
4	耕作速度，km/h		＞5	
5	入土行程,m	总耕幅大于 1.8m	≤6	
		总耕幅小于等于 1.8m	≤4	
6	牵引阻力		不大于配套拖拉机额定牵引力	

2. 旋耕作业

使用各种旋耕机对耕层土壤进行的松碎作业。参照 GB/T 5668—2008《旋耕机》，作业性能指标如表 2-2 所示。

表 2-2　旋耕作业性能指标及合格标准

序号	性能指标	合格标准	
1	耕深，cm	旱耕：≥8；水耕：≥10	
2	耕深稳定性,%	≥85	
3	耕后地表平整度，cm	≤5	
4	植被覆盖率,%	≥55	
5	碎土率,%	≥50	
6	功率消耗，kW	≤85%配套动力的标定功率	
7	纯工作小时生产率，hm^2/（h·m）	配套动力＜18kW	≥0.12
		配套动力≥18kW	≥0.19

3. 深松作业

使用各种深松机对于扰动作业范围内行间或全方位深层土壤的耕作作业。参照 GB/T 24675.2—2009《保护性耕作机械深松机》，主要作业性能指标如表 2-3 所示。

表 2-3　深松作业性能指标及合格标准

序号	性能指标	合格指标	
		深松机	驱动式深松机
1	深松深度，cm	≥30	
2	深松深度稳定性，%	≥80	
3	碎土率，%	≥30	≥60
4	土壤扰动系数，%	≥50	
5	土壤膨松度，%	10～40	

4. 深松整地联合作业

超过常规耕层深度、上下土层基本不乱的松土作业。参照 JB/T 10295—2014《深松整地联合作业机》，作业性能指标如表 2-4 所示。

表 2-4　深松整地作业性能指标及合格标准

序号	性能指标		合格标准
1	耕深	深松，cm	≥25
		整地，cm	≥8.0
2	耕深稳定性	深松，%	≥80
		整地，%	≥85
3	植被覆盖率，%		≥60
4	碎土率	地表 10cm 内(≤4cm 土块)，%	60
		全耕层 (≤8cm 土块)，%	65
5	耕后地表平整度，cm		≤4.0
6	土壤膨松度，%		10～40
7	土壤扰动系数，%		≥50

5. 秸秆粉碎还田作业

根据 JB/T6678—2001《秸秆粉碎还田机》标准的规定，小麦、水稻等作物秸秆粉碎合格长度不大于 150mm。与拖拉机及联合收割机配套的秸秆粉碎还田机的主要性能指标如表 2-5 所示。

表 2-5　与拖拉机配套的秸秆粉碎还田机主要作业性能指标及合格标准

序号	性能指标	合格指标
1	轮辙间秸秆粉碎长度合格率，%	≥92
2	轮辙中秸秆粉碎长度合格率，%	≥85
3	轮辙间留茬平均高度，mm	≤75
4	轮辙中留茬平均高度，mm	≤85
5	秸秆抛撒不均匀度，%	≤20
6	纯生产率，hm^2/（h·m）	≥0.33

表 2-6　与收割机配套的秸秆粉碎还田机主要作业性能指标及合格标准

序号	性能指标	合格标准
1	秸秆粉碎长度合格率，%	≥85
2	留茬平均高度，mm	≤80
3	秸秆抛撒不均匀度，%	≤30

6. 耙地作业

参照 JB/T 6279—2007《圆盘耙》技术条件，圆盘耙作业指标如表 2-7 所示。

表 2-7　圆盘耙作业性能指标及合格标准

序号	性能指标	合格标准		
		轻耙	中耙	重耙
1	耙深稳定性变异系数，%	≤15.0	≤17.5	≤20.0
2	碎土率，%	≥70	≥60	≥55
3	耙后地表标准差，cm	≤3.5	≤4.0	≤4.5
4	耙后沟底平整度标准差，cm	—	≤4.0	≤4.0
5	灭茬率，%	—	≥80	≥80
6	牵引功率利用率，%	≥75	≥80	≥75

7. 耙浆平地作业

参照NY/T 507—2002《驱动型耙浆平地机技术条件》，驱动型耙浆平地机作业指标如表2-8所示。

表2-8 驱动型耙浆平地机作业性能指标及合格标准

序号	性能指标	合格标准
1	耙深，cm	≥8
2	碎土率，%	≥80
3	植被覆盖率，%	≥70
4	作业后地表平整度，%	≥80

四、耕整地作业注意事项

(1) 机具作业中，不得对犁及其他机具进行检修调整，检修调整时应停车进行。

(2) 作业中，机具上不能坐人或放置重物。如犁耙入土性能不好，应加配重并固定牢固。

(3) 机具作业速度应根据土壤条件和秸秆还田量合理选定。

(4) 严禁用倒挡作业，作业到地头转弯或转移过田埂时，应将机具提起并减速行驶，以减少转弯阻力和避免损坏工作部件。

(5) 犁耕作业时，应注意耕作方向，尽可能在田块中只留一条大垄或大沟。应尽量避免犁长时间超负荷工作，以防犁架变形。

(6) 由拖拉机动力驱动的农机具，万向节工作时两端应接近水平。万向节在工作状态提升时，要减慢旋转速度，限制提升高度，使万向节两端夹角不超过30°，且要求驾驶人员提高警惕，随时准备切断动力，以免发生意外事故。

(7) 停车时，应将机具降落着地，不得悬挂停放。

五、耕整地机具种类介绍、型号编制规则

(一) 耕整地机具种类介绍

参照NY/T 1640—2008《农业机械分类》标准，主要耕整地

机具种类如下：

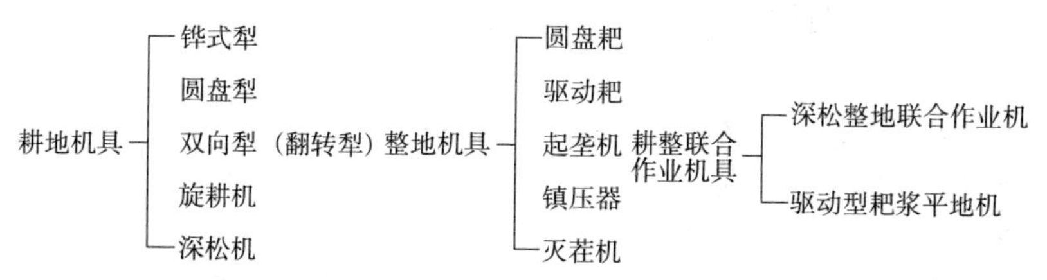

（二）耕整地机具型号编制规则

依据JB/T 8574—2013《农机具产品型号编制规则》，耕整地机具产品型号依次由分类代号、特征代号和主参数三部分组成，产品型号的编排顺序如下：

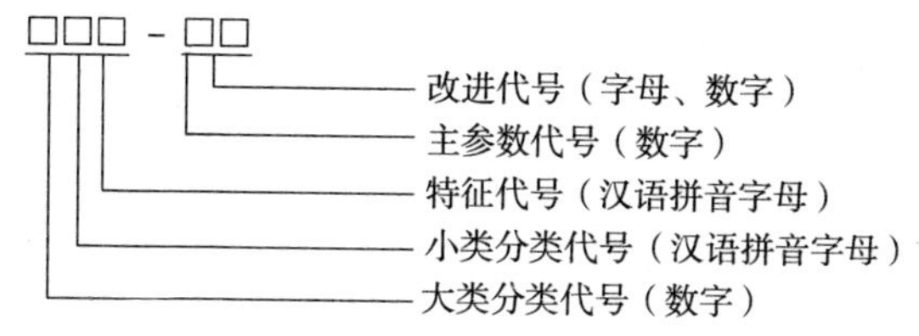

常见耕整地机具产品型号如表2-9所示。

表2-9　常见耕整地机具的产品型号

序号	机具类别和名称	大类分类代号	小类分类代号	主参数数字意义	计量单位
1	犁 铧式犁 圆盘犁	1	L L LY	犁体数；单位体幅宽 犁体数；单位体幅宽 圆盘组数；单圆盘耕幅	个；cm 个；cm 个；cm
2	耙 圆盘耙	1	B BY	工作幅宽	m
3	旋耕机 旋耕机（配轮拖） 旋耕机（配手拖）	1	G G GS	工作幅宽 配套功率；工作幅宽	cm kW；cm
4	深松机	1	SS	工作幅宽	cm

第二节　耕整地装备的选择

主要耕整地装备包括铧式犁、圆盘犁、旋耕机、双轴式灭茬旋耕机、深松机及深松整地联合作业机、秸秆粉碎还田机、激光平地机、圆盘耙、驱动型耙浆平地机等。耕整地装备选择时，要考虑耕作方式、机具的适用范围、配套动力、悬挂方式、动力输出等方面，作业性能要满足当地农艺要求。

一、铧式犁

以犁铧和犁壁作为主要工作部件的犁，称为铧式犁。

（一）铧式犁的种类

铧式犁常按拖拉机的挂接方式、结构和作业犁体数量的不同来划分。按挂接方式可分为牵引犁、悬挂犁和半悬挂犁；按作业犁体的数量可分为单铧犁、双铧犁、三铧犁等；按结构和用途可分为单向犁、双向犁以及调幅犁。

（二）铧式犁的产品特点

悬挂犁一般由犁架、悬挂架、犁体、犁刀、调节装置和限深轮等部件组成（图 2-15）。而犁体主要由犁铧、犁壁、犁侧板、犁托等组成。铧式犁具有良好的耕深耕宽稳定性，并能进行耕深耕宽等

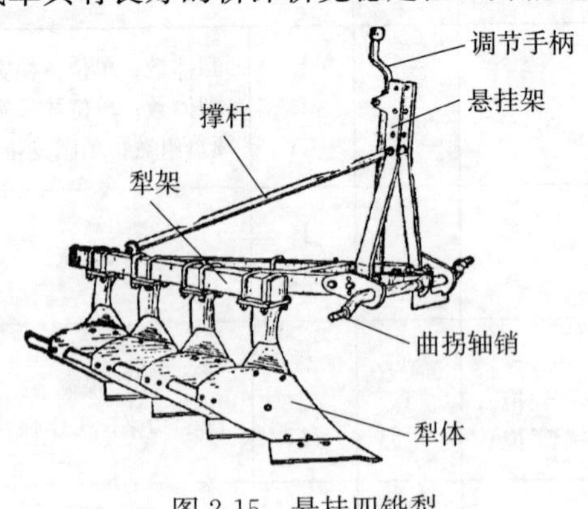

图 2-15　悬挂四铧犁

调整，使犁平稳而迅速地达到预定的耕深，犁的纵轴与机组前进方向一致，机组有良好的牵引性能和直线行驶性（图 2-16）。

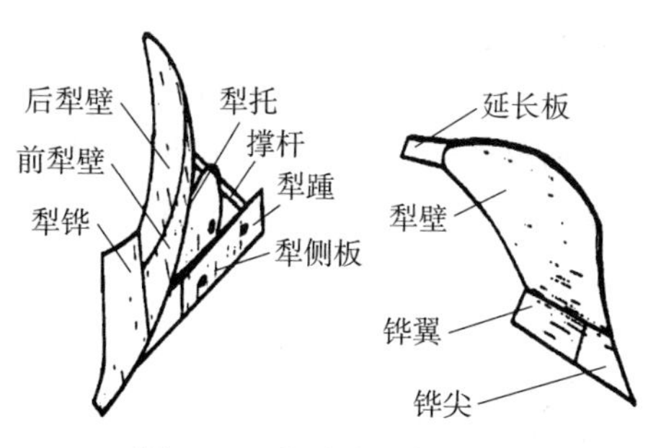

图 2-16　铧式犁犁体结构

铧式犁的优点是把地表作物残茬、肥料、杂草和虫卵等翻埋到耕层内，耕后地表干净，减少杂草和虫害的发生，但耕后地表土壤不够细碎。

（三）铧式犁的主要技术参数

铧式犁的主要技术参数为配套动力、工作幅宽、耕深、生产率等（表 2-10）。

表 2-10　铧式犁产品主要技术参数

产品型号	1LS-220	1L-325	1L-525
配套动力，kW	8.8	29.4	36.8～58.8
工作幅宽，cm	40	75	125
耕深，cm	12～16	16～24	16～24
生产率，hm^2/h	0.25	0.4～0.5	0.6～0.8

（四）铧式犁的适用范围

适用于土壤、沙土地区的旱田及水田的耕作，适用范围广。

二、圆盘犁

以凹面圆盘作为工作部件，进行翻土碎土作业的犁，称为圆盘犁。常用于旱作区熟地或荒地的耕翻作业，特别适用于耕翻高产绿肥田及稻麦茬的还田作业。

（一）圆盘犁的种类

圆盘犁分为通用型（图 2-17）和驱动型（图 2-18）两大类，由凹面圆盘、支撑轴及连接件组成。通用型的圆盘犁按挂接方式可分为牵引犁、悬挂犁、半悬挂犁和直联式犁，按结构和用途可分为单向犁和双向犁。

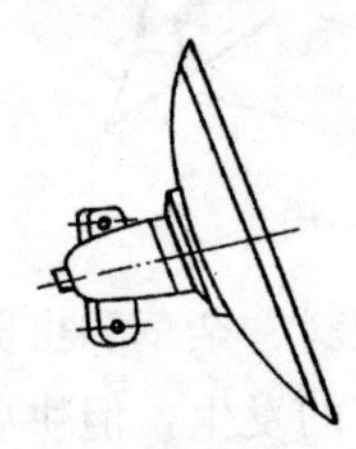

图 2-17　通用圆盘犁圆盘

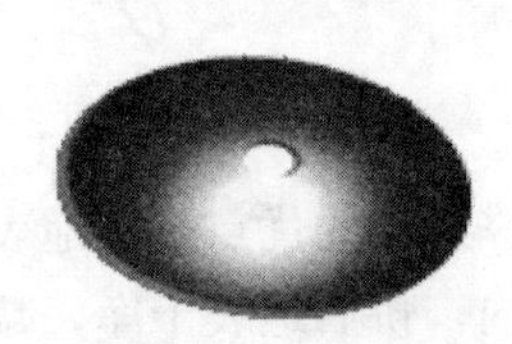

图 2-18　驱动圆盘犁圆盘

（二）圆盘犁的产品特点

（1）通用圆盘犁　一般由圆盘犁体、犁架、悬挂架及尾轮等组成（图 2-19）。犁由一个或多个圆盘犁体组成工作部件，每个圆盘独立安装在与主斜梁焊接的犁柱上。尾轮安装在圆盘犁的后部，起平衡侧压使圆盘犁稳定工作的作用。为保证耕作质量，尾轮的上下位置和偏转角度都可以进行调整。

图 2-19　悬挂圆盘犁

（2）驱动圆盘犁　一般由悬挂架、齿轮箱体、框架、圆盘犁轴总成、尾轮等组成（图 2-20）。驱动圆盘犁的圆盘安装在同一轴上，尾轮安装在犁体的左侧，起平衡侧压使圆盘犁稳定工作的作用。为保证耕作质量，尾轮的上下位置和偏转角度都可以进行调整。

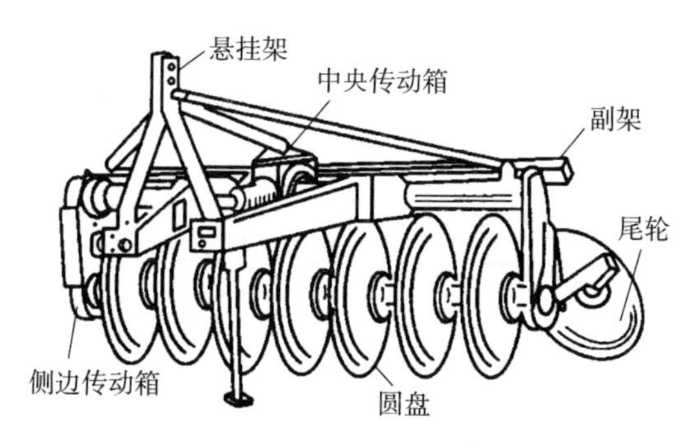

图 2-20　驱动圆盘犁

圆盘犁具有覆盖性能好、不缠草、通过能力强、作业效率高、油耗低等优点。

（三）圆盘犁的主要技术参数

（1）通用圆盘犁的主要技术参数为配套动力、工作幅宽、耕深等（表 2-11）。

表 2-11　通用圆盘犁主要技术参数

产品型号	1LY-325	1LY-425	1LY-525
配套动力，kW	36.7～44.1	47.7～58.8	≥73
工作幅宽，cm	75	100	125
耕深，cm	25	25	25
圆盘直径，mm	650	650	650
圆盘数量，片	3	4	5
生产率，hm^2/h	0.35	0.50	0.60

（2）驱动圆盘犁的主要技术参数为配套动力、工作幅宽、耕深、圆盘轴转速、生产率等（表 2-12）。

表 2-12　驱动圆盘犁的主要技术参数

产品型号	1LYQ-620	1LYQ-820	1LYQ-1020
配套动力，kW	29.4	36.7～47.8	58.8
工作幅宽，cm	120	160	200
耕深，cm	12～16	12～16	12～16
圆盘直径，mm	515	515	515
圆盘数量，片	6	8	10
圆盘轴转速，r/min	118	125	125
生产率，hm^2/h	0.3～0.5	0.4～0.7	0.5～0.9

（四）圆盘犁的适用范围

适用于潮湿、杂草多或稻麦茬高、茎秆直立、土壤比阻较大、土壤中砖石碎块多等复杂农田翻耕作业。

三、旋耕机

旋耕机是一种由拖拉机动力强制驱动旋耕刀辊完成土壤耕、耙作业的机具。

（一）旋耕机的种类

旋耕机按照工作部件旋耕刀辊的方向分为卧式和立式两大类，常用的为卧式旋耕机。

卧式旋耕机分类：按与拖拉机连接方式可分为悬挂式、半悬挂式、直联式；按结构类型可分为圆梁型和框架型，圆梁型可分为轻小型、基本型和加强型，框架型可分为单轴型和双轴型；按最终传动类型可分为中间传动和侧边传动。

（二）旋耕机的产品特点

旋耕机旋耕刀片通过输入轴、齿轮箱体驱动做回转运动，随机组前进（图 2-21）。刀片将土垡切下抛向后方，撞击罩壳与拖板进行碎土，托板将地表拖刮平整，一次完成耕地和耙地作业。

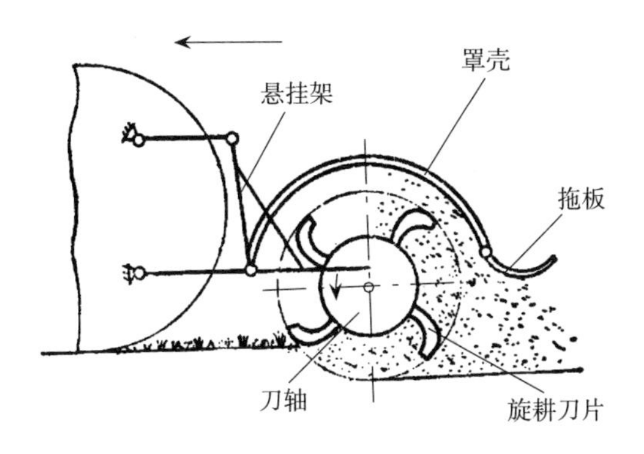

图 2-21　旋耕机工作原理

旋耕机碎土能力强，耕后地表平整，能够切碎埋在地表下根茬，便于播种机作业（图 2-22）。但耕深较浅，对残茬、杂草覆盖能力较差。

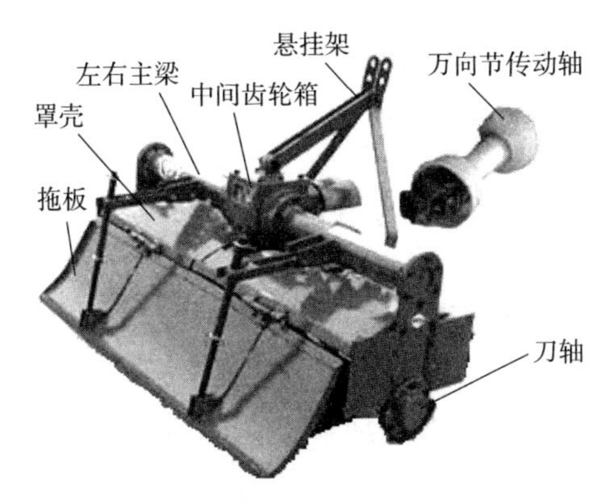

图 2-22　圆梁型基本型旋耕机（中间传动）

（三）旋耕机的主要技术参数

旋耕机的主要技术参数为配套动力、耕宽、耕深、旋耕刀型号、作业速度、生产率等（表 2-13）。

表 2-13 旋耕机主要技术参数

产品型号	1GS9L-90	1GX-140	1GN-180
配套动力，kW	8.8	14.7～18.4	36.8～44.1
耕幅，cm	90	140	180
耕深，cm	旱耕 8～12 水耕 10～14	旱耕 10～14 水耕 12～16	旱耕 12～16 水耕 14～18
刀片型号	Ⅱ S195	Ⅰ T225	Ⅰ T245
传动方式	侧边链传动	中间传动	中间传动
作业速度，km/h	1～3	2～5	2～5
与拖拉机连接形式	直接连接	三点悬挂	三点悬挂
生产率，hm^2/h	0.15～0.28	0.19～0.35	0.30～0.60

（四）旋耕机的适用范围

适用于我国南方地区秋耕稻茬田种麦和水稻插秧前的水耕水耙。它对土壤湿度的适应范围较大，凡拖拉机能进入的水田都可进行耕作；还适于盐碱地的浅层耕作，以抑制盐分上升，围垦荒地灭茬除草、牧场草地浅耕再生等作业。

四、双轴式灭茬旋耕机

双轴式灭茬旋耕机通常是在前面设置灭茬刀辊，后面设置旋耕刀辊。

（一）双轴式灭茬旋耕机的种类

按传动路径不同，可分为中间侧边传动和双侧边传动的双轴式灭茬旋耕机。中间—侧边传动双轴式灭茬旋耕起垄机如图 2-23 所示。

（二）双轴式灭茬旋耕机的产品特点

双轴灭茬旋耕机，主体结构由悬挂架、万向节传动轴、中间齿轮变速箱、灭茬齿轮箱、旋耕齿轮箱、旋耕刀轴、灭茬刀轴、左侧传动轴、右侧传动轴、机架总成、罩壳托板等组成（图 2-24）。适

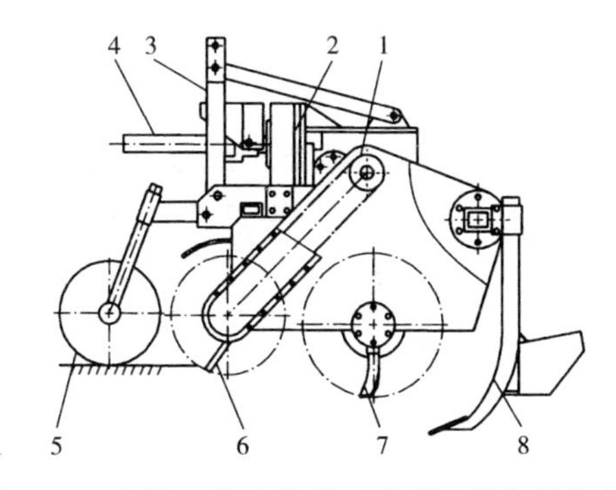

图 2-23　中间—侧边传动双轴式灭茬旋耕起垄机

1. 侧边链传动箱　2. 中间齿轮变速箱　3. 悬挂架　4. 万向节传动轴
5. 限深轮　6. 灭茬刀辊　7. 旋耕刀辊　8. 深松起垄铲总成

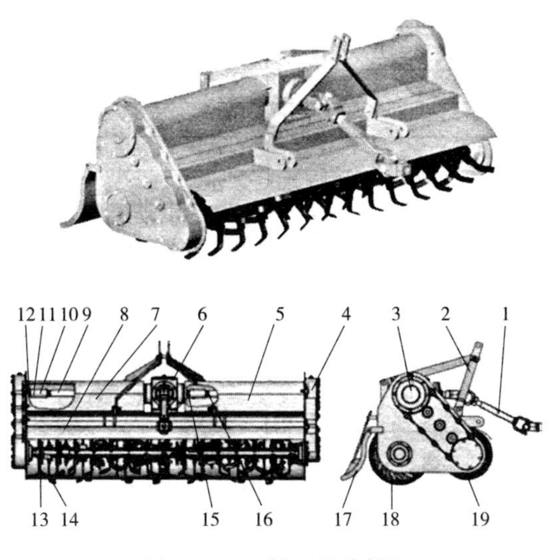

图 2-24　双轴灭茬旋耕机

1. 万向节传动轴　2. 悬挂架　3. 右侧齿轮箱　4. 左侧齿轮箱
5. 左传动轴护罩　6. 中间齿轮变速箱　7. 右传动轴护罩
8. 机架　9. 右传动轴　10. 花键套　11. 销轴　12. 右侧齿轮箱输入花键
13. L 型灭茬刀　14. 旋耕刀　15. 中间齿轮变速箱的左输出花键
16. 左传动轴　17. 罩壳拖板　18. 旋耕刀轴　19. 灭茬刀轴

用于种植玉米、高粱等作物田地的灭茬、旋耕联合整地作业，破茬率高，耕深大，灭茬旋耕一次完成，减少了耕作次数。

（三）双轴灭茬旋耕机的主要技术参数

双轴灭茬旋耕机的主要技术参数如表 2-14 所示。

表 2-14　双轴灭茬旋耕机主要技术参数

产品型号		1GD-180S	1GD-200S	1GD-220S
配套动力，kW		44.1～51.4	51.4～58.8	58.8～66.1
工作幅宽，cm		180	200	220
灭茬深度，cm		8～10		
旋耕深度，cm		8～15		
刀片数量，把	旋耕	44	52	56
	灭茬	68	76	84
作业效率，hm^2/h		0.36～0.90	0.40～1.00	0.47～1.10
作业速度，km/h		2～5		
连接方式		标准三点悬挂		
传动方式		中间齿轮传动/侧边齿轮传动（旋耕/灭茬）		
刀片形式		IT245（旋耕刀），L150 弯刀（灭茬刀）		
刀轴转速，r/min		250（旋耕辊），380（灭茬辊）		
传动轴转速，r/min		540，720		

（四）双轴灭茬旋耕机的适用范围

适用于种植玉米、高粱等作物田地的灭茬、旋耕联合整地作业。

五、深松整地联合作业机

深松整地联合作业机是由深松及整地部件组合在一起，一次可完成深松及整地复合作业的机械。

（一）深松整地联合作业机的种类

深松作业主要是用于扰动作业范围内行间或全方位深层土壤的

耕作，通常分为局部深松和全方位深松两种方式，相对应的机具也分为局部深松机、全方位深松机和深松整地联合作业机。

（二）深松整地联合作业机的产品特点

深松整地联合作业机主要由万向节传动轴总成、悬挂装置、变速箱总成、变速箱操纵装置、框架、侧板部分、刀轴、犁铲总成、罩盖拖板加压杆（镇压辊总成）、输入轴保护罩、深松部件等部分组成，能够一次性完成深松整地作业（图 2-25）。该类机具，具有效率高、能耗小、入土性能好、蓄水保墒、对土壤的压实小等特点。

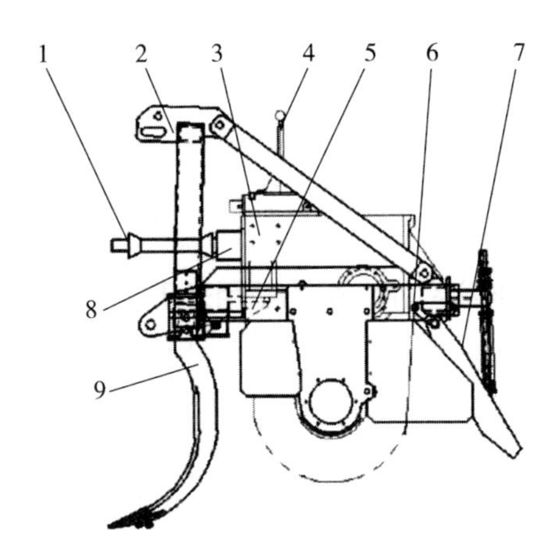

图 2-25　深松整地联合作业机结构

1. 万向节传到轴总成　2. 悬挂装　3. 变速箱总成
4. 变速箱操纵装置　5. 框架、侧板部分　6. 刀轴总成
7. 罩盖拖板加压杆　8. 输入轴保护罩　9. 深松部件

（三）深松整地联合作业机的主要技术参数

深松整地联合作业机主要技术参数如表 2-15 所示。

表 2-15　深松整地联合作业机主要技术参数

产品型号	1SZL-200B	1SZL-220B	1SZL-230
配套动力，kW	58.8～66.2	58.8～73.5	69.8～88.2

（续）

产品型号		1SZL-200B	1SZL-220B	1SZL-230
刀辊转速，r/min		760	540	760
整地机构类型		旋耕拖板式		
深松铲	结构类型	凿形		
	数量，个	4		
工作幅宽，cm		200	220	230
铲尖距，cm		45～55	45～55	50～60
传动机构类型		中间齿轮传动		
耕深，cm	深松	20～35		
	整地	8～16		
作业速度，km/h		2～6		
作业小时生产率，hm^2/h		0.27～0.95	0.27～1.06	0.46～1.84

（四）深松整地联合作业机的适用范围

深松整地联合作业机与深松机的适用范围基本一致。

六、深松机

深松机是由拖拉机牵引、由深松部件完成土壤深松作业的机械。

（一）深松机的种类

深松作业主要是用于扰动作业范围内行间或全方位深层土壤的耕作（图2-26），通常分为局部深松和全方位深松两种方式，相对应的机具也分为局部深松机、全方位深松机。

（二）深松机的产品特点

深松机主要由框架及悬挂装置、圆盘式切土装置总成、限深碎土装置总成、深松犁总成等组成。该类机具主要用于未耕或已耕地的深松、整地作业。一般以松土、打破犁底层作业为目的，常采用全面深松法；以打破犁底层、蓄水为目的，常采用局部深

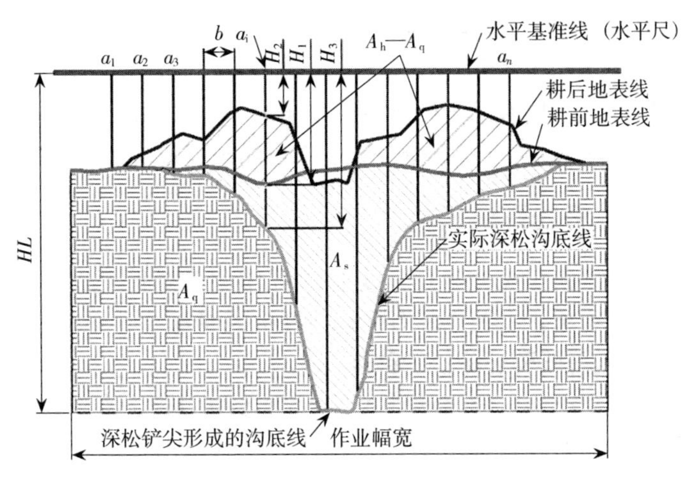

图 2-26　深松作业横断面

松法。全方位深松机、振动深松机兼有局部深松和全面深松的特点。

（三）深松机的主要技术参数

常见深松机的主要技术参数如表 2-16 所示。

表 2-16　深松机主要技术参数

产品型号		1S-200A	1S-250A	1S-360
配套动力，kW		66.2～88.2	88.2～147.0	110.2～132.3
刀辊转速，r/min		540	540	540
整地机构类型		凿齿双压辊式		镇压轮
深松铲	结构类型	凿形铲翼式		弧面倒梯形
	数量，个	5	7	6
工作幅宽，cm		200	250	360
铲尖距，cm		38	36	65
传动机构类型		中间齿轮传动		
深松深度，cm		25～40		25～50
作业速度，km/h		2～6		2～5
作业小时生产率，hm^2/h		0.42～0.98	0.53～1.23	0.70～1.80

（四）深松机的适用范围

深松机适用于华北、西北和东北等地区作业，对长期耕翻后形成犁底层的、耕层有黏土硬盘或白浆层的、土层厚而耕层薄不宜深翻的，或对实施保护性耕作技术3～5年的土地适用。

七、秸秆粉碎还田机

秸秆粉碎还田机主要用于免耕播种作业前对秸秆进行粉碎处理，将秸秆细化，以减少其对免耕播种机的堵塞。

（一）秸秆粉碎还田机的种类

按粉碎刀类型可分为锤爪式、“Y”形甩刀式、直刀式秸秆粉碎还田机；按粉碎刀轴运动方式可分为卧式（图2-27、图2-28）、立式秸秆粉碎还田机。

图2-27　卧式秸秆粉碎还田机的外形结构

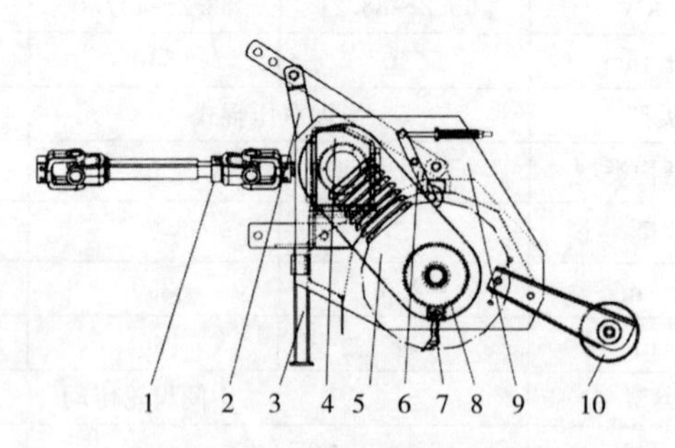

图2-28　卧式秸秆粉碎还田机

1. 万向节传动轴　2. 悬挂架　3. 支撑杆　4. 变速箱　5. 传动胶带护罩　6. 张紧机构　7. 锤爪式刀粉碎　8. 刀轴　9. 机壳　10. 地轮

（二）秸秆粉碎还田机的产品特点

秸秆粉碎还田机主要由万向节传动轴、悬挂架、机壳、变速箱、传动系统、刀轴、地轮等部件组成。秸秆粉碎还田机是通过万向节传动轴或皮带、链传动将拖拉机动力输出轴或联合收割机的动力经机具传动系统传递至粉碎部件，驱动粉碎部件高速旋转用于对田间农作物玉米、高粱、小麦、水稻、棉花等秸秆进行粉碎并抛撒还田。秸秆粉碎还田可以增加土壤有机质，改善土壤结构，培肥地力，避免因焚烧秸秆产生的环境污染。

（三）秸秆粉碎还田机的主要技术参数

秸秆粉碎还田机的主要技术参数为配套动力、工作幅宽、切碎长度合格率等（表 2-17）。

表 2-17　秸秆粉碎还田机的主要技术参数

产品型号	1JH-150	1JH-185	1JH-240
配套动力，kW	36.8～44.1	58.8～66.2	≥73.5
锤爪数量，个	10	12	16
甩刀数量，个	60	76	96
直刀数量，个	90	114	114
工作幅宽，cm	150	185	240
刀轴转速，r/min	1 800～2 400	1 800～2 400	1 800～2 400
作业效率，hm^2/h	0.27～0.53	0.33～0.8	0.53～1.07
切碎长度合格率，%	≥90（秸秆切碎长度≤100mm）		
留茬高度，mm	20～80		
输出轴转速，r/min	540，720，760		

（四）秸秆粉碎还田机的适用范围

秸秆粉碎还田机常作为免耕播种机的配套机具，用于免耕播种作业前对秸秆进行粉碎处理，将地表秸秆、残茬及杂草粉碎、细化，以减少其对免耕播种机的堵塞。

八、激光平地机

激光平地机利用激光束平面作为控制基准，通过伺服液压系统操纵平地铲运机具工作，完成土地平整作业（图 2-29、图 2-30）。

图 2-29　激光平地机主要组成

图 2-30　激光平地机作业现场

（一）激光平地机的工作原理

激光控制平地系统是以激光发射品产生的激光平面作为基准面，由激光接收器全方位自动跟踪探测基准面的位置，并与平地铲的高度比较，检测出平地铲相对于基准面的位置高度偏差并转变为电信号传给控制箱，然后通过液压回路调节平地铲的位置高度实现对土地的精确平整。

（二）激光平地机的产品特点

激光平地机主要由发射器，接收器，控制箱，液压机构和铲运机组成。

发射器固定在三脚架上。激光发射机内发射出一激光基准平面，转速为300～600r/min,有效光束半径为300～450m。机械部分安装在一个万向接头系统上,因而光束平面能按照预定的坡度倾斜。

接收器固定安装在铲运机的伸缩杆上，用电缆与控制箱连接。接收到发射器发出光束后，将光信号转成电信号，并通过电缆送给控制箱。

控制箱接收车载激光接收器信号进行计算分析，向电磁液压阀发出指令。

液压控制阀安装在拖拉机上，并与拖拉机液压系统连接。在处于自控状态时，经控制箱转换修正后的电信号，启动电磁阀，变动液压控制阀的位置，改变液压油的流量和流向，通过油缸柱塞的伸缩控制平地铲升降。

（三）激光平地机的主要技术参数

激光平地机的主要技术参数为配套动力、作业速度、发射半径、检测宽度、检测距离等（表2-18）。

表 2-18　激光平地机主要技术参数

<table>
<tr><td colspan="2">产品型号</td><td>HJP-20</td><td>HJP-30</td><td>HJP-40</td></tr>
<tr><td colspan="2">配套动力，kW</td><td>50～60</td><td>60～110</td><td>60～110</td></tr>
<tr><td colspan="2">连接方式</td><td colspan="3">三点悬挂</td></tr>
<tr><td colspan="2">作业速度，km/h</td><td colspan="3">15～30</td></tr>
<tr><td colspan="2">铲刀提升范围，cm</td><td colspan="3">30</td></tr>
<tr><td colspan="2">桅杆高度，mm</td><td colspan="3">2 500～3 000</td></tr>
<tr><td rowspan="4">激光发射器（SP308）</td><td>发射半径，m</td><td colspan="3">350</td></tr>
<tr><td>转速，r/min</td><td colspan="3">600</td></tr>
<tr><td>光源波长，nm</td><td colspan="3">690</td></tr>
<tr><td>连续工作时间，h</td><td colspan="3">50</td></tr>
</table>

（续）

激光接收器（MD360A）	检测宽度，mm	204
	检测范围，hm^2	3
	检测波长，nm	635～780
	检测距离，m	700
	连续工作时间，h	50

（四）激光平地机的适用范围

适用于播种前的农田表面精细平整和种床条件的改善，也可用于复垦荒地，改善农田耕层等。

九、圆盘耙

圆盘耙是以成组的凹面圆盘为工作部件，耙片刃口平面同地面垂直并与机组前进方向有一可调节偏角的整地机械。圆盘耙主要用于犁耕后的碎土和平地。

（一）圆盘耙的种类

圆盘耙可按机重、直径、配置和挂结形式等进行分类。

按耙片的机重和直径分，有重型、中型和轻型三种。

按与拖拉机的挂结方式分，可将圆盘耙分为牵引、悬挂和半悬挂三种类型。重型耙一般为牵引式或半悬挂式，轻型耙和中型耙则三种类型都有。

（二）圆盘耙的产品特点

圆盘耙的主要工作部件是耙组，各种圆盘耙的结构大体相同（图 2-31、图 2-32）。圆盘耙作业时在拖拉机牵引力和土壤反作用力作用下耙片滚动前进，耙片刃口切入土中，切断草根和作物残茬，并使土垡沿耙片凹面上升一定高度后翻转下落。作业后，地表和沟底平整，土壤松碎，残茬覆盖良好。

耙组由若干个固装在一根方轴上的耙片构成一个整体部件，耙片由间管按等距离隔开。

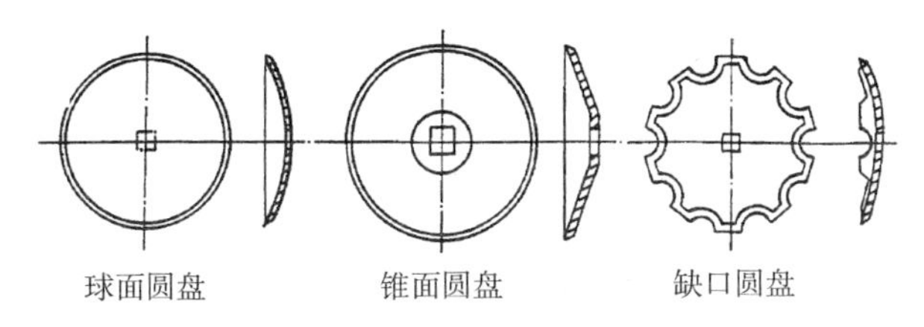

图 2-31　耙片的形式

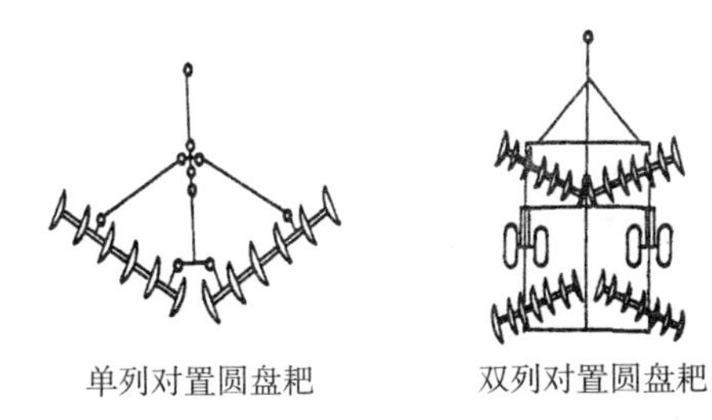

图 2-32　对置圆盘耙

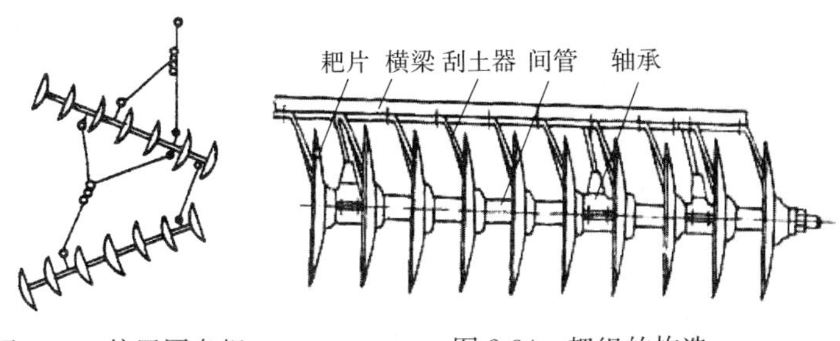

图 2-33　偏置圆盘耙

图 2-34　耙组的构造

（三）圆盘耙的主要技术参数

圆盘耙主要技术参数为配套动力、耙宽、最大耙深、圆盘耙片形式和直径、与拖拉机连接形式等（表 2-19）。

表 2-19　圆盘耙的主要技术参数

产品型号	1BJXD2.0	1BQX1.5	1BZB2.0
配套动力，kW	53.0～58.8	17.4	53.0～58.8
工作幅宽，m	2.0	1.5	2.0
最大耙深，cm	16	10～14	20
圆盘直径，mm	560	450	600/650
圆盘数，片	18	16	20
与拖拉机连接形式	三点悬挂	三点悬挂	半悬挂

（四）圆盘耙的适用范围

圆盘耙作业时能把地表的肥料、农药等同表层土壤混合，主要适用于旱地犁耕后的碎土以及播种前的松土、除草。还适用于收获后的浅耕灭茬作业和飞机播种后的盖种作业。

十、驱动型耙浆平地机

由动力驱动，用于水田耕翻泡田后碎土耙浆、压茬平地的联合作业机具，主要工作部件为带耙浆刀的刀辊或带斜齿的耙滚。

（一）驱动型耙浆平地机的种类

驱动型耙浆平地机按工作部件可分为耙浆刀型和耙滚型（又称为水田驱动耙）（图 2-35、图 2-36）。

按传动方式可分为中间齿轮传动和侧边齿轮传动。

（二）驱动型耙浆平地机的产品特点

驱动型耙浆平地机一般由悬挂架、箱体、主梁、副梁、耙浆刀辊或耙滚、拖板、整平板等组成。机组前进时，耙浆刀辊或耙滚通过输入轴、齿轮箱体驱动做回转运动，耙浆刀或耙滚切碎土垡，抛向后方，经拖板导向落下，同时将植物根茬、绿肥等带起，压入泥土下，田面经整平板拖平。

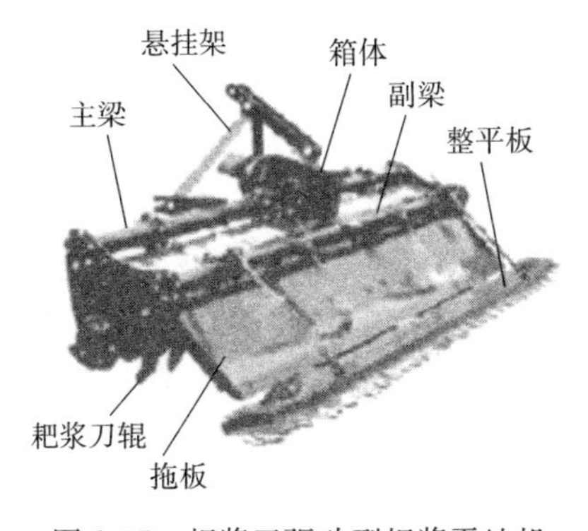

图 2-35　耙浆刀驱动型耙浆平地机
（又称为水田埋茬起浆机）

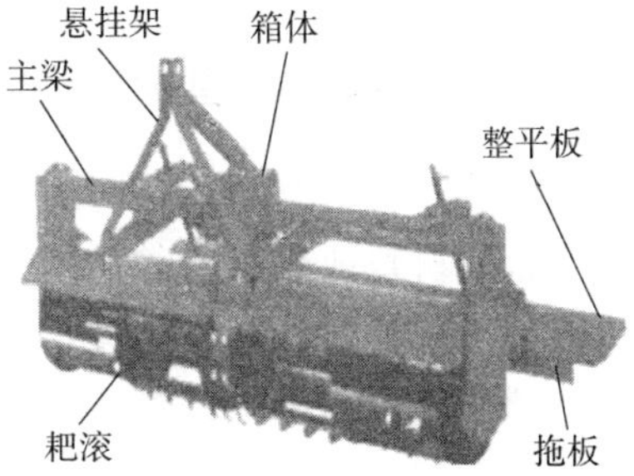

图 2-36　耙滚驱动型耙浆平地机
（又称为水田驱动耙）

（三）驱动型耙浆平地机的主要技术参数

驱动型耙浆平地机的主要技术参数为配套动力、工作幅宽、生产率等。

表 2-20　驱动型耙浆平地机的主要技术参数

产品型号	1BPQ-240	1BPQ-260	1BSQ-240
配套动力，kW	29.4～36.8	33.1～40.1	29.4～36.8
工作幅宽，cm	240	260	240
生产率，hm^2/h	0.30～0.60	0.35～0.70	0.30～0.60

（四）驱动型耙浆平地机的适用范围

用于旋耕或犁耕后的水田耙田、土地平整、碎土和埋茬。适用于在稻茬地，旱地灌水泡田 24h 以上，田面水深为 3～5cm，待土壤松软后即可直接作业，实现秸秆、根茬和绿肥的翻埋覆盖，达到作业后埋茬严密、田面平整、土壤起浆好的要求。

第三节　耕整地机具的安全操作

耕整地机具的安全操作主要包括安全要求、安全标志和安全操作规程，了解机具的安全操作，可以保障使用者和机具安全，是发挥耕整地机具功效的重要保障。

一、耕整地机具的安全要求

（一）人员安全通用要求

（1）耕整地机具必须由经过培训和训练的熟练操作人员来操作。操作者要仔细认真阅读产品使用说明书，不可盲目操作。

（2）禁止未成年、无自主能力、酒后、生病、疲劳等人员操作本机器。

（3）作业过程中，操作者应严格遵守安全要求和安全操作规程，以免发生人身伤亡或机器故障等危险，保证安全生产。

（4）应在产品使用说明书明示的适用范围内作业，以免导致产品性能下降或出现故障，甚至造成安全事故。

（二）设备安全要求

1. 危险部位安全防护

外露旋转件应装设防护罩，皮带和链条防护罩必须安装和拧紧，打开或移去防护罩时必须停机，以免造成严重的伤害。

2. 安全标志

耕整地机具应在框架、防护罩、齿轮箱体、悬挂架、链齿轮传动机构等危险部位粘贴安全标志，常见耕整地机具的安全标志及相关要求如表 2-21 所示。

表 2-21　常见耕整地机具的安全标志及相关要求

标志类别		标志图样	粘贴位置及主要作用
警告标识	1	警　告 机具运转时，严禁接近旋转部分。严禁在机具上站人	此标志为橙色，表示警告； 贴于主机后框架、侧板、机械旋耕部件处； 机具运转时，远离旋转刀齿。严禁在机具上站人

（续）

标志类别		标志图样	粘贴位置及主要作用
警告标识	2	警 告 机具运转时，不得打开或拆下安全防护罩	此标志为橙色，表示警告； 贴于防护罩； 机具运转时，不得打开或拆下安全防护罩
	3	警 告 1. 机器升降时不得靠近，避免挤压或冲击危险 2. 升起维修调整时，机器应锁定	此标志为橙色，表示警告； 贴于机具明显部位； 机器升降时不得靠近，避免挤压冲击危险，升起维修调整时，机器应锁定； 机器维护、保养时，必须切断动力，并可靠支撑，避免挤压或冲击危险
	4	警 告 抛出或飞出物体冲击整个身体与机器保持安全距离	此标志为橙色，表示警告； 贴于机器护板处； 机器工作时，与机器保持安全距离，禁止靠近，否则飞出物料可能造处成人身伤害； 旋耕作业时，防护板应拖地，机具后方及周围严禁站人，以防抛物伤人
注意标识	1	注 意 机器工作时，要保持安全距离	此标志为黄色，表示注意； 贴于传动轴防护罩、机罩； 机器工作时，要保持安全距离，不得靠近动力输入传动轴，避免缠绕危险

（续）

标志类别		标志图样	粘贴位置及主要作用
注意标识	2	注 意 使用前请详细阅读使用说明书 操作时遵循使用说明和安全规则	此标志为黄色，表示注意； 贴于机具明显部位； 详细阅读说明书，操作时应遵循使用说明书和安全规则

3. 日常安全要求

（1）使用者要对机具进行周期性保养，通过适当措施保证机具能满足长期使用的安全标准。

（2）机器或附件的清理或注润滑油必须在停机状态下进行。

（3）不要随意改装机具，更换配件时建议在企业指定的经销商店购买，以免影响机具性能或发生意外事故。

二、耕整地机具的安全操作

（一）铧式犁

1. 安全注意事项

（1）牵引犁应有刚性牵引装置。

（2）牵引犁的座位要设置在未耕地一侧，有靠背、围栏和踏脚板，且固定牢靠。

（3）铧式犁起落机构安全有效。液压软管、管路及其附件应合理放置加以保护，以防破裂时，液体喷伤操作者。

（4）铧式犁的运输间隙：牵引式及半悬挂式不小于250mm，悬挂式不小于300mm。

2. 安全操作规程

（1）不准用人体加重迫使犁铧入土，转移地块及过田埂应慢行。犁未提升前，严禁拖拉机转弯与倒退，严禁绕圈耕地。

（2）牵引作业时，农机手应坐在规定的座位上，其他部位不应有人，严禁站在拖拉机或犁的牵引装置上，或从座位上跳下。

（3）转移地块或运输时，必须将犁的工作机构升到最高位置加以锁定。

（4）更换犁铲或排除犁的故障时，拖拉机应先熄火或解除挂钩。

（5）机器作业时，落犁起步必须平稳，不准操作过急。机车和牵引犁之间要有保险绳，驾驶员应经常注意农具工作情况。

（6）牵引装置上的安全销折断时，不准用高强度钢筋代替或随意改变尺寸，应用直径10mm的低碳钢销子。

（二）圆盘犁

通用型的圆盘犁安全操作和铧式犁相同。驱动型的圆盘犁由于结构和工作方式不同于通用圆盘犁，其安全操作也和铧式犁不同。

1. 驱动型圆盘犁的安全注意事项

（1）万向节传动轴应有可靠的安全防护装置，动力输入轴应有安全防护罩，并能包住第一个轴承座及整个轴，且万向节传动轴防护罩和动力输入轴防护罩间直线重叠量不小于50mm。

（2）机具的侧面应防护，其他外露传动件不包括工作圆盘轴，应有安全防护罩。

（3）运输间隙：牵引式及半悬挂式不小于250mm，悬挂式不小于300mm。

2. 驱动型圆盘犁的安全操作规程

（1）检查机具万向节传动轴、犁片及齿轮箱零件时必须切断动力，严禁未熄火更换零部件。

（2）工作时万向节的夹角不得大于10°，地头转弯时不得大于30°，进行长距离运输或转移时，应拆除与拖拉机动力输出轴连接的万向节传动轴，并将机具升到最高位置。

（3）工作或运输时，禁止在机具上堆放重物和站人。

（4）驾驶人员必须警惕，在必要时随时切断动力，以免发生危险。

（三）旋耕机

1. 安全注意事项

（1）万向节传动轴应有可靠的安全防护装置，动力输入轴应有安全防护罩，并能包住第一个轴承座及整个轴，且万向节传动轴防护罩和动力输入轴防护罩间直线重叠量不小于50mm。其他外露回转件应有可靠的安全防护装置。

（2）机具的顶部防护覆盖整个工作部件，侧面防护盖住整个旋耕刀辊，前部、后部防护能有效防止飞物伤人。

（3）带变速、离合装置的旋耕机，其操作手柄应灵活，不卡滞，不脱挡，能可靠切断动力。

2. 安全操作规程

（1）检查机具万向节传动轴、旋耕刀及齿轮箱零件时必须切断动力，如需要清除旋耕机上的缠草、杂物或紧固、更换犁刀等零部件时，应将整机垫稳，然后将发动机熄火，严禁在发动机未熄火时更换零部件。

（2）万向节的夹角作业时不得大于10°，地头转弯时不得大于30°，进行长距离运输或转移时，应拆除与拖拉机动力输出轴连接的万向节传动轴，并将机具升到最高位置。

（3）工作或运输时，禁止在机具上堆放重物和站人。地头转弯时，不得边作业边转弯，应将机具提升使刀尖离地15～20cm。

（4）注意经常检查万向节插销及十字轴挡圈，已损坏或技术状态不良的万向节禁止安装使用。

（5）停车时，应将机具降落着地，不得悬挂停放。

（四）双轴式灭茬旋耕机

双轴式灭茬旋耕机的安全注意事项、安全操作规程同旋耕机。

（五）深松整地联合作业机

1. 安全注意事项

（1）万向节传动轴夹角工作时不得大于10°，地头转弯时不得大于25°，长距离转移时应切断拖拉机动力输出。

（2）机具工作时，严禁先入土，再接合动力输出轴，或猛降机具，以免损坏拖拉机及机具的零部件。

（3）地头转弯及倒车时，机具必须升起，严禁耕作。

（4）机具作业时，拖拉机和机具上严禁乘人，以免跌入机具内造成伤亡事故。

（5）检查或更换机具万向节传动轴、机具及齿轮箱零件时，必须切断拖拉机动力输出，停机熄火确保安全。

2. 安全操作规程

（1）深松试作业，调整好深松的深度。检查机车、机具各部件工作情况及作业质量。

（2）作业时应保证不重松、不漏松、不拖堆。

（3）作业中遇到坚硬和阻力激增时，应及时停止作业，排除状况后再作业。

（4）机具入土与出土时应缓慢进行，不可强行作业，以免损坏机器。

（六）深松机

深松机安全注意事项、安全操作规程同深松整地联合作业机。

（七）秸秆粉碎还田机

秸秆粉碎还田机的安全注意事项、安全操作规程同旋耕机。

（八）激光平地机

1. 安全注意事项

（1）使用前，应检查激光平地机和驱动农具匹配的合理性。

（2）维修农具或拖拉机前，必须将电瓶与设备电源断开，以防止发生短路。

（3）控制盒供电为12V直流电，电瓶接线后一定要检查确认无误后方可连接后端设备。发射器供电为6V直流电。

（4）检查确认油路、电路等工作正常后，方可启动激光平地机，随时注意仪表的显示状况。

（5）维修拖拉机时，必须将搭铁线与电源断开，否则会对激光设备造成损坏。

2. 安全操作规程

（1）机具安装　平地铲与拖拉机悬挂连接要牢靠，采用钢丝绳将平地铲和拖拉机连接。激光接收器安装在平地铲接收器杆上，高于拖拉机驾驶室即可，以免影响信号的接收。

（2）机具作业　平地机升起后，严禁到下面检查、调整、维修。起步时，应注意道路上有无障碍物，在激光平地机和配套动力之间是否有人，以免发生危险。

（九）圆盘耙

1. 安全注意事项

（1）牵引式应有刚性牵引装置。牵引耙应装有保险销或其他因受力超限而能自动脱离的装置。插销式的销子必须采用规定的材料和规格，不允许任意代用。

（2）圆盘耙起落机构安全有效，液压软管、管路及其附件应加以保护，以防发生破裂时液体伤人。

（3）圆盘耙的运输间隙：牵引式不小于150mm，悬挂耙、半悬挂耙不小于200mm；18kW以下小型拖拉机配套圆盘耙运输间隙不受此限。

2. 安全操作规程

（1）悬挂耙的起落应缓慢、平稳，不允许操作过猛，不准用人体加重迫使耙片入土。作业中转移地块及过田埂应慢行。悬挂耙运输时，应固定好升降手柄，适当调紧限位链，缩短上拉杆，以保证要求的运输间隙。

（2）拖拉机带耙作业中不许急转弯，牵引耙不许倒车，带悬挂耙转弯、倒车时必须把耙升起后才可进行。

（3）牵引耙拉杆上的安全销，只允许用低碳钢材料加工更换，不准用其他材料代替或随意改变尺寸。

（4）转移地块或短距离运输时，必须将耙的工作机构升到最高位置并加以锁定，使农具处于运输位置，调紧限位链。运输途中，耙上不准坐人或放置重物。禁止高速行驶和急转弯。长距离运输，要把耙分解或整体装车运送，不准带耙自行运送。

（5）更换耙片或排除耙的故障时，拖拉机应先熄火或解除挂钩。

（十）驱动型耙浆平地机

1. 安全注意事项

（1）机具的结构应合理，保证操作人员按使用说明书操作和保养时没有危险，其安全要求应符合相关国家标准的规定。有危险的部位应固定安全警示标志，并符合相关国家标准的规定。

（2）万向节传动轴应有可靠的安全防护装置，动力输入轴应有安全防护罩，并能包住第一个轴承座及整个轴。万向节传动轴防护罩和动力输入轴防护罩间直线重叠量不小于50mm。

（3）其他外露回转件应有可靠的安全防护装置。

（4）机具的顶部防护应全覆盖整个工作部件，侧面防护要求作业时能完全覆盖住整个刀辊，防止人员受到意外伤害。前部、后部防护能有效防止飞物伤人。

2. 安全操作规程

（1）检查机具万向节传动轴、刀片及齿轮箱体时必须切断动力，如需要清除刀辊上的缠草、杂物或紧固、更换刀片等零部件时，应将整机垫稳，然后将发动机熄火，严禁在发动机未熄火时更换零部件。

（2）万向节的夹角在工作时不得大于10°，地头转弯时不得大于30°，严禁先入土后接合动力输出轴，或猛降入土。工作或运输时，禁止在机具上堆放重物和站人。

（3）地头转弯时，不得边作业边转弯，可将机具提升保证刀尖离地15～20cm。可以不切断动力输出而空行转弯。

（4）停车时，应将机具降落着地，不得悬挂停放。

第四节 耕整地机具的使用与调整

一、铧式犁

铧式犁作业的调整主要分以下几个部分：

1. 调节耕深

用调整限深轮的高度或选取挂结孔位置来调节耕深，对于悬挂犁在耕地过程中有时可结合高度、力和位进行综合调节。

2. 调整耕宽

通过改变下悬挂点与犁架的相对位置，使犁侧板与机组前进方向成一倾角来调整悬挂犁的耕宽。因结构不同，带有耕宽调节器悬挂犁，可转动耕宽调节器丝杠手柄或可通过左下悬挂点沿犁架横梁左右横移来调节耕宽。

3. 调整偏牵引

调节下悬挂点相对犁架的位置，或调整拖拉机轮距，使耕宽相一致。

试耕调整时，在耕宽调好后，再通过横移下悬挂点来克服偏牵引，以达到耕宽合适、无偏牵引的要求。

4. 调整纵、横向水平

多铧犁在耕作时，犁架纵、横向应保持水平，使前后、左右犁体耕深一致。当前犁体耕深浅、后犁体耕深深时，应将上拉杆缩短，反之，则伸长。改变悬挂机构上右提升杆的长度，缩短右提升杆，使犁架右边抬高，反之，使犁架右边降低。

二、圆盘犁

悬挂圆盘犁作业的调整主要分以下几个部分：

1. 耕深调节

方法类似铧式犁。

2. 偏牵引调整

调节尾轮偏角和位置，以平衡土壤作用在圆盘上的侧向力，保持机组的直线行驶性能。

3. 入土行程调整

采用重型机架，有时还要加配重，以获得较好的入土性能。

4. 左右、前后水平调整

调整拖拉机左右拉杆和上拉杆长度，方法同铧式犁。

三、旋耕机

旋耕机作业的调整主要分以下几个部分：

1. 左右水平调整

旋耕机刀尖接近地表，调节拖拉机右下拉杆高低，使旋耕机处于水平状态，以保证左右耕深一致。

2. 万向节前后夹角的调整

按要求耕深，调节上拉杆长度，保持万向节传动轴总成前后夹角最小，处于最有利的工作状态。

3. 提升高度调整

在地头转弯提升时，只需使刀尖离地 20cm 左右即可，可以不切断动力输出转弯空行。在通过沟、田埂或在道路上运输时，需切断动力输出，将机具提升到较高位置。

四、双轴灭茬旋耕机

双轴式灭茬旋耕机使用前的调整主要分以下几个部分：

双轴式灭茬旋耕机左右水平、前后水平、旋耕深度、提升高度的调整与旋耕机类似。

1. 左右水平的调整

降低机具使刀尖接近地面，调整拖拉机左右提升杆的长度，使左右刀尖离地高度一致，以保证左右耕深一致，并调整两提升杆左右限位拉链的长度一致（松紧适度）。耕作时，传动轴在左右水平方向无夹角，机具不能向一边偏移。

2. 前后水平的调整

降低机具到要求的耕深时，调整上拉杆（中央拉杆），使机具中间传动箱总成上平面基本达到水平状态。

3. 旋耕深度的调节

使用拖拉机液压装置的位调节，应将力调节手柄置于最高提升位置固定，位调节手柄向前下方向移动，机具下降；反之机具上升。

4. 提升高度的调整

为防止传动轴损坏，机具作业时传动轴夹角不大于±10°，一般田间作业时只要提升至刀尖离地即可，如通过沟埂或路上运输，需提升更高时，必须切断动力。为防止意外，在田间作业时，要求做最高提升位置限制，即将位调节上限螺钉拧紧限位，并调整拖拉机限位链长度，保证机具挂在拖拉机上左右横向摆动在10～20mm范围，否则容易损坏机件。

五、深松整地联合作业机

深松整地联合作业机作业的调整主要分以下几个部分：

1. 左右水平的调整

降低机器使刀尖接近地面，观看左右刀尖离地高度是否一致，否则调整左右悬挂杆，使左右刀尖离地高度一致，以保证左右耕深一致。

2. 前后水平的调整

将机器降至要求耕深时，观看作业机第一轴与传动轴是否接近水平，若夹角过大，则利用上拉杆调整，使传动轴处于有利的工作状态。

3. 耕深的调节

半分置式液压机构的拖拉机，工作时只能使用位调节，应将力调节手柄置于最高提升位置固定，位调节手柄向前下方移动，机具下降，反之上升。当达到所需的耕深后，用定位手轮将位调节手柄挡住，以利每次下降到同样的位置。

分置式液压机构的拖拉机工作时用浮动位置，操作手柄由“中立”位置向后扳到提升位置，机具上升，回“中立”位置向前扳到下降位置，机具下降，下降高度由油缸上的定位阀及定位卡箍挡块来实现。如果是两个油缸，则两个油缸调整的定位卡箍挡块与定位阀的距离应保持一致，下降到要求的耕深后，把定位卡箍挡块锁死，以利于每次机器下降到同样的位置，耕后地表才能平整。

4. 提升高度调整

为防止传动轴损坏，机具作业时传动轴夹角不得大于±10°，地头转弯时不得大于25°，一般田间作业时，只要将刀尖提升离地即可。如遇过沟埂或路上远距离运输，需提升到更高位置时要切断动力。为防止意外，在田间作业时，要求做最高提升位置的限制，即将位调节手轮上螺丝拧紧限位。

六、深松机

深松机的使用与调整同深松整地联合作业机。

七、秸秆粉碎还田机

秸秆粉碎还田机作业的调整主要分以下几个部分：

1. 水平调整

（1）左右水平的调整　将悬挂了还田机的机组停放于平地上，将机具提升一定高度，然后慢慢降下至粉碎部件接近地面，观看左右粉碎部件离地高度是否一致；若不一致，需要调节拖拉机左、右悬挂拉杆，使整机左右高度一致，处于水平。

（2）纵向水平的调整　将还田机地轮支承板移至合适的调整孔，调整拖拉机中间拉杆，以粉碎刀尖离地20～40mm为宜，传动轴的倾角应保持在10°以内，如果传动轴倾角超过10°，可通过拖拉机左右悬挂拉杆适当调整。

2. 留茬高度的调整

与拖拉机配套的还田机在正常挂接后，通过调整拖拉机悬挂中间拉杆来调整粉碎部件与地面的距离，进而调整秸秆的留茬高低。

3. 粉碎刀与定刀间隙的调整

粉碎刀与定刀的合理间隙为5～8mm。调整方法：如定刀磨损严重，可更换或在定刀背部增加垫片，如粉碎刀磨损严重，则应成组更换新刀，直刀片间的质量差为最大不能超过10g，其他刀型不能超过25g。

八、激光平地机

激光平地机作业的调整主要分以下几个部分：

1. 激光发射器位置调整

根据地块大小，调整激光发射器的位置，一般直径超过300m的地块，激光发射器大致放在场地中间位置；直径小于300m的地块，激光发射器放在场地的周边。待位置确定后，将激光发射器安装在三脚架上并调平。激光发射器的标高应处在拖拉机平地机组最高点上方0.5～1.0m的地方，以避免机组和操作人员遮挡住激光束。

2. 平地作业基准调整

以铲刃初始作业位置为基准，调整激光接收器伸缩杆的高度，使激光发射器发出的激光束与接收器相吻合。然后，将控制开关置于自动位置，就可以开始平整作业。

3. 刮土铲调整

调整刮土铲必须在机具不行走的情况下进行，激光发射器工作正常，激光接收控制开关调到手动位置，提升刮土铲至离地5cm左右的位置（不易太高），在液压工作站调整刮土铲油缸调整阀。如刮土铲左高右低，缩短油缸伸长尺寸直到刮土铲处于水平位置；如刮土铲左低右高，则反之，调整水平后锁定位置，避免平地机长时间振动。放下刮土铲找到作业基准，把控制器上的激光接收开关调到自动位置，进入作业。

4. 铲土负荷的调整

平地过程中，一是要控制平地铲吃土量，一般控制在2～3cm，做到少铲多次；二是控制好油门，保持平地机处于匀速工作状态；三是当平整阻力增大、发动机超负荷、转速急剧下降、排气管冒黑烟时，应立即将刮土铲开关调到手动位置并向“提升”位置点动，使刮土铲稍微抬起，同时加大油门使其平顺工作，及时把控制开关调到“下降”位置，并转换到自动位置继续作业。

九、圆盘耙

圆盘耙作业的调整主要分以下几个部分：

1. 前后、左右水平调整

调节悬挂式上拉杆长度、左左悬挂点高低长度。

2. 偏牵引调整

调节连接点、前后耙组偏角。

3. 耙深调整

圆盘耙靠机具重量入土，耙深通过偏角调整完成。偏角增大则耙深，反之则耙浅。调节偏角达不到要求的耙深，必须增加配重。

4. 偏角调整

调节耙组的横梁相对于耙架连接位置，改变耙组与机组前进方向的角度。偏角调节机构的形式有齿板式、插销式、压板式、丝杆式、液压式等多种。

十、驱动型耙浆平地机

驱动型耙浆平地机调整方法同旋耕机。

第五节　耕整地机具的维护保养与常见故障排除

一、铧式犁

（一）维护保养要求

铧式犁的维护保养要求如表 2-22 所示。

表 2-22　铧式犁的维护保养要求

保养类别	保养要求
班保养	1. 清理犁体、犁刀及限深轮上积泥和缠草 2. 检查拧紧所有紧固螺栓 3. 对犁刀、限紧轮及调节丝杆等注润滑脂或润滑油 1～2 次 4. 检查犁铧、犁壁、犁侧板等易损件的磨损情况，及时修理或更换

（续）

保养类别	保养要求
季节保养	1. 全面检查、修复或更换磨损和变形的零部件 2. 润滑部位涂润滑油脂，外露的丝杆、悬挂销涂防锈油 3. 清洗干净整台犁，犁曲面涂防锈油 4. 停放在地势高的地方，并覆盖防雨物

（二）常见故障及排除方法

铧式犁常见故障、原因和排除方法如表 2-23 所示。

表 2-23　铧式犁常见故障、原因和排除方法

常见故障	故障原因	排除方法
入土困难	1. 铧刃磨损或铧尖部分上翘变形 2. 土质干硬 3. 犁架前高后低或横拉杆偏低或拖把偏高 4. 犁铧垂直间隙小 5. 悬挂机组上拉杆过长 6. 拖拉机下拉杆限位链拉得过紧 7. 悬挂点位置选择不当	1. 更换犁铧或修复 2. 适当加大入土角、入土力矩或在犁架尾部加配重 3. 调短上拉杆长度、提高牵引犁横拉杆或降低拖拉机的拖把位置 4. 更换犁侧板、检查犁壁等 5. 缩短上拉杆，使犁架在规定耕深保持水平 6. 放松链条 7. 选取合适悬挂点
耕后地不平	1. 犁架不平或犁架、犁铧变形 2. 犁壁粘土、土垡翻转不好 3. 犁体在犁架上安装位置不当或振动后移位	1. 调平犁架、校正犁柱（非铸件） 2. 清除犁壁上的土，并保持犁壁光洁 3. 调整犁体在犁架上的位置
水田作业时入土过深	1. 悬挂犁机组力调节系统不起作用，出现钻深现象 2. 土壤承受能力减弱	1. 不用力调节系统，改用位调节 2. 将犁架前端稍调高些，安装限深滑板
立垡甚至回垡	1. 过深 2. 作业速度过慢 3. 各犁体间距过小，宽深比不当 4. 犁壁不光滑	1. 调浅 2. 提高作业速度 3. 当耕深较大时，可适当减少铧数，拉开间距 4. 清除犁壁上的土

（续）

常见故障	故障原因	排除方法
耕宽不稳定	1. 耕宽调节器“U”形卡松动 2. 胫刃磨损或犁侧板对沟墙压力不足 3. 水平间隙过小	1. 紧固，若“U”形卡变形则更换 2. 增加犁刀或更换犁壁、侧板 3. 检查该间隙，检查或更换犁侧板
漏耕或重耕	1. 偏牵引、犁架歪斜 2. 犁架或犁柱变形 3. 犁体距离不当	1. 调整纵向犁架柱 2. 校正（非铸件）或更换 3. 重新安装并调整
犁耕阻力大	1. 犁铧磨钝 2. 犁架、犁柱变形，犁体在歪斜状态下工作	1. 磨锐或更换犁铧 2. 校正或更换犁柱
拖拉机严重打滑	1. 拖拉机驱动轮轮胎磨损 2. 负荷过大	1. 驱动轮上加防滑装置或更换轮胎 2. 减少耕深或耕宽，降低作业速度

二、圆盘犁

（一）维护保养要求

通用圆盘犁的维护保养要求如表 2-24 所示。

表 2-24　通用圆盘犁的维护保养要求

保养类别	保养要求
班保养	1. 清理犁体、圆盘犁刀及限深轮等上面的积泥和缠草 2. 检查拧紧所有紧固螺栓 3. 对圆盘犁刀、限深轮及调节丝杆等每班要注润滑脂或润滑油 1～2 次 4. 检查圆盘犁片、尾轮圆盘磨损，必要时修理或更换
季节保养	1. 全面检查、修复或更换磨损和变形的零部件 2. 润滑部位涂润滑油脂，外露的丝杆、悬挂销上涂防锈油 3. 清洗干净整台犁，圆盘犁面涂上防锈油 4. 液压或气动接头涂防锈油并用塑料纸包裹，防止碰损 5. 停放在地势高的地方，并覆盖防雨物

驱动圆盘犁的维护保养要求如表 2-25 所示。

表 2-25　驱动圆盘犁的维护保养要求

保养类别	保养要求
班保养	1. 检查拧紧各连接螺栓、螺母，检查放油螺栓有无松动 2. 检查各部位插销、开口销有无缺损，必要时更新 3. 检查齿轮箱齿轮油面，缺油时应添加 4. 在十字节、刀轴轴承座处的黄油杯处加注黄油 5. 检查圆盘犁片缺损和紧固螺栓松动情况，并补齐、拧紧 6. 检查有无漏油现象，及时更换油封、纸垫
季节保养	1. 执行班保养项目 2. 更换齿轮油 3. 检查十字节滚针磨损情况，拆开清洗后涂抹黄油后装好 4. 检查犁刀轴两端轴承磨损情况和是否因油封失效而有泥水进入，拆开清洗并加足黄油，必要时更换新油封 5. 检查圆盘犁片是否过度磨损，有无裂纹、缺损，必要时更换 6. 检查调整齿轮各轴承间隙以及锥齿轮啮合间隙
年保养	1. 彻底清除机具上泥土、油污、缠草等 2. 放出齿轮油，进行拆卸检查。特别要注意检查中间齿轮轴承的磨损情况，安装好后加注新齿轮油至规定油面 3. 拆洗刀轴轴承及座，更换油封，安装时要注足黄油 4. 拆洗万向节总成，清洗十字节滚针，如磨损应更换 5. 检查圆盘犁、尾轮，磨损严重和有裂痕必须更换 6. 长期存放时，万向节应拆下放置室内，垫高机具使圆盘犁片离地，犁片、外露花键轴需涂油防锈 7. 机具应停放室内，室外停放应覆盖防雨物

（二）常见故障及排除方法

通用圆盘犁常见故障、原因和排除方法如表 2-26 所示。

表 2-26　通用圆盘犁常见故障、原因和排除方法

常见故障	故障原因	排除方法
入土难或不能入土	1. 圆盘犁刃口过厚，缠草杂物 2. 圆盘犁重量过轻 3. 倾角过大	1. 修磨圆刃口，清除杂物 2. 犁架上加配重 3. 增加倾角
作业时自动摆头，操作困难	1. 尾轮调整不当 2. 倾角过大 3. 犁架变形	1. 调整尾轮的偏角或高低 2. 调小倾角 3. 校正犁架

（续）

常见故障	故障原因	排除方法
耕后前后垡片大小不一	1. 前后圆盘犁片倾角调整不一 2. 犁架变形 3. 配重前后不均	1. 重调各圆盘犁片的倾角 2. 校正犁架 3. 调整配重的位置
有漏耕	1. 耕深太浅 2. 前后犁体位置固定间距不当	1. 适当调整耕深 2. 正确调整圆盘犁片的间距

驱动圆盘犁常见故障、原因和排除方法如表 2-27 所示。

表 2-27　驱动圆盘犁常见故障、原因和排除方法

常见故障	故障原因	排除方法
作业时，传动轴偏斜大，操向费力	1. 尾轮倾角太小 2. 尾轮入土量太小 3. 尾轮损坏或连接螺栓损坏 4. 拖拉机左右限位链太长 5. 犁盘偏角太大（牵引式）	1. 加大尾轮倾角 2. 增大下垂量 3. 更换或修理尾轮 4. 调节拖拉机的限位链 5. 逐个调小犁盘偏角
十字轴损坏	1. 传动轴装错 2. 倾角过大 3. 缺少黄油	1. 中间两只夹叉口装在同一平面 2. 限制提升高度 3. 注黄油
齿轮箱有杂音	1. 箱内有断齿或异物 2. 齿轮侧隙过大 3. 轴承损坏	1. 更换齿轮或取出异物 2. 调整间隙 3. 更换轴承
犁盘轴转动不灵活	1. 齿轮、轴承损坏咬死 2. 圆锥齿轮无侧隙 3. 刀轴连接松动 4. 刀轴轴承座缠草	1. 更换损坏件 2. 调整间隙 3. 扭紧连接螺栓 4. 清除杂草
尾轮浮动状态不灵活	1. 尾轮调节杆变形 2. 摆杆铰链处生锈	1. 校正 2. 除锈、加油
传动箱漏油	1. 油封、纸垫等损坏 2. 箱体有裂纹	1. 更换 2. 修复或更换

三、旋耕机

（一）维护保养要求

旋耕机的维护保养要求如表 2-28 所示。

表 2-28　旋耕机的维护保养要求

保养类别	保养要求
班保养	1. 检查拧紧各连接螺栓、螺母，检查放油螺塞有无松动 2. 检查各部位插销、开口销有无缺损，必要时添补或更换新件，开口销不得用旧件或他物代替 3. 检查齿轮箱齿轮油油面，缺油时应添加 4. 检查十字节、刀轴轴承盖处的黄油杯，加注黄油 5. 检查刀片、紧固螺栓缺损和松动情况，应补齐、拧紧 6. 检查有无漏油现象，必要时更换油封、纸垫 7. 检查链条的松紧程度，必要时张紧
季节保养	1. 执行班保养的全部规定项目 2. 更换齿轮油 3. 检查十字节滚针磨损情况，拆开清洗后涂抹新黄油后装好，如十字节过度磨损，应及时更换 4. 检查轴承磨损情况和是否因油封失效而进入了泥水，拆开清洗并加注黄油，必要时更换新油封 5. 检查齿轮轴承间隙以及锥齿轮啮合间隙，必要时调整
年保养	1. 放出齿轮油，进行拆卸检查 2. 拆洗刀轴轴承及轴承座，更换油封，安装时要加注黄油 3. 拆洗万向节总成，清洗十字节滚针，如损坏应更换 4. 拆下全部刀片检查，磨损严重和有裂痕者必须更换 5. 检查刀轴上的刀座是否开裂，刀片是否磨损严重，刀座与刀轴管焊缝是否开裂，必要时更换刀座和刀片 6. 长期存放时，万向节应拆下放置室内；垫高机具使刀尖离地，刀片、外露花键轴需涂油防锈

（二）常见故障及排除方法

旋耕机常见故障、原因和排除方法如表 2-29 所示。

表 2-29 旋耕机常见故障、原因和排除方法

常见故障	故障原因	排除方法
拖拉机负荷过大	1. 耕深过大或土壤干硬 2. 前进速度过快	1. 减小耕深 2. 降低前进速度和刀辊转速
旋耕机跳动	1. 土壤坚硬 2. 刀片安装出错或有断刀 3. 万向节轴装错 4. 传动箱齿轮损坏	1. 降低机组前进速度和刀辊转速 2. 正确安装刀片或换断刀 3. 正确安装万向节 4. 修复或更换齿轮
万向节偏移大	1. 旋耕机左右不平衡，耕深不一致 2. 拖拉机左右限位链单边限位过短	1. 调节旋耕机左、右拉杆长度，使之保持水平 2. 调节拖拉机限位链，使左右长短一致
万向节十字节头烧坏	1. 缺黄油 2. 倾角过大，卡死	1. 注入黄油 2. 限制倾角，避免卡死
齿轮箱有异常杂音	1. 有断齿或异物落入 2. 锥齿轮侧间隙过大 3. 轴承损坏	1. 更换断齿或取出异物 2. 调整间隙 3. 更换新轴承
齿轮箱漏油	1. 油封损坏 2. 纸垫、软木垫损坏 3. 齿轮箱有裂纹	1. 更换油封 2. 更换新纸垫或软木垫 3. 修复或更换新箱体
万向节飞出	1. 插销脱落 2. 方轴折断	1. 装上插销 2. 更换新方轴
刀轴转不动	1. 刀轴缠草、堵泥严重 2. 齿轮、轴承损坏咬死 3. 锥齿轮无齿侧间隙 4. 右侧板变形，刀轴两端轴承孔不同心 5. 刀轴弯曲变形	1. 清除缠草积泥 2. 更换齿轮、轴承 3. 调整间隙 4. 校正右侧板，调整刀轴同心度 5. 校直或更换
作业时有金属敲击声	1. 旋耕刀固定螺钉松脱 2. 刀轴外端的旋耕刀变形与罩壳侧板相碰 3. 万向节倾角过大 4. 刀轴传动链条过松	1. 拧紧固定螺钉 2. 校正或更换旋耕刀 3. 限制提升高度 4. 调紧链条的张紧度

（续）

常见故障	故障原因	排除方法
旋耕后地表不平	1. 旋耕机左右不水平 2. 旋耕刀安装不对 3. 拖板调节不当	1. 调节横向水平 2. 正确安装旋耕刀 3. 调节拖板位置
旋耕机脱挡故障	1. 牙嵌齿啮合面严重磨损 2. 啮合套定位弹簧弹力过小或折断 3. 啮合套的定向钢球槽轴向磨损大 4. 拨挡槽和操纵杆球头磨损过度，换挡过程中轴向自由间隙过大	1. 应及时修复或更换 2. 用标准弹簧更换弹力过小或折断的弹簧 3. 应进行修补加工或更换新件 4. 可焊修或更换新件
挂挡困难	齿轮损坏	更换齿轮

四、双轴式灭茬旋耕机

（一）维护保养要求

双轴式灭茬旋耕机的维护保养要求与旋耕机基本相同。

（二）常见故障及排除方法

双轴灭茬旋耕机常见故障、原因和排除方法如表 2-30 所示。

表 2-30　双轴灭茬旋耕机常见故障、原因和排除方法

常见故障	故障原因	排除方法
机具不入土	1. 刀片反向 2. 悬挂不正确	1. 调整刀片方向 2. 调短上悬挂拉杆，调长左右悬挂臂上的调整杆
灭茬效果差	1. 行进速度快 2. 刀片损坏过多	1. 放慢行进速度 2. 更换刀片
刀辊跳动	1. 刀片松动 2. 刀盘变形 3. 刀轴弯曲 4. 刀轴轴承损坏	1. 紧固刀片 2. 校平刀盘 3. 校直刀轴 4. 更换轴承

（续）

常见故障	故障原因	排除方法
机具输入轴损坏或传动轴（万向节）损坏	1. 倾角过大 2. 机具入土过猛	1. 按使用说明书提示内容调整悬挂位置 2. 先运转，再缓慢入土
拖拉机拉不动	1. 耕作太深 2. 土质坚硬	1. 调浅耕深 2. 在垄沟位减刀
整机振动	1. 传动轴活节方向错 2. 悬挂臂调整拉杆长度不一致，机具不平	1. 按图示调整 2. 调整悬挂臂左右拉杆和上悬挂拉杆

五、深松整地联合作业机

（一）维护保养要求

深松整地联合作业机维护保养要求如表 2-31 所示。

表 2-31　深松整地联合作业机维护保养要求

保养类别	保养要求
班保养	1. 检查拧紧各部位的锁紧零件，检查保持齿轮箱的油位 2. 设有黄油嘴的轴承处必须加注黄油。传动轴伸缩管内涂一层黄油 3. 检查刀片是否缺少、损坏及松动，应补齐拧紧 4. 检查深松铲部件是否缺损、变形、螺栓松动，应更换拧紧校正
季节保养	1. 更换齿轮油 2. 检查刀轴两端轴承油封，必要时清洗更换油封，加注黄油 3. 检查各部件、齿轮磨损情况，必要时应予以调整或更换 4. 检查万向节十字轴滚针、镇压辊总成是否灵活 5. 检查加油螺栓塞通气孔是否畅通，操纵杆各个工作位置是否到位
年保养	1. 更换齿轮油，检查轴承磨损情况，必要时更换 2. 拆洗刀轴、轴承，更换油封，加注黄油 3. 对紧固件、开口销、刀片、刀座等进行严格检查，对锈蚀磨损严重或损坏的零件要及时更换 4. 拆洗传动部件，清洗十字轴滚针，如有损坏应更换 5. 停放期间，拆下万向节传动轴，将机具放入室内，放平垫高，使刀尖离开地面 6. 刀片、第一轴外露部分应涂防锈油，对非工作表面脱漆部分应涂防锈油漆

（二）常见故障及排除方法

深松整地联合作业机常见故障、原因和排除方法如表 2-32 所示。

表 2-32 深松整地联合作业机常见故障、原因和排除方法

常见故障	故障原因	排除方法
负荷过大	1. 耕地太深，刀间堵塞 2. 拖拉机故障，功率不足	1. 调整耕深，清除堵塞 2. 检修拖拉机
齿轮箱有杂音	1. 齿轮箱有异物 2. 齿轮牙齿打断或轴承损坏 3. 圆锥齿轮侧隙过大	1. 清除异物 2. 修复或更换齿轮及轴承 3. 调整侧隙
刀轴转动不灵活	1. 齿轮、轴承磨损咬死 2. 刀轴弯曲变形，刀轴缠草 3. 侧板变形 4. 圆锥齿轮无间隙	1. 更换齿轮或轴承 2. 校正刀轴，清除土草 3. 校正侧板 4. 调整侧隙
刀片、刀座损坏	遇硬物相撞或受力过大	更换刀片、刀座
传动轴偏斜过大	1. 旋耕机左右不平 2. 拖拉机左右限位链不一致	1. 调整左右水平 2. 调节一致，限制左右摆动过大
十字轴损坏	1. 传动轴装错 2. 缺黄油 3. 倾角过大 4. 入土过猛	1. 正确安装在同一平面 2. 加注黄油 3. 限制提升高度 4. 应逐步入土
深松铲缺损	遇坚石碰撞，磨损严重	更换深松铲

六、深松机

深松机的维护保养要求和常见故障及排除同深松整地联合作业机。

七、秸秆粉碎还田机

（一）维护保养要求

秸秆粉碎还田机维护保养要求如表 2-33 所示。

表 2-33　秸秆粉碎还田机的维护保养要求

保养类别	保养要求
日保养	1. 对所有螺栓连接处进行检查紧固 2. 转动部位的维护保养：①在万向节传动轴黄油杯处加注黄油，以保证方轴在方管内滑动通畅；②检查齿轮箱内齿轮油位置，补充齿轮油至合适位置，在输出轴端黄油杯处加注锂基高速润滑脂 3. 粉碎轴总成的维护保养：①在粉碎轴两侧黄油杯处加注锂基高速润滑脂（高速黄油）；②提升还田机至最高点，检查刀片，开口销等，发现问题应及时更换磨损严重的部件，以保证粉碎轴运转平稳 4. 检查链条、链轮的磨损情况，及时更换磨损严重的部件
季节保养	1. 冲洗机具，将机具表面的泥土、油污清理干净 2. 放掉齿轮箱内的齿轮油，并用汽油冲洗干净箱内的杂物 3. 检查轴承和锥齿轮间隙，若齿轮间隙过大或输出轴窜动，应进行调整。若发现齿轮有脱齿现象，应进行更换 4. 注入新的双曲线重负荷齿轮油，拧紧箱盖螺栓，确保密封，将放气螺栓放气孔用纸塞紧，以防存放时沙土侵入 5. 所有螺栓连接部位，涂油防锈；所有销轴、粉碎刀刀轴进行涂油防锈处理；地轮轴表面涂防锈漆。输入轴花键处进行涂油防锈处理，然后盖好防护罩 6. 拆洗万向节传动轴的十字轴及滚针轴承，检查其磨损情况，必要时进行更换，安装好传动轴后，应将花键节叉花键孔内做涂油防锈处理

（二）常见故障及排除方法

秸秆粉碎还田机常见故障、原因和排除方法如表 2-34 所示。

表 2-34　秸秆粉碎还田机常见故障、原因和排除方法

常见故障	故障原因	排除方法
万向节轴承卡死	长期未加注润滑脂	定期加注润滑脂
节叉损坏	1. 作业时机具突然超负荷，将节叉掰断 2. 运转时提升过高，传动轴提升角度过大	节叉损坏后不能焊接，只能更换
刀轴转动不灵	1. 轴承损坏 2. 刀轴弯曲变形 3. 刀轴缠草堵泥严重	1. 更换轴承 2. 校正或更换 3. 清除杂物

（续）

常见故障	故障原因	排除方法
漏油	1. 轴端油封损坏 2. 变速箱螺栓松动	1. 更换 2. 拧紧螺栓
作业效果不好	1. 留茬高度不合适 2. 机具左右水平调整不到位 3. 粉碎刀与定刀磨损，间隙加大	1. 调整留茬高度符合要求 2. 调整地轮支承板位置或调整拖拉机左右拉杆使机具水平，满足作业要求 3. 更换刀片或在定刀背部增加垫片

八、激光平地机

（一）维护保养要求

激光平地机维护保养要求如表 2-35 所示。

表 2-35　激光平地机维护保养要求

保养类别	保养要求
作业前	1. 仔细检查全机的坚固件 2. 液压油应充足 3. 电缆线要连接到位 4. 各润滑部位应注入润滑油或润滑脂 5. 拖拉机牵引行走时（不作业情况下），应使用升降控制按钮检查铲体升降自如
作业中	1. 发射器和接收器可全天候作业，具有防水防尘功能，但遇雨天，工作完毕后要擦拭干净后再装入箱内 2. 正确操作仪器，平地机要驾驶平稳，选择适当作业速度 3. 避免铲刀与过硬的器物（如岩石、铁块等）碰撞损坏铲刃 4. 日常检查电缆，确保工作期间不被切断或拉断
作业后	1. 不作业时，应将铲刀升起或不直接接触地面 2. 要定期检查排油软管，避免堵塞 3. 按时给激光发射器充电 4. 经常对激光发射器进行校正，以确保精度

（二）常见故障及排除方法

激光平地机常见故障、原因和排除方法如表 2-36 所示。

表 2-36　激光平地机常见故障、原因和排除方法

常见故障	故障原因	排除方法
刮土铲不升降	1. 接收器可能检测不到激光信号 2. 检测控制器未打开	1. 调整好激光发射器与接收器的位置，使接收器能正常接收到激光信号 2. 检查打开检测控制器
刮土铲升降失灵	1. 液压油管有漏油现象 2. 压力阀压力不足	1. 维修或更换液压油管 2. 调整压力阀门，升高压力阀压力
平整土地产生波痕	1. 土地软硬不均 2. 液压系统流量造成抖动幅度较大	1. 垂直于波痕或多次作业精平，波痕会消失 2. 顺时针调节上升或下降节流阀控制流量，减轻平地铲抖动幅度，适当控制行驶速度
平地时频繁闷车	工作基点选取偏低	提高激光发射器位置或下调车载激光接收器的位置
平地时铲刃长时间不刮土	工作基点选取偏高	降低激光发射器位置或上调车载激光接收器的位置

九、圆盘耙

（一）维护保养要求

圆盘耙的维护保养要求如表 2-37 所示。

表 2-37　圆盘耙的维护保养要求

保养类别	保养要求
班保养	1. 清理耙片、刮板和限深轮等上面的积泥和缠草 2. 检查拧紧所有紧固螺栓 3. 每班要对耙组轴承、限深轮、运输轮及调节丝杆等润滑处加注润滑脂或润滑油 1～2 次 4. 检查修理或更换磨损、损坏的耙片

（续）

保养类别	保养要求
季节保养	1. 全面润滑各润滑部位，外露的丝杆、悬挂销涂防锈油 2. 清洗干净整台耙，耙片涂上防锈油 3. 液压或气动接头涂上防锈油并包裹，防止碰损

（二）常见故障及排除方法

圆盘耙常见故障、原因和排除方法如表 2-38 所示。

表 2-38　圆盘耙常见故障、原因和排除方法

常见故障	故障原因	排除方法
耙地深度不够或不入土	1. 偏角太小或加重不够 2. 耙片磨损，刃口磨钝	1. 增大偏角或增加重物 2. 磨锐刃口或更换耙片
耙后地表不平	1. 各耙组偏角不一致或加重不一致 2. 牵引钩位置不当 3. 前后列耙片未错开 4. 个别耙组转动不灵活	1. 调整偏角或增加重物 2. 将牵引钩接在合适位置 3. 调整前后列耙片的相对位置 4. 调整不灵活的耙组，使其转动灵活
耙片堵塞	1. 杂草太多或刮土铲不起作用 2. 牵引速度太慢或偏角太大	1. 清除杂草或调整刮土铲 2. 适当提高牵引速度或减小偏角
阻力过大	1. 偏角或附加重量过大 2. 刃口磨损严重	1. 调小耙组偏角或减轻附加重量 2. 重新磨刃或更换耙片

十、驱动型耙浆平地机

（一）维护保养要求

驱动型耙浆平地机的维护保养要求与旋耕机基本相同。

（二）常见故障及排除方法

驱动型耙浆平地机的常见故障、原因和排除方法与旋耕机基本一致，不同之处如表 2-39 所示。

表 2-39　驱动型耙浆平地机常见故障、原因和排除方法

常见故障	故障原因	排除方法
缠草严重，耕后压不住茬	1. 刀片弯曲变形 2. 耙滚叶片、齿板变形 3. 压草杆变形、脱落	1. 更换或整形修复 2. 可以采用火焰整形修复，严重时更换耙滚 3. 可以整形或补充修复
耙后田面不平	1. 整平板变形 2. 机具水平调整不当 3. 田间泡水不均 4. 拖拉机液压系统使用有问题	1. 整形或更换修复 2. 调整机具水平 3. 机具作业时，一般田间要求泡水 2～3d，水面高度 3～5cm 4. 该机具作业时，一般采用高度调节控制耕深，不能用力调节

第三章　机械化种植装备

第一节　种植基础知识

种植是小麦生产的重要环节之一。为使小麦苗齐苗壮、丰产丰收，种植需要做到适时、适量，也需要符合种植地区的农艺要求。目前，我国小麦品种多样、种植面积广泛，机械化种植技术作为小麦生产全程机械化的重要技术手段之一，各地区存在差异，因此需要综合掌握小麦机械化种植的常用方法和技术路线，熟悉机械化播种装备的选择、使用与维护。

一、机械化种植目的

目前，小麦种植作业分人工种植和机械化种植。采用人工种植不仅劳动强度大、生产效率低，而且存在种子分布不均、覆土性差、出苗率低等问题，不利于小麦生长。采用机械化种植能克服人工不足，不但提高生产效率，而且还可加快播种速度、提高播种质量，使播种均匀准确、深浅一致，有利于提高农作物的单位面积产量，降低农作物生产成本。通过机械化种植，能实现农作物种植的精耕细作，为田间管理作业创造良好的条件，确保农作物种植、护理和收获等生产环节不误农时，从而减少农作物损失，为小麦增产增收打下基础。

二、机械化种植技术

（一）机械条播

采用条播机，按当地农艺要求的行距、播深与播量，在经过深松、碎秆、灭茬、旋耕等机械化耕地处理后的田块上进行小麦条播作业的方法（图 3-1、图 3-2）。

图 3-1　机械条播作业现场　　图 3-2　机械条播作业效果

机械条播的特点主要有：一是可减轻农民劳动强度，节约成本，时间短，进度快，能抓住最佳秋播时间，利于小麦生长。二是播种均匀。机械条播可进行播量调整，根据地力水平和品种特性，实行定量播种，避免过稀或过密现象，达到合理密植。三是播种成行。可有效增强田间通风透光性，优化田间小气候，有利于小麦生长发育，个体与群体协调，表现为小麦分蘖力增强，群体生长旺盛，有效穗提高，穗粒数增多，产量增加。目前，我国大部分地区采取机械条播的方式进行小麦播种。机械条播根据不同地区小麦生长习性，可分窄行条播、宽带条播、宽窄行条播等不同形式。各形式的适用行距、特点和范围见表 3-1。

表 3-1　常见机械条播形式的适用行距、特点和适用范围

条播形式	适用行距（cm）	特点	适用范围
窄行条播	16、20、23	单株营养面积均匀，能充分利用地力和光照，植株生长健壮整齐等	适用于亩产 350kg 以下的产量水平
宽幅条播	20～23	行距和播幅均较宽，可减少断垄，改善单株营养条件，利于种子分布均匀，便于通风透光等	适于亩产 350kg 以上的产量水平
宽窄行条播	窄 20、宽 30；窄 17、宽 30；窄 17、宽 33 等	改善株间光照和通风条件，群体状态相对合理。叶面积变幅相对稳定等	适用于高产田，较等行距增产5%～10%

（二）机械穴播

采用穴播机，按当地农艺要求规定的行距、穴距、播深，在经过深松、碎秆、灭茬、旋耕等机械化耕地处理后的田块上将小麦种子定点播入种穴的方法（图 3-3、图 3-4）。

图 3-3　机械穴播作业现场

图 3-4　机械穴播作业效果

机械穴播节省种子，减少出苗后的间苗管理环节，在半干旱地区能充分利用水肥条件，提高种子的出苗率等。目前，我国年降水量 300～600mm 的半干旱、半湿润偏旱地区，尤其在川水地、高寒阴湿地区，多采用机械穴播，并且与地膜覆盖相结合进行小麦播种。小麦穴播采取小窝疏株密植的方式，即采用 10cm×20cm 或 13.3cm×16.7cm 的穴行距，每 667m^2 在 3 万穴以上。具体做法有撬窝点播、连窝点播、条沟点播等。穴播时，应注意以下三点：一是精细整地，使耕作层深浅一致。二是施足肥料，与地膜技术结合播种时小麦一般不追施化肥，因此播前要结合整地一次性施入有机肥和氮、磷、钾化肥，防止后期脱肥。三是适时适量播种。常规播种前 2～3d，可用小麦穴播机进行播种。播种时要注意匀速行走，防止过快、过慢而影响播种质量。

（三）机械精播

采用精播机，以确定数量的种子，按照要求的行距和粒距将种子准确地播入土中的方法，属于穴播的高级形式（图 3-5、图 3-6）。

图 3-5　机械精播作业现场

图 3-6　机械精播作业效果

机械精播的特点主要有：一是节省种子，播量减少，仅为传统播量的一半。二是种子在行内分布均匀，减少间苗工作量。三是较传统条播的行距大。机械精播依据播种株距不同，可分为全株距播种和半株距播种。全株距播种是下种粒数和保苗数相等的播种方法，适用于土壤、水肥条件好，所用种子纯度高，发芽率高（98%以上），病虫害防治效果较好的地块。半株距播种是下种粒数为保苗数的2倍，即2穴中间加1穴的播种方法，这种播种方法使储备苗数增加1倍。如发生缺苗可采用前后借苗的办法补足，此法保苗率高，适用于种籽纯度一般，土壤条件一般的地块。

（四）机械免耕播种

采用免耕播种机，在前茬作物收获后田块不进行耕翻，地表具有残茬、秸秆或枯草覆盖物的情况下，对土壤进行局部松土播种的方法（图 3-7、图 3-8）。它是一种少耕或免耕的方法，因此又称免耕法、少耕法等。

机械免耕播种的特点主要有：一是降低生产成本，减少能耗，减轻对土壤的压实和破坏。二是可减轻风蚀、水蚀和土壤水分的蒸发与流失。三是节约农时，增加土地的复种指数。根据气候环境和土地情况的不同，有些地区在机械免耕播种时，可用圆盘耙或松土除草机，在收获后或播种前进行表土耕作，以代替犁耕。或每隔两三年采用铧式犁或凿式犁深耕一次。

图 3-7　机械免耕播种作业现场

图 3-8　机械免耕播种作业效果

（五）机械旋耕播种

采用旋耕条播机，一次性完成旋耕整地、施肥播种、覆土及镇压等多项作业的方法（图 3-9、图 3-10）。旋耕播种属于联合播种技术，近几年在生产中得到广泛应用，是未来机械种植技术发展的方向。

图 3-9　机械旋耕播种作业现场

图 3-10　机械旋耕播种作业效果

机械旋耕播种的特点主要有：一次性完成多种工序，为减少作业次数，节本增效、争抢农时、减少拖拉机进地次数提供保障，且作业质量好，播后地表平整，播深一致。机械旋耕播种不仅解决了南方水田地区黏重土壤的碎土难问题，而且为北方一年两熟地区抢农时提供了作业机具保证。

三、机械化种植作业指标

（一）农业技术要求

保证小麦的播种量，种子在田间分布均匀合理，行距、株距符合农艺要求，种子播在湿土层中且用湿土覆盖，播深一致，种子损伤率低。施肥时，要求肥料分施于种子的下方或侧下方等。

（二）作业性能指标及合格标准

1. 作业性能指标

机械化种植的作业质量可以用总排种量稳定性、各行排种量一致性、播种均匀性、播种深度合格率、种子破损率、种肥间距合格率等主要作业指标衡量，经济性用作业小时生产率衡量。各指标的定义和计算方法见表 3-2。

表 3-2　种植作业主要作业指标的基本定义和计算方法

作业指标	基本定义	计算方法
生产率	单位时间内播种机的作业面积	$生产率=\frac{作业面积}{作业时间}$
总排种量稳定性变异系数	排种器排种量不随时间变化而保持稳定的程度	按 GB/T 9478—2005《谷物条播机试验方法》第 5.4.7.2 条款计算
各行排种量一致性变异系数	同一台播种机上各个排种器在相同条件下排种量的一致程度	按 GB/T 9478—2005《谷物条播机试验方法》第 5.4.7.1 条款计算
播种均匀性变异系数	播种时种子在种沟内分布的均匀程度	按 GB/T 9478—2005《谷物条播机试验方法》第 B.2.4 条款计算
播种深度合格率	播种深度合格的测定点数占总测定点数的百分比。以规定播深 ±1cm（播深小于 3cm 时为 ±0.5cm）为合格（所谓播深是指种子正上方的土层厚度）	$播种深度合格率=\frac{播种深度合格测定点数}{播种深度总测定点数}\times 100\%$
种子破损率	排种器排出种子中受机械破损的种子量占排出种子量的百分比	$种子破损率=\frac{受损的种子量}{排出的总种子量}\times 100\%$
种肥间距合格率	种肥间距合格的测定点数占测定点的百分比。种肥间距大于 3cm 为合格	$种肥间距合格率=\frac{种肥间距合格测定点数}{种肥间距总测定点数}\times 100\%$

2. 合格标准

机械化种植作业主要指标中，生产率、总排种量稳定性、各行排种量一致性、播种均匀性、播种深度合格率、种子破损率、种肥间距合格率为较为重要的性能指标，其合格标准如表 3-3 所示。

表 3-3　种植作业主要性能指标及合格标准

序号	性能指标	合格标准
1	生产率，hm^2/h	达到使用说明书要求
2	总排种量稳定性变异系数，%	≤1.3
3	各行排种量一致性变异系数，%	≤3.9
4	播种均匀性变异系数，%	≤45
5	播种深度合格率，%	≥75
6	种子破损率，%	≤0.5
7	种肥间距合格率，%	≥90

四、种植作业注意事项

在进行机械化种植作业前，要根据种植地域自然条件，考虑小麦品种、播种方式、播种期、播种量等方面因素对种植作业的要求，需要注意以下事项：

（一）小麦品种的选择

各地气候特点和生态类型各异，对品种要求不同，要根据小麦品种的发育特性选择品种，正确地引种和运用栽培措施。根据小麦品种春化发育阶段对低温敏感性的不同，可将小麦划分为 3 大类型，分别为春性、冬性和半冬性 3 个品种。春性品种，具有苗期直立、耐寒性差、对温度反应不敏感的特点，种子未经春化处理，春播可以正常抽穗结实，种子萌动最低温度为 0～3℃；冬性品种具有苗期匍匐、耐寒性强、对温度反应极为敏感的特点，当种子未经春化处理，春播一般不能抽穗，春化阶段要求温度为 0～3℃，历时 35d 以上；半冬性品种具有苗期半匍匐、耐寒性较强、对温度反应较为敏感的特点，种子春播一般不能抽穗或延迟抽穗，抽穗极不整齐，春化阶段要求温度为 0～7℃，历时 15～35d。不同地区适播的小麦类型如表 3-4 所示。

表 3-4　不同地区适播的小麦类型

地区	适播小麦类型
东北、内蒙古地区	春播春性小麦
华北地区	秋播冬性小麦、半冬性小麦
长江流域地区	秋播半冬性、春性小麦
华南地区	晚秋播半冬性、春性小麦
青藏高原、新疆地区	秋播冬性小麦和春播春性小麦

（二）播种方式的选择

我国地域辽阔，小麦生产的环境、条件、种植方式等多种多样，南北有着明显的差异。总体来说，小麦种植方式可分为撒播、条播和穴播三种，其基本定义、主要特点如表 3-5 所示，可根据各种植区域实际情况进行选择。

表 3-5　小麦播种方式的定义、主要特点

种植方式	基本定义	主要特点
撒播	将种子按要求的播量撒布于地表，再用其他工具覆土的播种方法	具有省工，播种快，个体分布疏散，单株营养好等优点。但覆土性差，出苗率低，种子分布不均，管理不便，现在已很少采用
条播	按要求的行距、播深与播量将小麦种子成条播种，然后进行覆土镇压的播种方法。可分为宽幅条播、窄行条播等	小麦常用的播种方式。具有利于机械操作，落籽均匀，出苗整齐，行间通风透光好等优点。适合间套复种，便于田间管理作业
穴播（又称点播或窝播）	按规定行距、穴距、播深将种子定点投入种穴内的播种方式。精播属于穴播的高级形式	具有便于集中施肥、控制播量和播种深度，确保苗株田间分布合理、间距均匀等特点。与条播相比，节约种子，并充分利用水肥条件，提高种子的出苗率和作业效率。适用于开沟条播困难，土质黏重，整地不易细碎的土壤

（三）适播期的选择

过早或过迟播种对小麦都会造成影响。适期播种是指使小麦苗

期处于最佳的温度、光照、水分条件下，充分利用光热和水土资源，达到培育壮苗，形成根系发达、茎蘖数较多的小麦生产群体的目的。由于在小麦生育期间气候常有一定变化，而不同品种小麦对这种变化有一定忍耐度，所以播种适期应具有一定范围，一般为7～10d。根据我国地理环境、种植制度和品种特性及播期特性，可将全国小麦分为3大分布区域，即春播区、秋播区及秋冬播区，各麦播区所含省（区）区域及适播期如表3-6所示。对于同一地区，应先播冬性品种小麦，再播半冬性品种，后播春小麦，超出适宜的播种期，就会影响生长，导致产量下降。

表3-6　我国春、秋播区所含省（区）及适播期

播区	所含地区	适播期
春播区	东北各省、内蒙古、宁夏和甘肃全部或大部，以及河北、山西及陕西各省的北部地区	3月上旬至4月中下旬
秋播区	山东、河南、河北、山西、陕西等省大部，内蒙古中部、甘肃东部和南部及苏北、皖北	9月上旬至10月中旬
秋冬播区	浙江、江西、上海、福建、广东、广西、贵州，四川、云南大部，陕西南部、甘肃东南部、河南信阳地区及江苏、安徽、湖北、湖南等省部分地区	10月下旬至11月中下旬

（四）播种量的确定

通常，冬小麦播量少于春小麦，南方冬小麦播量少于北方冬小麦。播种量掌握原则有以下3个方面：一是品种特性。主要取决于分蘖力、分蘖成穗率的高低和每667m^{2}适宜穗数的多少。对于分蘖力强、成穗力高的品种，在播期适宜、水浇地、土壤肥力较高、精细整地的条件下，基本苗宜稀，播种量宜少些，适期播种一般每667m^{2}8万～12万基本苗；分蘖成穗率低的品种，一般每667m^{2}15万～20万基本苗。二是播种期早晚。当晚于适播期播小麦时，要适当增加播量。三是土壤的肥力水平。中肥地力播量适当增加。播种量的计算公式为：

$$1\text{kg 种子粒数}=\frac{1\ 000\times1\ 000}{\text{千粒重}}$$

$$\text{每 }667\text{m}^2\text{ 播种量（kg）}=\frac{\text{计划的每 }667\text{m}^2\text{ 基本苗数}}{1\text{kg 种子粒数}\times\text{种子净度}\times\text{发芽率}\times\text{田间出苗率}}$$

例如，每 667m² 计划基本苗为 10 万株，种子的千粒重为 42g，发芽率为 86%，田间出苗率为 85%。则每 667m² 的播种量为：播种量（kg）＝10×42÷100÷0.86÷0.85＝5.75kg，即每 667m² 的播种量。

五、种植机具种类介绍、型号编制规则

（一）种植机具种类

种植机具种类较多，一般可按下列几种方式分类。按小麦种植模式可分为撒播机、条播机和点（穴）播机。按驱动方式可分为畜力播种机和机引播种机。在机引播种机中，又可根据与配套拖拉机挂接方式的不同，分为牵引式、悬挂式和半悬挂式。按排种器的类型可分为槽轮式、离心式和气力式等。根据 NY/T 1640—2015《农业机械分类》，可将小麦播种机械分为条播机、穴播机、精量播种机、整地施肥播种机、深松施肥播种机、铺膜播种机和免耕播种机等。以下介绍几种常见的小麦播种机具：

1. 条播机

条播机是指能够一次性完成开沟、均匀条形布种、覆土等工序的播种机具（图 3-11）。工作时，开沟器开出种沟，种子箱内的种子被排种器排除，通过输种管落到种沟内，由覆土器覆土。在每条中，种子分布的宽度称为苗幅，条与条之间的中心距叫做行距。条播机机型较多，按整地方式可分为旋耕条播机、深松旋耕条播机、免耕条播机等。

2. 穴播机

穴播机是指靠成穴器来实现种子的单粒或成穴布种的播种机具（图 3-12）。目前，小麦穴播多采用铺膜穴播机，主要由播种机组

图 3-11　条播机

图 3-12　穴播机

和铺膜机组合而成，在机具播种的同时在种床表面铺上塑料薄膜，使种子出苗后的幼苗在膜外，主要解决我国干旱、半干旱地区小麦生长期的缺水问题。铺膜穴播作业方式主要有两种：一是先播下种子，随后铺膜，待幼苗出土后再由人工破膜放苗；二是采用先铺上薄膜，随即在膜上打孔下种。

3. 撒播机

撒播机结构简单，主要是由种子箱和排种器组成（图 3-13）。排种器是一个由旋转叶轮构成的撒播器，利用叶轮旋转时的离心力将种子撒出。撒出的种子流按照出口的位置和附加导向板的形状，可分为扇形、条形和带形，工作幅宽可根据要求调整。撒播机主要用于面积较大、均匀度要求不太严格的作物类（如牧草），具有速度快、操作方便的特点。对于小麦，只有少数特殊地域采用撒播。

图 3-13　撒播机

4. 免耕播种机

免耕播种机是指在未经耕翻的原茬地上直接开出种沟播种的播种机具，它能防止水土流失、节省能源，降低作业成本（图 3-14）。免耕播种机除要有传统播种机的开沟、下种、下肥、覆土、镇压功能外，一般还必须有良好的清草排堵功能、破茬入土功能、种肥分施功能和地面仿形能力等，以满足免耕覆盖地播种的特殊要求。

图 3-14　免耕播种机

（二）型号编制规则

根据 JB/T 8574—2013《农机具产品型号编制规则》，种植机具产品型号依次由分类代号、特征代号和主参数三部分组成，产品型号的编排顺序如下：

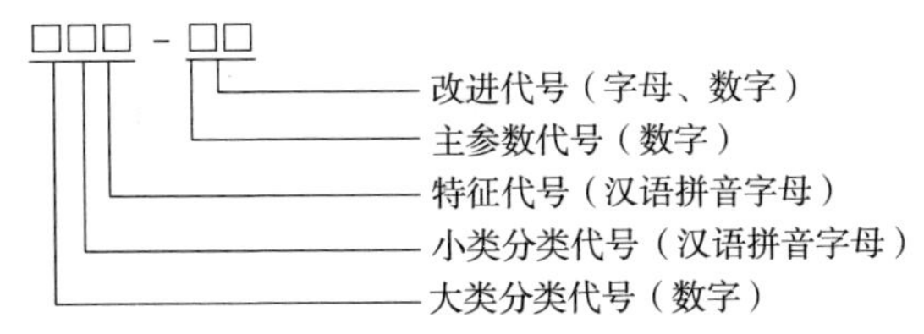

常见种植机具的产品型号如表 3-7 所示。

表 3-7 常见种植机具的产品型号编制规则

机具类别和名称	大类分类代号	小类分类代号	特征代号	主参数代号	改进代号
播种机	2	B	-	行数	字母、数字
谷物播种机		B	-	行数	
玉米点播机		B	Y	行数	
棉花播种机		B	H	行数	
通用播种机		B	T	行数	
牧草播种机		B	C	行数	
水稻直播机		B	D	行数	
铺膜播种机		M	B	铺膜幅数—行数	

标记示例：2B-14A1 型播种机表示是进行了第一次改进的 14 行谷物播种机；2BM-16 型播种机表示是 14 行免耕谷物播种机。

第二节 种植装备的选择

目前，小麦种植装备的种类多、型号多，在选择种植装备时，要考虑以下几个方面：一是要考虑机具的适用范围，即机具的适用作业对象和环境条件能否满足当地使用要求。二是要考虑机具的配套动力。要注意其对动力的要求，如配套动力范围是否满足机具要求，悬挂方式、动力输出部分是否与机具一致等。三是要考虑机具作业性能能否与当地农艺要求相适应，如行距、播量、播深等，不同地区的耕作方式不同，对机具的要求也不一样。四是要考虑机具的经济性，即要着重从现实生产规模、经济条件考虑，选择适合用户自己使用、性价比高的产品。五是要考虑机具的安全性。选择时，要检查机具在传动部位是否配带有安全防护罩，检查机具是否有潜在危险，紧固螺栓是否松动，机架焊接是否牢固，在危险部位是否有安全警示标志等。

一、条播机

（一）条播机的种类

条播机按排种器可分为槽轮式、磨盘式、离心式和气力式，其中外槽轮式最为常见。按行数可分2行、4行、6行等。

（二）条播机的产品特点

条播机主要由机架、行走装置、种子箱、排种箱、开沟器、覆土器、镇压器、传动机构及开沟深浅调节机构等组成（图3-15）。

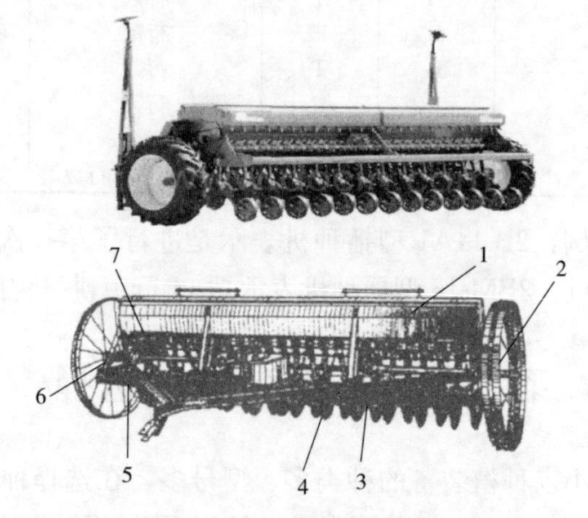

图3-15 条播机结构示意

1. 种子箱 2. 地轮 3. 升降机构 4. 开沟器 5. 机架 6. 传动装置 7. 排种器

条播机工作时，开沟器开出种沟，行走轮带动排种轮旋转，种子按要求由种子箱排入输种管落入沟槽内，然后由覆土器覆土完成播种过程。部分条播机还带有镇压装置，用以将种沟内的松土适当压密保证种子与土壤密切接触，以利于种子发芽生根。

（三）条播机的主要技术参数

以常见施肥条播机为例，部分型号的主要技术参数如表3-8所示。

表 3-8　常见条播机的主要技术参数

产品型号		2BF-12	2BF-20	2BF-24
外形尺寸(长×宽×高),mm		1 500×2 460×1 200	1 500×3 300×1 200	1 500×3 800×1 200
结构质量，kg		335	455	510
行距，cm		14～18（可调）	14～18（可调）	18～24（可调）
工作行数，行		12	20	24
工作幅宽，cm		200	300	300
排种器	类型	外槽轮式	外槽轮式	外槽轮式
	数量，个	12	20	24
排肥器	类型	外槽轮式	外槽轮式	外槽轮式
	数量，个	12	20	24
传动机构	类型	镇压辊链传动	镇压辊链传动	镇压辊链传动
开沟器	类型	双圆盘式	双圆盘式	双圆盘式
	数量，个	12	20	24
镇压辊	类型	整体圆筒式	整体圆筒式	整体圆筒式
	直径，cm	35	35	35
肥料箱容积，L		70	116	136
种子箱容积，L		70	116	136
与拖拉机连接方式		三点悬挂	三点悬挂	三点悬挂
运输间隙，mm		≥300	≥300	≥300
配套动力范围，kW		44.1～55.1	62.5～73.5	68.5～82.5
纯工作小时生产率，hm^2/h		0.37～1.01	0.63～1.68	0.74～1.88

（四）条播机的适用范围

适用于平原和丘陵地区播种作业，也可同时实现施肥作业。能在耕整后的土壤中一次性完成平地、开沟、播种、施肥、镇压、覆土等项作业。

二、旋耕播种机

（一）旋耕播种机的种类

旋耕播种机机型较多，按排种器可分为外槽轮式、窝眼式、勺轮式等。按播种行数可分 2 行、4 行、6 行等。目前，国内小麦播种多采用旋耕施肥条播机播小麦，与拖拉机的连接方式多为三点悬挂，排种器多为外槽轮式。

（二）旋耕播种机的产品特点

以 2BFG 系列旋耕播种机为例，旋耕播种机是由旋耕机构和播种机构组合而成的复式作业机具。主要由万向节总成、悬挂装置、变速箱总成、变速操纵机构、机架总成、旋耕刀总成、种肥箱总成、种肥传动部分、罩盖、种箱底盘部分、镇压辊总成、输种（肥）管、限深轮总成等组成，如图 3-16 所示。

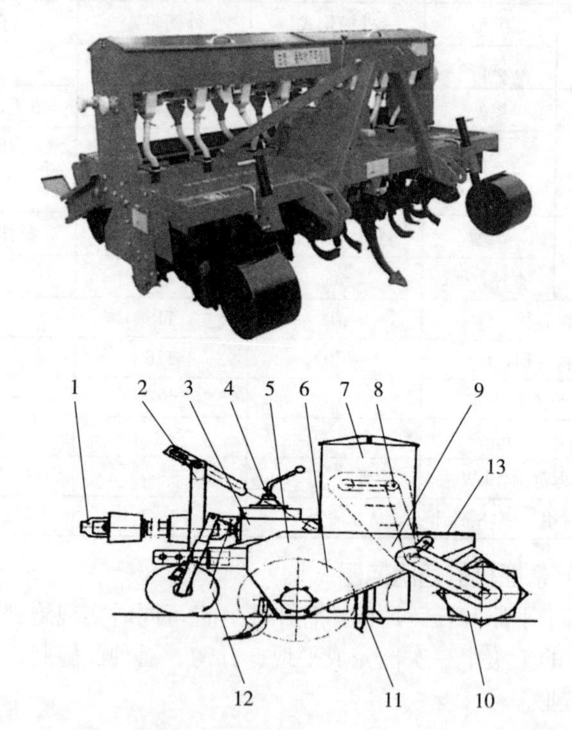

图 3-16　旋耕播种机结构示意

1. 万向节总成　2. 悬挂装置　3. 变速箱总成　4. 变速操纵机构　5. 侧板、框架总成　6. 刀轴犁体总成　7. 种肥箱总成　8. 种肥传动装置　9. 罩盖、种箱底盘部分　10. 镇压辊总成　11. 输种（肥）管　12. 限深轮总成　13. 踏板当机具作业时，动力通过拖拉机动力输出轴传递到旋耕播种机的变速箱，再通过链传动装置带动旋耕刀辊旋转，旋耕刀对土壤进行旋耕灭茬，并将旋耕后的土向后抛出。抛出的土一部分落于地面作为种床，一部分覆盖种子。同时，播种部分通过镇压轮链传动方式带动排种轴和排种槽轮转动进行排种，排出的种子经由输种管送到播种头，由播种头内的撒种板将种子均匀地弹入由播种头伸入土层划出的一条浅沟内，再由抛来的土覆盖，经镇压轮镇压后即完成作业（图 3-17）。此外，根据农艺要求及种植规范，也有可一次完成起垄、施肥、覆土和镇压等作业的联合作业机具。

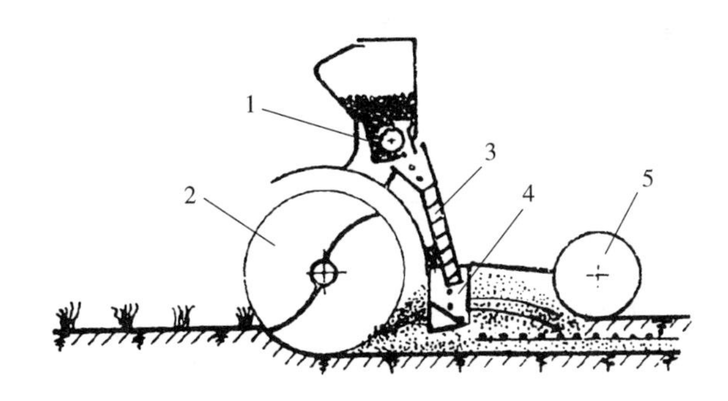

图 3-17　旋耕施肥播种机工作原理

1. 排种槽轮　2. 旋耕刀辊　3. 输送管　4. 播种头　5. 镇压轮

（三）旋耕播种机的主要技术参数

以旋耕施肥条播机为例，常见型号的主要技术参数见表 3-9。

表 3-9　常见旋耕播种机的主要技术参数

产品型号		2BFG-12（6）	2BFG-10（8）	SGTN-200
外形尺寸(长×宽×高)，mm		1 464×2 405×1 159	1 750×2 790×1 430	2 256×2 376×1 293
结构质量，kg		570	880	800
纯工作小时生产率，hm^2/h		0.28～0.98	0.24～0.56	0.46～0.92
配套拖拉机	标定功率，kW	47.8～62.5	58.8～62.5	47.8～73.5
	动力输出轴转速，r/min	720	720	720，760
	常用作业挡	Ⅰ，Ⅱ	Ⅱ	Ⅱ，Ⅲ

（续）

<table>
<tr><td rowspan="6">旋耕部分</td><td colspan="2">幅宽，cm</td><td>200</td><td>230</td><td>200</td></tr>
<tr><td colspan="2">耕深，cm</td><td>8～16</td><td>12～15/8～12</td><td>12～16</td></tr>
<tr><td colspan="2">传动方式</td><td>中间齿轮传动</td><td>中间齿轮传动/侧边齿轮传动（前刀轴/后刀轴）</td><td>中间齿轮传动</td></tr>
<tr><td colspan="2">与拖拉机连接方式</td><td>三点悬挂</td><td>三点悬挂</td><td>三点悬挂</td></tr>
<tr><td colspan="2">刀辊总安装刀数，把</td><td>58</td><td>48/108（前刀轴/后刀轴）</td><td>60</td></tr>
<tr><td colspan="2">旋耕刀型号</td><td>Ⅰ T245</td><td>Ⅱ T245/叶片式（前刀轴/后刀轴）</td><td>Ⅰ T245</td></tr>
<tr><td rowspan="10">条播施肥部分</td><td colspan="2">传动方式</td><td>镇压辊链传动</td><td>涡轮调速电机驱动＋链条传动</td><td>链条传动</td></tr>
<tr><td colspan="2">种子/肥箱容积，L</td><td>116/133</td><td>200/200</td><td>58/58</td></tr>
<tr><td colspan="2">运输间隙，mm</td><td>≥300</td><td>≥330</td><td>300</td></tr>
<tr><td rowspan="3">排种/肥器</td><td>类型</td><td>外槽轮式/外槽轮式</td><td>外槽轮式/外槽轮式</td><td>外槽轮式/外槽轮式</td></tr>
<tr><td>数量，个</td><td>12/6</td><td>10/8</td><td>14/14</td></tr>
<tr><td>排量调节方式</td><td>侧边螺丝调节</td><td>智能化无级调速/智能化无级调速</td><td>螺纹调节/螺纹调节</td></tr>
<tr><td rowspan="4">开沟器</td><td>类型</td><td>箭铲式</td><td>滑管式</td><td>双圆盘</td></tr>
<tr><td>铲尖材料</td><td>65Mn</td><td>65Mn</td><td>65Mn</td></tr>
<tr><td>数量，个</td><td>12</td><td>10</td><td>14</td></tr>
<tr><td>深度调节范围，mm</td><td>20～50</td><td>0～60</td><td>20～50</td></tr>
</table>

（四）旋耕播种机的适用范围

适用于玉米秆直立地、秸秆还田地、小麦高茬浮秆地以及深耕地等，一次性完成灭茬、旋耕、播种、施肥、覆土、开沟和镇压等作业。它可分解成独立的播种机和旋耕机单独作业，功能多、适应性强，作业后地表平整，播种深度一致，作业效率高、不缠草。

三、免耕播种机

（一）免耕播种机的种类

免耕播种机是保护性耕作机械中的关键机具，按种植方式可分免耕精量播种机和免耕条播机等；按开沟器形式可分圆盘切刀开沟器免耕播种机、尖铲开沟器免耕播种机和带状旋耕免耕播种机等；按与配套动力的连接方式可分悬挂式和牵引式；按播种行数可分2行、4行、6行等。

（二）免耕播种机的产品特点

免耕播种机主要由悬挂装置、万向节总成、齿轮箱总成、机架、传动机构、种肥箱、开沟器、破茬部件、排种管、排肥管等组成。图3-18为2BMG-28型免耕施肥播种机结构示意。

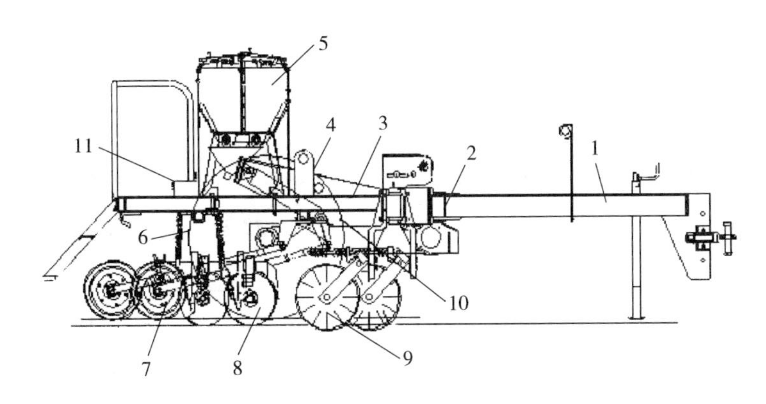

图3-18　2BMG-28型免耕施肥播种机结构示意

1. 牵引架　2. 提升离合机构　3. 播种机框架　4. 升降油缸　5. 种肥箱　6. 地轮总成　7. 镇压轮组合　8. 双圆盘开沟器组合　9. 波纹圆盘开沟器　10. 地轮支架总成　11. 装载台

以2BMG-28型免耕施肥播种机为例（图3-18），当机具作业时，拖拉机牵引机具带动地轮转动，地轮传动提供动力，经链条传递给升降与离合机构及排种排肥机构。播种时，波纹圆盘破茬松土，双圆盘开沟器，链条传动使排种排肥器工作，排出的种子、化肥通过导种管落入免耕开沟器开出的沟带内，覆土装置覆土，镇压轮镇压，最终完成免耕施肥播种全过程。

（三）免耕播种机的主要技术参数

常见免耕播种机的主要技术参数见表3-10。

表 3-10 免耕施肥播种机主要技术参数

产品型号		2BMG-14	2BMG-19	2BMG-20
外形尺寸(长×宽×高),mm		4 035×3 585×1 870	5 340×3 983×1 837	4 212×4 572×1 924
结构质量,kg		2 628	3 310	3 900
行距,cm		19	19	16
工作行数,行		14	19	20
工作幅宽,cm		266	361	320
排种器	类型	外槽轮	外槽轮	外槽轮
	数量,个	14	19	20
排肥器	类型	外槽轮	外槽轮	外槽轮
	数量,个	14	19	20
传动机构	类型	滚子链 10A	链条传动	链条传动
开沟器	类型	直面双圆盘	直面双圆盘	直面双圆盘
	数量,个	14	19	20
地轮	类型	小板齿铁轮	小板齿铁轮	橡胶充气轮
	直径,cm	Φ60	Φ60	Φ105.5
肥料箱容积,L		315	500	450
种子箱容积,L		295	420	420
防堵工作部件类型		波纹圆盘	波纹圆盘	波纹圆盘
与拖拉机连接方式		牵引式	牵引式	牵引式
运输间隙,mm		>150	153	198
配套动力范围,kW		>44	≥58.8	≥88.2
纯工作小时生产率,hm^2/h		1.2~1.8	1.4~2.5	2~3

(四) 免耕播种机的适用范围

适宜于干旱、半干旱地区,地表无垄沟,秸秆铺放均匀,未耕作较平整的大地块。机具所用种子必须进行脱芒处理达到无芒,且干净。施肥时应采用颗粒状肥料，肥料板结成块要捣碎、处理过筛后才可使用。为防止耕地残茬杂草和虫害的影响，在免耕播种的同时应喷施除草剂和杀虫剂。若播种机无上述功能，则需将种子拌药包衣，以防虫害。

第三节　种植机具的安全操作

小麦机械化种植作业涉及配套拖拉机的驾驶和播种机具的操作，要求操作人员既要熟悉机器安全操作的规范流程，也要掌握安全注意事项，从人员素质、机械防护、日常维护等方面严格遵守安全操作要求，保证机械化播种作业的安全进行。播种机安全操作应遵循人员安全要求与机具安全要求两大方面的通用要求，在实际操作时也要按照机型之间的差异做好安全操作。

一、种植机具的安全要求

（一）人员安全要求

（1）播种机必须由经过培训和训练的熟练操作人员来操作。初次操作的人，熟练操作之前禁止运转机器。

（2）操作者禁止穿肥大或者没有扣好的工作服进行操作。

（3）使用前，应认真阅读使用说明书，不可盲目操作。

（4）作业过程中，操作者应严格遵守安全警示标志、操作标志和安全操作要求，以免发生人身伤亡或机器故障等危险，保证安全生产。

（5）禁止下列人员操作本机器：未成年者，无自主能力，酒后人员，生病者，疲劳者。

（6）机具应在使用说明书明示适用范围内作业，以免导致产品性能下降或出现故障，甚至造成安全事故。

（二）设备安全要求

1. 危险部位安全防护

外露旋转件应装设防护罩，皮带和链条防护罩必须安装和拧紧，打开或移去防护罩时必须停机，以免造成严重的伤害。

2. 安全标志

机具安全标志具有提醒人们存在的危险或有潜在危险，指示危险，描述危险的性质，解释危险可能造成潜在伤害的后果，指示人们如何避免危险。为确保操作者安全生产，防止人身伤害，必须在机具清晰可见或易于发生安全事故的位置均粘贴安全标志，以提醒操作者。如标志外观破损、损坏、脱落，用户应与经销商或厂方联系购买粘贴。

根据GB10395.9《农林拖拉机和机械安全技术要求　第9部分：播种机械》要求，播种机在升降机构、划行器、链轮传动机构、有搅拌器或绞刀运动的种肥箱等危险部位，应在附近明显位置上固定安全警示标志。在驾驶员可视的明显位置，应有“注意”及“播种时不可倒退”的安全标志。在所有工作台附近应设禁止非操作者乘坐的安全标志。常用种植机具的安全警示标志及其描述如表3-11所示。

表3-11　常见种植机具的安全标志及相关要求

标志类型		标志图样	粘贴位置及主要作用
危险标识	1	危　险 机器工作时，请与机器保持安全距离，禁止靠近万向节传动轴，否则可能导致身体缠绕，造成人身伤亡事故	此标志为红色，表示危险； 位于机器方向节处，警示操作者当机器工作时，请与机器保持安全距离，禁止靠近万向节传动轴，以免导致身体缠绕，造成人身伤亡事故
警告标识	1	警　告 1. 播种机后踏板仅为使用者在机具静止时提供装卸化肥和种子方便使用 2. 播种机作业时，严禁拖拉机和播种机上乘人，避免跌落和缠绕衣物等危险	此标志为橙色，表示警告； 位于播种机踏板处，警示操作者机器踏板仅为操作者在机具静止时提供装卸化肥和种子方便使用，并且机器作业时，严禁拖拉机和播种机上乘人，以免跌落和缠绕衣物等危险发生

（续）

标志类型		标志图样	粘贴位置及主要作用
注意标识	1	播种作业时， 不可倒退	此标志为黄色，表示注意； 位于种肥箱前端，警示操作者当机器播种作业时，不可倒退
	2		此标志为黄色，表示注意； 位于两端链条罩壳处，警示操作者当机器运转时，不得打开或拆下安全防罩，避免链条将手臂卷入造成人身安全事故
	3	机器工作时，请与机器保持安全距离，禁止靠近，否则飞出物料可能造成人身伤害	此标志为黄色，表示注意； 位于机器护板处，警示操作者当机器工作时，请与机器保持安全距离，禁止靠近，避免飞出物料造处成人身伤害
	4	机器工作时，请与机器保持安全距离，禁止靠近旋耕刀，否则可能导致手脚缠绕，造成人身伤害事故	此标志为黄色，表示注意，适用于旋耕播种机； 位于机器旋耕部件处，警示操作者当机器工作时，请与机器保持安全距离，禁止靠近旋耕刀，避免旋耕部件缠绕操作者手脚，造成人身伤害事故
	5	机器维护调整、保养时，必须切断动力，并可靠支撑，避免挤压或冲击危险	此标志为黄色，表示注意； 位于机具明显部位，警示操作者当机器维护、保养时，必须切断动力，并可靠支撑，避免挤压或冲击危险

（续）

标志类型		标志图样	粘贴位置及主要作用
注意标识	6	详细阅读说明书；操作时应遵循使用说明书和安全规则	此标志为黄色，表示注意； 位于机具明显部位，警示操作者操作机器前应详细阅读说明书，操作时应遵循使用说明书和安全规则

（三）日常安全要求

（1）使用者要对机具进行周期性保养，通过适当措施保证机具能满足长期使用的安全标准。

（2）机器或附件的清理或加注润滑油，必须在停机状态下进行。

（3）不要随意改装机具，建议在企业指定的经销商店购买更换配件，以免影响机具性能或发生意外事故。

二、种植机具的安全操作

（一）条播机

1. 安全注意事项

播种季节开始前，要对机具做好检查与保养。对于新购置或大修后的播种机，在投入作业前必须按照使用说明书的要求进行磨合试运转，经磨合试运转符合技术要求后，方可投入作业。条播机在使用时，要注意以下安全事项：

（1）开机前，应确保播种机周围无人靠近。

（2）机器运转时，身体不允许靠近机器工作部件。

（3）在播种过程中严禁倒退，地头转弯时必须升起开沟器。

（4）种箱、肥箱内不得混有铁丝、石块等杂物，中途加种肥时必须停机进行。

（5）作业中，驾驶员应提高警惕，随时注意切断动力，以防发生事故。若听到异常声音，应立即停车检查，排除故障。

2. 安全标志

条播机安全标志见表 3-11。

3. 安全操作规程

（1）作业前

①机器连接。播种机与拖拉机连接时，应使两者中心线对正，且使播种机前后、左右保持水平状态。挂接后播种机处于作业状态时，应左右、前后保持水平。牵引式播种机可通过播种机牵引装置来调节，悬挂式播种机可通过上下悬挂杆进行调节。播种作业时，拖拉机液压操纵杆应放在“浮动”位置。

②机器检查与调整。清除播种机上的油污、脏物，给各润滑点加注钙基润滑脂。检查播种机所有回转部件是否转动灵活。检查各紧固件是否拧紧，未拧紧的要拧紧。检查传动机构的齿轮啮合间隙是否正确。检查播量调节杆，使调节杆能灵活移动，不得有滑动和空移现象。调整划行器长度，以保证邻接行距。检查开沟器的运输间隙，开沟器排列、间距和排种器安装是否正确。检查全部排种器是否都能转动灵活，调节轻便。

③适时加装种、肥。按播种要求调整好播量、行距、播深。在种子、肥料装入前应检查种子箱和肥料箱内是否遗留有工具或其他东西，以免在作业过程中破坏排种器。应在地头给播种机种、肥箱装好种子、肥料并检查种子和肥料中是否混有杂质。

（2）作业中

①应经常观察排种器、排肥器和传动机构的工作情况，如果发生故障，应立即停车排除，以免断条、缺苗。及时检查种、肥箱容量，确保箱内种、肥应占其容积的 1/4 以上。

②禁止操作者用手伸入种子箱或肥料箱内去扒平种子或肥料。禁止调整机上的工作机构、紧固螺栓、润滑机件。排种装置及开沟器堵塞后，不准用手或金属件直接清理。

③经常观察和检查排种装置、开沟器、覆土器、镇压器的工作情况，如开沟器和覆土器是否缠草和壅土，开沟深度是否一致和符合要求，以及种子覆盖是否良好等。如遇石块等障碍物，应立即停

车排除，不得强行通过。

④尽量避免中途停车，以免播种量在停车和起步阶段排种多少不一。如地头或因故障田间停车时，为了不扔地头和出现缺苗、断条现象，应将播种机或开沟器升起，后退一定距离，再继续进行播种。下落播种机时应在拖拉机缓慢前进时落下。

⑤当播种机驶出地头时，必须将播种机提升到运输状态再平稳转弯，并将播种机用锁紧装置固定。严禁在播种机提升状态下调整或排除故障，或添加种、肥等。

⑥严禁开沟器和划行器在入土状态时转弯或倒退。播种机作业过程中不可倒退，否则会引起开沟器拉杆、吊杆、机架甚至种子箱损坏。

(3) 作业后

①作业结束后，拖拉机发动机应熄火，播种机应着地。

②播种机单独停放时，应能保持稳定和安全。

③及时清理种、肥箱，以免锈蚀。当需要转移地块或短距离运输时，开沟器必须处在提升位置，并将升降杆固定。长距离运输，必须装车运送。

（二）旋耕播种机

1. 安全注意事项

播种季节开始前，要对机具做好检查与保养，对于新购置或大修后的播种机，在投入作业前必须按照使用说明书的要求进行磨合试运转，经磨合试运转符合技术要求后，方可投入作业。旋耕播种机在使用时要注意以下安全事项：

(1) 开机前，应确保播种机周围无人靠近。

(2) 机器运转时，不允许用身体靠近机器工作部件。

(3) 在播种过程中严禁倒退，地头转弯时必须升起开沟器。

(4) 种箱、肥箱内不得混有铁丝、石块等杂物，中途加种、肥必须停机进行。

(5) 机具工作时，严禁先入土，再结合动力输出轴，或猛降机具，以免损坏拖拉机及机具零部件。

(6) 检查或更换机具万向节传动轴、旋耕刀及齿轮箱零件时，必须切断拖拉机动力输出，停机熄火确保安全。

（7）作业中驾驶员要提高警惕，随时注意切断动力，以防发生事故。若听到异常声音，应立即停车检查，排除故障。

2. 安全标志

旋耕播种机安全标志见表3-11。

3. 安全操作规程

（1）作业前

①机器连接与安装。播种机与拖拉机连接时，应使两者中心线对正，且使播种机前后、左右保持水平状态。安装万向节传动轴时，应确保传动轴中间两夹叉在同一平面内。挂接后播种机处于作业状态时，应左右、前后保持水平。牵引式播种机可通过播种机牵引装置来调节，悬挂式播种机可通过上下悬挂杆进行调节。

②机器检查与调整。清除播种机上的油污、脏物，给各润滑点加注钙基润滑脂。检查播种机所有回转部件是否转动灵活。检查各紧固件是否拧紧，未拧紧的要拧紧。检查传动机构的齿轮啮合间隙是否正确。检查播量调节杆，使调节杆能灵活移动，不得有滑动和空移现象。调整划行器长度，以保证邻接行距。检查开沟器的运输间隙，开沟器排列、间距和排种器安装是否正确。检查全部排种器是否都能转动灵活，调节轻便。

③适时加装种、肥。按播种要求调整好播量、行距、播深。在种子、肥料装入前应检查种子箱和肥料箱内是否遗留有工具或其他东西，以免在作业过程中破坏排种器。应在地头给播种机种、肥箱装好种子、肥料并检查种子和肥料中是否混有杂质。

（2）作业中

①应经常观察排种器、排肥器和传动机构的工作情况，如果发生故障，应立即停车排除，以免断条、缺苗。及时检查种、肥箱容量，确保箱内种、肥应占其容积的1/4以上。

②禁止操作者用手伸入种子箱或肥料箱内去扒平种子或肥料。禁止调整机上的工作机构、紧固螺栓、润滑机件。排种装置及开沟器堵塞后，不准用手或金属件直接清理。

③经常观察和检查排种装置、开沟器、覆土器、镇压器的工作情况，如开沟器和覆土器是否缠草和壅土，开沟深度是否一致和符合要求，以及种子覆盖是否良好等，如遇石块等障碍物，应立即停车排除，不得强行通过。

④尽量避免中途停车，以免播种量在停车和起步阶段排种多少不一。如地头或因故障田间停车时，为了不扔地头和出现缺苗、断条现象，应将播种机或开沟器升起，后退一定距离，再继续进行播种。下落播种机时应在拖拉机缓慢前进时落下。

⑤当播种机驶出地头时，必须将播种机提升到运输状态再平稳转弯，并将播种机用锁紧装置固定。严禁在播种机提升状态下调整或排除故障，或添加种、肥等。

⑥严禁开沟器和划行器在入土状态时转弯或倒退，并且作业过程中不可倒退机器，否则会引起开沟器拉杆、吊杆、机架甚至种子箱损坏。

⑦万向节传动轴夹角工作时，不得大于10°。地头转弯时不得大于25°。长距离转移时应切断拖拉机动力输出。

⑧拖拉机液压操纵杆应放在“浮动”位置。

（3）作业后

①作业结束后，拖拉机发动机应熄火，播种机应着地。

②播种机单独停放时，应能保持稳定和安全。

③及时清理种、肥箱，以免锈蚀。当需要转移地块或短距离运输时，开沟器必须处在提升位置，并将升降杆固定，长距离运输，必须装车运送。

（三）免耕播种机

1. 安全注意事项

播种季节开始前，要对机具做好检查与保养。对于新购置或大修后的播种机，在投入作业前必须按照使用说明书的要求进行磨合试运转，经磨合试运转符合技术要求后，方可投入作业。免耕播种机在使用时要注意以下安全事项：

（1）开机前，应确保播种机周围无人靠近。

（2）机器运转时，不允许用身体靠近机器工作部件。

（3）在播种过程中严禁倒退，地头转弯时必须升起开沟器。

（4）种箱、肥箱内不得混有铁丝、石块等杂物，中途加种、肥必须停机进行。

（5）作业中驾驶员要提高警惕，随时注意切断动力，以防发生事故。若听到异常声音，应立即停车检查，排除故障。

（6）播种包衣种子或兼施化肥时，机手应穿戴好防护用具，作业后要洗净手、脸。

（7）在进行清理或保养时，开沟器必须降至最低位置。

2. 安全标志

免耕播种机安全标志见表3-11。

3. 安全操作规程

（1）作业前

①机器连接。选择与机具相匹配的拖拉机和万向节，播种机与拖拉机连接时，应使两者中心线对正，并且播种机前后、左右保持水平状态。安装万向节时，万向节与机具水平面的夹角应在±10°范围内。播种机处于作业状态时，应左右、前后保持水平。牵引式播种机可通过播种机牵引装置来调节，悬挂式播种机可通过上下悬挂杆进行调节。播种作业时，拖拉机液压操纵杆应放在“浮动”位置。

②机器检查与调整。清除播种机上的油污、脏物，给各润滑点加注钙基润滑脂。检查播种机所有回转部件是否转动灵活。检查各紧固件是否拧紧，未拧紧的要拧紧。检查传动机构的齿轮啮合间隙是否正确。检查播量调节杆，使调节杆能灵活移动，不得有滑动和空移现象。调整划行器长度，以保证邻接行距。检查开沟器的运输间隙，开沟器排列、间距和排种器安装是否正确。检查全部排种器是否都能转动灵活，调节轻便。

③适时加装种肥。按播种要求调整好播量、行距、播深。在种子、肥料装入前应检查种子箱和肥料箱内是否遗留有工具或其他东西，以免在作业过程中破坏排种器。应在地头给播种机种、肥箱装

好种子、肥料并检查种子和肥料中是否混有杂质。

（2）作业中

①播种时，应经常观察排种器、排肥器和传动机构的工作情况，如果发生故障，应立即停车排除，以免断条、缺苗。及时检查种、肥箱容量，确保箱内种、肥应占其容积的1/4以上。

②播种时，禁止操作者用手伸入种子箱或肥料箱内去扒平种子或肥料。禁止调整机上的工作机构、紧固螺栓、润滑机件。排种装置及开沟器堵塞后，不准用手或金属件直接清理。

③经常观察和检查排种装置、开沟器、覆土器、镇压器的工作情况，如开沟器和覆土器是否缠草和壅土，开沟深度是否一致和符合要求，以及种子覆盖是否良好等。如遇石块等障碍物，应立即停车排除，不得强行通过。

④尽量避免中途停车，以免播种量在停车和起步阶段排种多少不一。如地头或因故障田间停车时，为了不扔地头和出现缺苗、断条现象，应将播种机或开沟器升起，后退一定距离，再继续进行播种。下落播种机时应在拖拉机缓慢前进时落下。

⑤当播种机驶出地头线时，必须将播种机提升到运输状态再平稳转弯，并将播种机用锁紧装置固定。严禁在播种机提升状态下调整或排除故障，或添加种、肥等。

⑥作业时，严禁开沟器和划行器在入土状态时转弯或倒退。

⑦播种机作业过程中不可倒退，否则会引起开沟器拉杆、吊杆、机架甚至种子箱损坏。

⑧万向节传动轴夹角工作时，不得大于10°。地头转弯时不得大于25°。长距离转移时应切断拖拉机动力输出。

（3）作业后

①作业结束后，拖拉机发动机应熄火，播种机应着地。

②播种机单独停放时，应能保持稳定和安全。

③及时清理种、肥箱，以免锈蚀。当需要转移地块或短距离运输时，开沟器必须处在提升位置，并将升降杆固定。长距离运输，必须装车运送。

第四节　种植机具的使用与调整

一、条播机

1. 与拖拉机的挂接

（1）牵引式播种机　可通过改变牵引环在牵引板上的销孔位置进行调整，使播种机保持前后水平状态。通过调节左右两地轮的高度可以使播种机保持左右水平状态。

（2）悬挂式播种机　可利用调节拖拉机悬挂装置的上拉杆的长度调节机组的前后水平。如果机组前低后高，可增加上拉杆的长度。如果机组前高后低，则缩短上拉杆。机组的左右水平调整可利用调节拖拉机悬挂装置上的右吊杆的长度来调节。伸长右吊杆，机组右边下降。缩短右吊杆，机组右边上升。为使机具左右方向能够保持仿形能力，拖拉机悬挂装置的吊杆接头应放在长孔内，工作时，应把液压操纵杆放在浮动位置。

2. 播种（施肥）深度的调整

播种深度可通过改变种管固定螺栓在机架上固定位孔来调整，也可以通过控制开沟器入土深度（限深装置）来调整。目前，常见的开沟器限深装置见表 3-12。

表 3-12　常见开沟器限深装置

限深装置	限深环	限深板	增加配重	弹簧增压机构	限深轮
具体图示	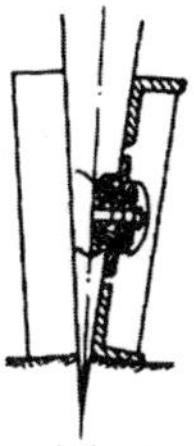			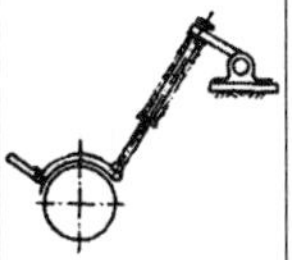	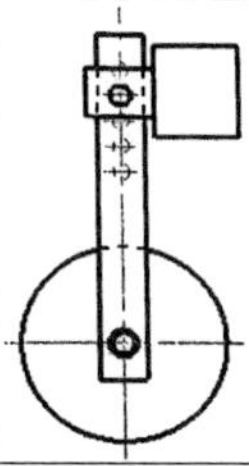
适用开沟器	双圆盘式	滑刀式	锄铲式	通用	通用

3. 播种（肥）量的调整

松开种（肥）箱调节器锁紧螺母，转动手柄拉动芯轴，调整播种（肥）槽床长度，实现种（肥）播量的调整，见图 3-19。调整后拧紧锁紧螺母，并进行试播，使机组达到合适的工作要求。各地区种（肥）情不同，应根据当地农艺要求进行种（肥）调整。

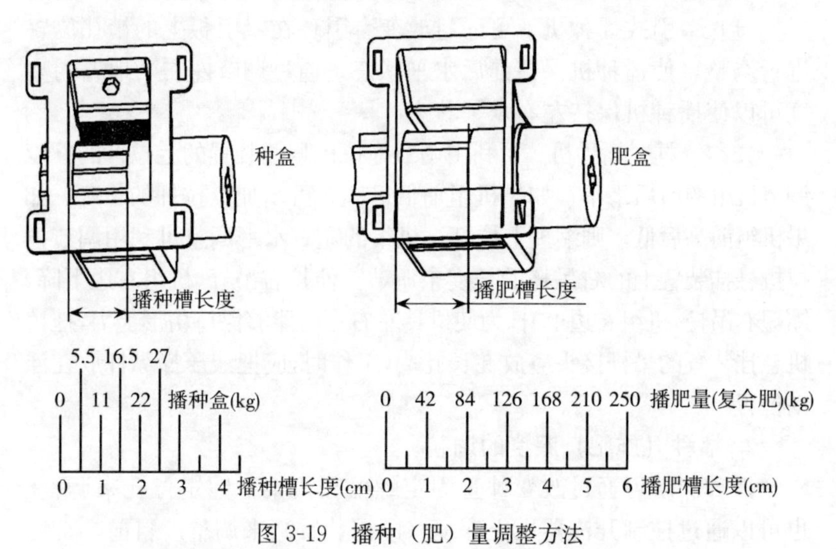

图 3-19 播种（肥）量调整方法

4. 轮距的调整

如果播种机的幅宽远大于拖拉机的轮距，轮距可不必调整。但如果播种机的幅宽小于或近于拖拉机的轮距，为了保证播种质量，防止拖拉机后轮压行，播前应按行距要求，对拖拉机后轮的中心距进行调整，使之恰好在未播地或已播好的垄背上行走。一般通过改变后轮轮毂的安装方向、位置及轮辐的正反来调整。随着后轮轮距的调整，必须相应地调节前轮轮距，且务必使各轮与拖拉机纵向中心线的距离对称。同时，注意轮胎的花纹不得装反。

5. 行距的调整

由于各地农艺不同，行距存在差异性，因此要进行调整。方法是移动种管在后梁上的水平位置，即可达到所需行距。如需更大的行距，可用减少播行的方法实现。

二、旋耕播种机

1. 使用前的准备

机具出厂后，由于运输的要求，变速箱内的油已放尽，使用前必须加足润滑油至检油孔高度位置。变速箱内加注使用说明书明示的润滑油，所有黄油嘴加注黄油。检查并拧紧全部连接螺栓，各传动部分应转动灵活并无异声。

2. 与拖拉机的挂接

选择与机具匹配的拖拉机和万向节传动轴。安装时，首先将拖拉机的提升下拉杆与播种机的左右悬挂连接上，再将拖拉机的输出轴与旋耕机的输入轴通过万向节传动轴连接好，最好将拖拉机中间拉杆与播种机中间悬挂连接好，如图 3-20 所示。

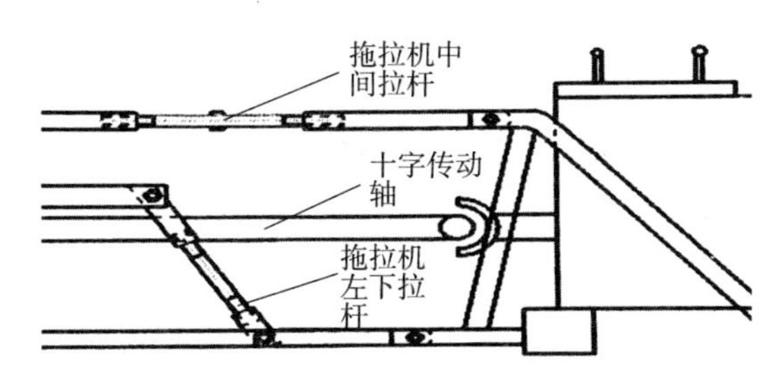

图 3-20　旋耕播种机与拖拉机连接

在安装万向节传动轴时，应注意中间两夹叉必须在同一平面内，并且注意安装方向，如图 3-21 所示。若方向装错，将引起机件损坏。

3. 播种（施肥）深度的调整

播种深度可通过改变种管固定螺栓在机架上固定位孔来调整，也可以通过控制开沟器入土深度（限深装置）来调整。目前，常见的开沟器限深装置见表 3-12。

以调节限深轮为例。调节时，首先将机器升起，抽出安装定位销，选择合适的高度，再插上安装定位销，紧固好固定螺栓，如图 3-22 所示。施肥深度调整方法同上。

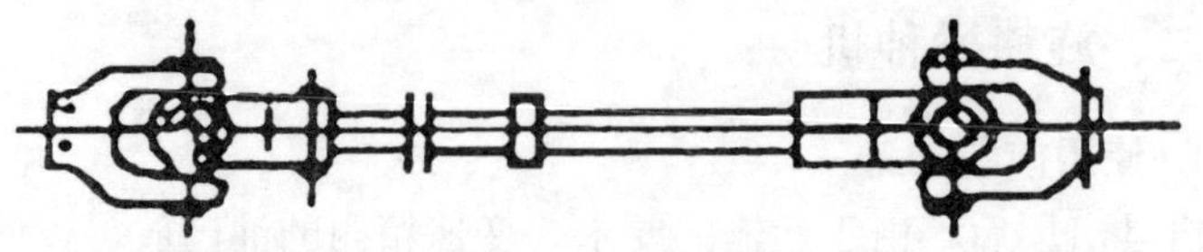

万向节传动轴正确安装示意

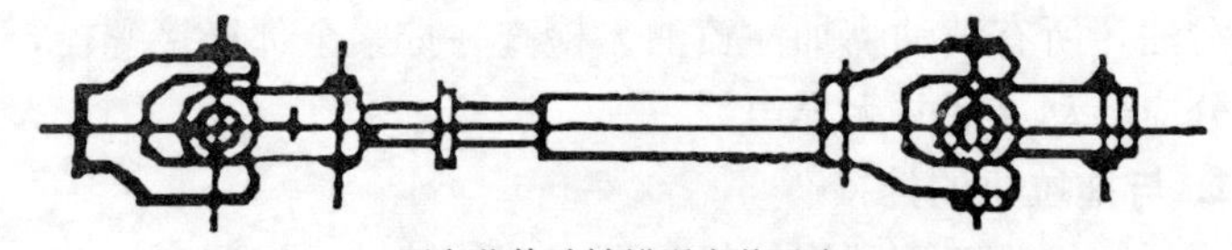

万向节传动轴错误安装示意

图 3-21　万向节传动轴安装示意

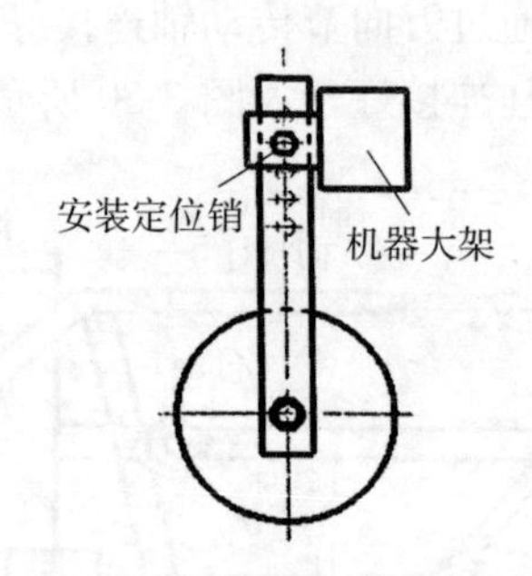

图 3-22　限深轮调整示意

4. 播肥（种）量的调整

松开种（肥）箱一侧播种（肥）轴上的锁紧螺母，转动播量调整手轮，观察轴上指针指向种（肥）箱的刻度或观察外槽轮的工作程度，至适合播量为止，然后拧紧锁紧螺母，见图 3-23。

当机具排种、排肥各行排量不均匀时，移动种轴、肥轴上的卡片，消除排种槽轮、排肥槽轮与卡片之间间隙，使排种槽轮、排肥槽轮工作长度一致。

5. 旋耕深度的调整

（1）可通过改变前限深轮和后镇压辊的上下固定位置来调整旋耕深度　调整时，将前限深轮和后镇压轮同时向上调整，则深；同时向下调整，则浅。这样反复调整，直至达到所需耕

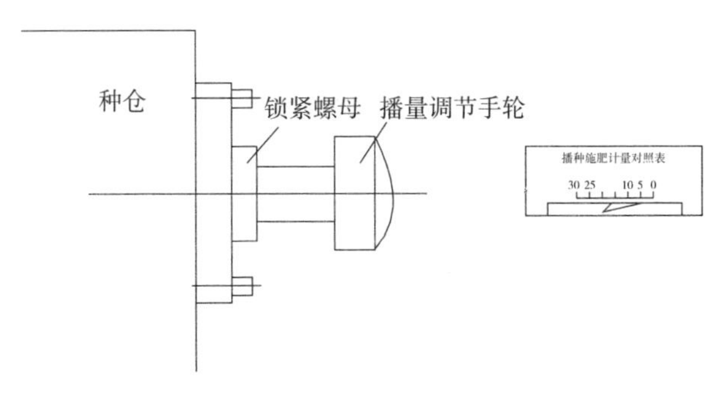

图 3-23　播种（肥）量调整示意

深和前后水平（前两限深轮必须处于同一位置）为止，锁定前后各自位置（前限深轮调整范围 7.5～17.5cm，后镇压辊调整范围7.5～15cm）。

（2）可通过调整镇压轮的高低来调整旋耕深度　镇压轮的高低通过改变镇压轮调节孔板与连接板的连接孔位来实现。每隔一孔，其旋耕深度差约为 10mm（自上而下地数，第一孔位为行走孔位，第四孔位旋耕深度约为 50mm）。调节方法是：拔出插销，将调节孔板的孔位对准连接板的孔位，再插入插销。旋耕深度的调节以拖拉机不超负荷、机具播种作业符合要求为准。

6. 旋耕刀的安装及调整

（1）全幅灭茬　如某一产品共有 36 把旋耕刀，左旋耕刀和右旋耕刀各 18 把。当机具进行灭茬免耕条播和盖籽作业时，在机具作业幅宽内全幅旋耕，旋耕刀按图 3-24 所示的方法安装，安装时要保证圆周方向上两把刀一左一右。

（2）窄幅灭茬　当田块含水率较高或需局部旋耕灭茬时，可根据要求的行距及行数，在播种位置上保留旋耕刀，拆除其余刀，保证在每个单行播幅中，两侧两对刀均向播幅内弯曲。用户可根据情况，将窄幅灭茬宽度按 50mm 的倍数任意调节。

7. 轮距的调整

如果播种机的幅宽远大于拖拉机的轮距，轮距可不必调整。但如果播种机的幅宽小于或近于拖拉机的轮距，为了保证播种质量，

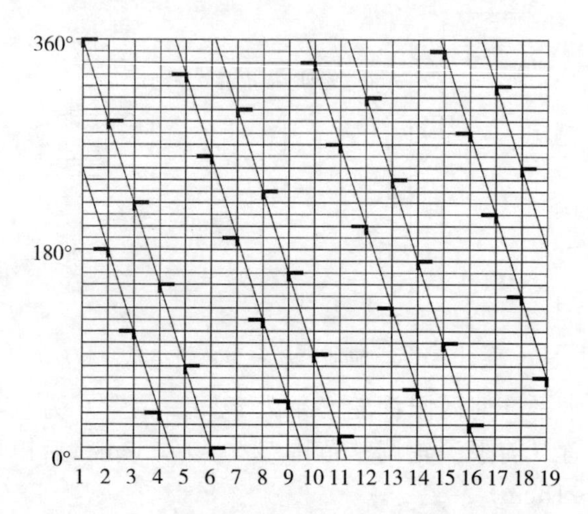

图 3-24 旋耕播种机旋耕刀安装方向示意

防止拖拉机后轮压行，播前应按行距要求，对拖拉机后轮的中心距进行调整，使之恰好在未播地或已播好的垄背上行走。一般通过改变后轮轮毂的安装方向、位置及轮辐的正反来调整。随着后轮轮距的调整，必须相应地调节前轮轮距，且务必使各轮与拖拉机纵向中心线的距离对称。同时，注意轮胎的花纹不得装反。

8. 其他调整

（1）机具提升高度的调整 机具处于工作状态时，万向节传动轴夹角为−10°～10°，地头转弯时≤250°。地头转弯时，机具提升至刀尖离地高度 15～20cm，若遇到沟坎或道路运输，需要升得更高时，必须切断动力。

（2）行距的调整 由于各地农艺不同，行距存在差异性，因此要进行调整。方法是移动种管在后梁上的水平位置，即可达到所需行距。如需更大的行距，可用减少播行的方法实现。

三、免耕播种机

1. 与拖拉机的连接

免耕施肥播种机牵引架与拖拉机挂接如图 3-25 所示。通过调整牵引架上的牵引环连接高度使机具在工作时处于水平状态。调整方法：三角牵引架与机架通过“U”形螺栓连接为一体，三角牵引架前端有四个挡位牵引孔，用来安装牵引环。根据拖拉机牵引点高度，在播种机架调平后，三角牵引架前端三角板上挡位座孔与拖拉机牵引点相对应挡位孔上安装牵引环，通过销轴与拖拉机相连，如图 3-25 所示。

图 3-25　牵引高度与机架水平的调整

2. 播种（肥）量的调整

与条播机相同。

3. 排种（排肥）槽轮工作长度一致性的检查调整

检查每个排种、排肥槽轮在排种盒和排肥盒内的工作长度是否一致，以保证排量一致。调整方法：先松开排种排肥轴链轮轴套固定盘上的螺栓，转动调节固定盘将各排种轮的工作长度调到零位，检查每个排种轮、排肥轮是否在“0”的位置上，当误差超过 1mm 时要进行微调。先松开排种器、排肥器两端卡箍或挡套，将槽轮和阻塞套压紧同时移动到“0”的位置上，卡箍或挡套靠住槽轮和阻塞套拧紧螺栓。以此类推，直到检查完所有槽轮为止。最后拧紧排种轴、排肥轴链轮轴套固定盘上的螺栓。

4. 破茬部件深度的调整

以波纹圆盘破茬部件开沟深度调整为例。调整方法：松开连接板上的螺栓，选择相应的孔位安装三通，如图 3-26 所示。

5. 压轮式双圆盘开沟器播深的调整（2BMG 系列免耕施肥播

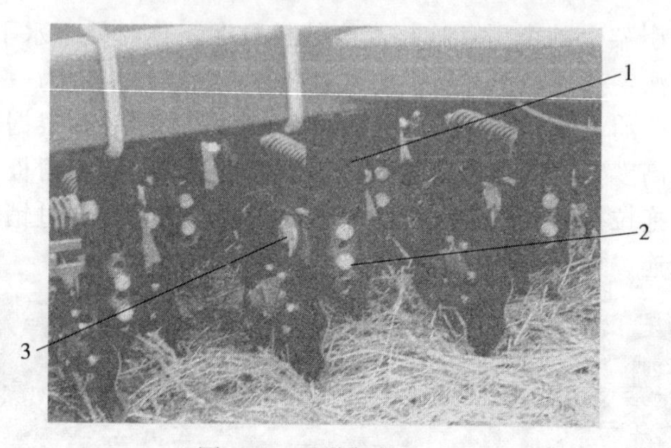

图 3-26　破茬部件的调整

1. 连接板　2. 螺栓　3. 三通

种机）

压轮式双圆盘开沟器播深是通过转动调节丝杆完成限深镇压轮上下移动来实现的。其调节方法是：提起调节手杆，顺时针转动手杆，使限深镇压轮向下，则开沟器圆盘入土变浅。逆时针转动手杆，使限深镇压轮向上，则开沟器圆盘入土变深。调整到适宜的深度后，将调节手杆卡进开沟器的支架手杆卡板上，如图 3-27 所示。

图 3-27　压轮式双圆盘开沟器的调整

1. 调节手杆　2. 限深镇压轮　3. 开沟器圆盘
4. 调节丝杆　5. 支架手杆卡板

6. 轮距的调整

如果播种机的幅宽远大于拖拉机的轮距，轮距可不必调整。但如果播种机的幅宽小于或近于拖拉机的轮距，为了保证播种质量，防止拖拉机后轮压行，播前应按行距要求，对拖拉机后轮的中心距进行调整，使之恰好在未播地或已播好的垄背上行走。一般通过改变后轮轮毂的安装方向、位置及轮辐的正反来调整。随着后轮轮距的调整，必须相应地调节前轮轮距，且务必使各轮与拖拉机纵向中心线的距离对称。同时，注意轮胎的花纹不得装反。

第五节　种植机具的维护保养与常见故障排除

对播种机的正确维护和精心保养，会直接影响其使用寿命，对维持机具的正常运转，减少故障的发生，降低维修费用，提高作业质量和经济效益也具有重大意义。所以，养成对所使用的播种机进行日常及定期的维护保养习惯非常重要。

一、条播机

（一）维护保养要求

1. 班次保养（工作 10h）

①使用前对调整手柄的螺丝进行加油，反复转动手柄直到转动灵活为止，注意不要往链条和飞轮上涂黄油，只能加注润滑油。

②检查各紧固件和连接件，如有松动及时紧固。

③机手要严格按照安全操作规程操作，以减少对机具不必要的磨损。

④每班作业后，应清除机器上各部位的泥土。

⑤每班作业后，清扫播种机上的尘垢，清洁种子箱内的种子和肥料箱内的肥料。

2. 季度保养（工作一个季度）

除执行班次保养事项以外，应做下列事项：

①检查播种机是否有损坏和磨损的零件，必要时可更换或修复，如有脱漆的地方应重新涂漆。

②清理干净土壤工作部件（如开沟器、筑畦器等），涂上黄油或废机油，以免生锈。

③及时把化肥冲洗干净，检查各部件并加防锈油后入库存放。

3. 年度保养（工作一年）

①对紧固件、开口销、开沟器等进行严格检查，对锈蚀磨损严重或损坏的部件要及时更换。

②播种机上橡胶或塑料的输种管、输肥管等应取下擦干净后捆好，装入箱内或上架保管。可在管内灌入沙子或塞入干草等，避免挤压、折叠变形。

③停放期间，播种机应存放在干燥、通风的库房或棚内，避免露天存放。存放时应将机架支撑牢靠，开沟器、覆土器应用木板垫起，不要直接与地面接触。

（二）常见故障及排除方法

条播机常见故障、原因及排除方法如表3-13所示。

表3-13 条播机常见故障、原因及排除方法

常见故障	故障原因	排除方法
播种深浅不一致	1. 机架不平 2. 镇压轮左右不平 3. 开沟器高度不合适	1. 调整悬挂，使机架保持水平 2. 调整两端调节螺杆，使镇压轮左右水平 3. 调整开沟器高度至合适位置
露亮籽	1. 拖拉机轮胎沟未填平 2. 镇压轮碎土效果差	1. 调整合墒器深浅及角度 2. 调整镇压轮左右水平
各行播量不均	播种轮的工作长度不一致	移动播种轮两端的卡子，改变播种轮的工作长度，以达到各行播种量的一致
播种、施肥开沟器堵塞	1. 播种机落地过猛 2. 土壤太湿 3. 开沟器入土后又倒车操作	1. 缓慢操作 2. 适墒播种 3. 作业中禁止倒车

（续）

常见故障	故障原因	排除方法
所有排种器不排种	1. 种子箱缺种 2. 传动机构不工作 3. 镇压轮滑移不转动	1. 加满种子 2. 检修并调整传动机构 3. 排除镇压轮滑移因素
单个排种器不排种	1. 排种轮卡箍、键销松脱转动 2. 排种管或下种口堵塞	1. 重新紧固好排种轮 2. 消除排种管和下种口的堵塞物
种子破碎率高	1. 作业速度太快 2. 刮种舌离排种轮太近	1. 降低作业速度 2. 调整好刮种舌与排种轮之间的距离

二、旋耕播种机

（一）维护保养要求

1. 班次保养（工作10h）

①检查并拧紧各连接螺栓、螺母等紧固件，必要时更换。

②检查各部件插销、开口销有无缺损，必要时添补或更换。

③检查齿轮箱的油位，保持规定的油面，即检油孔高度位置。缺油时应添加到检查孔能流出油为止。十字节、刀轴轴承座等处有黄油嘴处必须加注黄油。传动轴伸缩管内涂一层黄油。

④检查刀片是否缺少、损坏或松动，应补齐拧紧。

⑤检查排种管、排肥管是否正常排种、排肥。

⑥检查排种器、排肥器卡片是否松动。

⑦用后应及时清洗，防止酸碱性肥料腐蚀机器和零件。

2. 季度保养（工作一个季度或耕作133.3hm^2，先到为准）

除执行班次保养内容以外，应做到：

①更换齿轮油。

②检查刀轴两端轴承是否因油封失效而进入泥水，必要时清洗，更换油封，加注黄油。

③检查各部位磨损情况，必要时应予以调整或更换。更换损坏

机件后，涂防锈油漆。

④检查齿轮磨损情况，必要时应予以调整。

⑤检查十字节滚针磨损情况，是否因松动或有泥土扳动不灵活，拆开清洗后应涂抹新黄油。如果十字节过度磨损应及时更换。

⑥检查刀轴油封是否失效而进水，拆开清洗并加注黄油，必要时更换新油封。

⑦清除剩余种子和化肥。

⑧检查驱动轮总成是否过度磨损，必要时更换。

3. 年度保养（工作一年）

除执行班次保养和季度保养内容以外，应做到：

①彻底清除机具上的油污物。

②更换齿轮油，清洗各部轴承和万向节。更换各部油封。

③拆下刀轴上全部刀片，检查刀座是否开焊损坏，刀轴管是否开裂，必要时铲去已损坏刀座并焊上新刀座。

④对紧固件、开口销、刀片、刀座、种箱、肥箱、排种器、排肥器等进行严格检查，对锈蚀、磨损严重或损坏的零部件要及时更换。

⑤拆洗传动部件，清洗十字轴滚针，如有损坏应更换。

⑥长期停放时，万向节应拆下放置室内，机具放平垫高，使刀尖离开地面，刀片、输入轴外露部分及排种链条、排肥室等部位涂以防锈油，对非工作表面脱漆部分应涂以防锈油漆。机具停放室内。停放室外的机具应覆盖保存。

（二）常见故障及排除方法

旋耕播种机常见故障、原因及排除方法如表 3-14 所示。

表 3-14 旋耕播种机常见故障、原因及排除方法

常见故障	故障原因	排除方法
播幅窄，达不到要求	1. 软管太长 2. 弹籽板弧度太小 3. 播种太深	1. 调整软管长度 2. 调整弹籽板弧度 3. 调整播深

（续）

常见故障	故障原因	排除方法
种肥管弯曲	1. 播深过大 2. 倒车时未提离地面 3. 挂在硬物上	1. 调整播深 2. 倒车时提离地面 3. 校正
播种量太小	1. 工作槽轮短 2. 种舌未放到位 3. 主动链轮小 4. 麦种太脏	1. 调整槽轮工作长度 2. 调整种舌位置 3. 换主动链轮 4. 精选麦种
各行下种量不一致	1. 零位不齐，卡口螺丝松 2. 种舌位置不统一 3. 排种管堵塞 4. 种箱中种子不均衡	1. 调整槽轮、拧紧卡口螺丝 2. 调整一致 3. 疏通排种管 4. 添种或调整均衡
不下肥	1. 排肥槽轮卡口螺丝松动 2. 下降过猛，堵塞排肥管 3. 肥箱无肥	1. 调整槽轮，拧紧卡口螺丝 2. 疏通排肥管 3. 添加肥料
左右挂接销松动	未紧固	拧紧螺丝或加锁母
易掉链子	1. 链条不在同一平面上 2. 链轮顶丝松动 3. 链轮轴弯曲 4. 链轮装反 5. 张紧轮未紧到位 6. 主动链轮黏土缠草	1. 调整链轮 2. 拧紧顶丝 3. 校正链轮轴或更换 4. 调换链轮 5. 调整张紧轮 6. 密封链盒
镇压辊脱落	1. 轴端卡簧脱落 2. 挂接销脱落 3. 刮土板卡住辊子 4. 前后不水平	1. 装上卡簧 2. 固定挂接销 3. 调整刮土板 4. 调整中间拉杆至前后水平
镇压辊不转或转动不灵活	1. 种肥槽轮被异物卡死 2. 轴承缺油、损坏 3. 链条过紧	1. 清理异物，调整槽轮 2. 加油、更换 3. 调整链条松紧度
地表有浮籽	1. 机具前后不水平 2. 种、肥管调整过高 3. 后挡土板未安装 4. 软管从下种器脱出 5. 下种口未堵 6. 重耕	1. 机具调整水平 2. 重新调整 3. 安装后挡土板 4. 重新调整 5. 插盖种板 6. 不要重耕

（续）

常见故障	故障原因	排除方法
松软地旋播易壅土	1. 机具前高后低 2. 限深轮旋转不正常 3. 前进速度太慢 4. 挂接销松动	1. 调整机具，使后比前高 2. 调整限深轮 3. 提高前进速度 4. 拧紧
播种深度浅	1. 犁尖磨损过大 2. 机具不水平	1. 更换犁尖 2. 调平机具
犁柱弯曲	开沟犁前方的旋耕刀磨损严重或碰上硬物	更换旋耕刀，校正犁柱
播种量不均匀	1. 作业速度变化大 2. 刮种舌严重磨损 3. 外槽轮卡箍松动	1. 匀速工作 2. 更换刮种舌 3. 调整、固定好外槽轮
种子破碎率高	1. 作业速度太快 2. 刮种舌离排种轮太近	1. 降低作业速度 2. 调整好刮种舌与排种轮之间的距离
传动轴响声过大	1. 提升或摆动角度过大 2. 安装错误	1. 控制提升高度、左右摆动幅度 2. 中间两夹叉须在同一平面内
齿轮箱有异声	1. 箱体中有异物 2. 齿轮间隙过大 3. 轴承损坏 4. 齿轮打齿 5. 脱挡或挡未挂到位 6. 油不够，油号低	1. 取出异物 2. 调整齿轮间隙 3. 更换轴承 4. 更换或修复 5. 重新挂挡，拧紧顶丝 6. 加足润滑油
播种深度不一致	播种开沟器高度不合适	调整开沟器高度至合适位置
箱体温度过高	1. 齿轮间隙太小 2. 缺油 3. 齿轮油标号不符合要求 4. 加油过量，气孔堵塞 5. 转速过高	1. 调整齿轮间隙 2. 按要求加油 3. 按标号加油 4. 疏通气孔，按规定加油 5. 选择合适的转速

（续）

常见故障	故障原因	排除方法
刀轴转动不灵	1. 脱挡 2. 花键套、轴磨损 3. 齿轮间隙过小 4. 齿轮、轴承磨损咬死 5. 刀轴变形、缠草 6. 侧板变形 7. 框架不正 8. 拖拉机后输出动力故障	1. 重新挂挡，拧紧顶丝 2. 更换花键套、花键轴 3. 调整齿轮间隙 4. 更换轴承及齿轮 5. 校正刀轴，清理杂草 6. 校正侧板 7. 校正框架 8. 检查后输出
机具发出异声	1. 护草圈与轴承座摩擦 2. 刀尖与箱体摩擦 3. 万向节轴、套间隙大 4. 安装错误	1. 正常摩擦 2. 调整靠箱体的刀座 3. 更换 4. 重新安装
机具进地后振动	1. 刀片安装错误 2. 缺刀太多，磨损过大 3. 地太硬，前进速度快 4. 刀轴变形 5. 油门不稳定 6. 左右不水平 7. 万向节安装错误	1. 重新安装 2. 补充刀，更换新刀 3. 调整前进速度 4. 校正刀轴 5. 稳定油门 6. 调整机具左右水平 7. 重新安装
耕后地表不平整	1. 刀片安装错误 2. 耕前地表不平 3. 拖板变形 4. 镇压辊或拖板两边压力不均衡 5. 前进速度过快 6. 机具左右不水平 7. 刀轴转动不灵，齿轮、轴承间隙小 8. 刀轴转速过低	1. 重新正确安装 2. 平整土地 3. 校正拖板 4. 调整镇压辊及拖板两边压力 5. 降低前进速度 6. 调整机具左右水平 7. 调整间隙 8. 提高刀轴转速
机具跑偏	1. 机具左右不水平 2. 摆幅过大 3. 犁体变形 4. 刀片安装错误 5. 齿轮、轴承间隙太小，刀轴转动不灵	1. 调整机具左右水平 2. 调节左右限位一致 3. 更换或校正犁体 4. 重新安装 5. 调整间隙

（续）

常见故障	故障原因	排除方法
拖拉机拉不动	1. 配套不合理 2. 耕地太深 3. 拖拉机有故障，马力不足 4. 齿轮间隙小	1. 合理配套 2. 减少耕深 3. 检修拖拉机 4. 调整齿轮间隙
耕深过浅或不入土	1. 刀片安装错误 2. 左右拉杆调整过高 3. 前进速度太快 4. 液压调节手柄未到位 5. 外置油缸调整螺母未调整到位 6. 前后水平未调好	1. 重新正确安装 2. 调整拉杆 3. 降低前进速度 4. 调整液压调节手柄 5. 调整调节螺母到位 6. 调整前后水平
田中间出沟	1. 杂草过多，犁体缠草 2. 耕地太深 3. 中间拉杆过短 4. 旋耕刀安装错误或刀具磨损	1. 清理杂草 2. 调浅深度 3. 调整中间拉杆 4. 重新安装刀片或更换
操纵杆变速失效	1. 顶丝未松 2. 操纵杆磨损脱离拨叉槽	1. 放松顶丝 2. 更换拨叉
工作时万向节传动轴偏斜很大	1. 机具左右不水平 2. 拖拉机左右限位链单边限位过短	1. 调整左右水平 2. 调节限位链一致，限制左右摆动过大
十字轴损坏	1. 传动轴装错 2. 缺黄油 3. 倾角过大 4. 入土过猛	1. 应将中间两只夹叉开口装在同一平面内 2. 注足黄油 3. 限制提升高度 4. 应逐步入土

三、免耕播种机

（一）维护保养要求

1. 班次保养（工作 10h）

①每班作业后应将播种机上的泥土、秸秆杂草清除干净，特别要注意清除链轮啮合面、免耕开沟器、踏板上面的泥土及脏物。

②播种作业中，检查各部件有无损坏，若有损坏件及时更换和修复，以保持机具在正常状态下工作。

③每班作业前应检查各部分螺栓、销轴、免耕开沟器等工作部件，拧紧紧固件。对轴等部位应加注润滑油。

④检查齿轮箱油位并保持规定油面。轴承和万向节加注黄油，链条及各转动部位加注润滑油。

⑤每天作业后，应关闭种、肥箱盖，防止箱内进入雨水。

2. 季度保养（工作一个季度）

除执行班次保养内容以外，应做到：

①更换齿轮油，检查齿轮磨损情况，必要时调整或更换。

②检查油封和垫圈是否有效。

③检查轴承的磨损情况，必要时调整或更换。检查紧固件、刀具、种肥箱及护板等部件的锈蚀、磨损情况，并及时处理。

④检查链传动部件和各运动零件磨损情况，必要时调整或更换。

⑤彻底清除种、肥箱内的种子和化肥，清除机具上的污物。

3. 年度保养

除执行班次保养和季度保养内容以外，应做到：

①每年作业结束后应将播种机上的泥土、杂草及各工作部件清理干净并清洗、晾干，链轮、链条及其他外露件（未喷漆和未镀锌的零件）应涂上黄油或废机油，以防生锈。

②开沟器、镇压轮用木板垫起，取下橡胶输种（肥）管清理干净，装袋在库房保存。各压缩弹簧应保持自由状态。

③链条取下洗净涂油包装保存。

④排种轮、排肥轮松开卡箍清洗干净，涂抹机油。

⑤种、肥箱应用水冲洗干净、晾干，涂上防腐漆保存。

⑥漏漆的地方应补漆。损坏或磨损的零件要修复或更换。

⑦机具长期不用时，要存放在室内通风干燥处，垫起机具，使地轮离地并用布包好。

（二）常见故障及排除方法

免耕播种机常见故障、原因及排除方法如表3-15所示。

表3-15 免耕播种机常见故障、原因及排除方法

常见故障	故障原因	排除方法
整体排种器不排种	1. 种子箱缺种 2. 传动机构不工作 3. 驱动轮滑移不转动 4. 地轮不着地 5. 离合器啮合不好	1. 应加满种子 2. 检修、调整传动机构 3. 排除驱动轮滑移因素 4. 检查操纵手柄是否调至“浮动位置” 5. 调整离合器
单行不下种	1. 排种轮卡箍、键销松脱转动 2. 种箱到排种盒的出口处被杂物堵塞或者堵板没去掉 3. 排种盒安装时轴上没有轴销 4. 输种管或下种口堵塞	1. 应重新紧固好排种轮 2. 清除堵塞，打开堵种板 3. 安装轴销 4. 清除输种管或下种口堵塞物
播种量不均匀	1. 作业速度变化大 2. 刮种舌严重磨损 3. 外槽轮卡箍松动 4. 工作幅宽变化	1. 应保持匀速作业 2. 更换刮种舌 3. 调整外槽轮工作长度 4. 固定好卡箍
播种深度不够	1. 开沟器弹簧压力不足 2. 开沟器拉杆变形，使入土角变小	1. 应调紧弹簧，增加开沟器压力 2. 校正开沟器拉杆，增大入土角
各行播深不一致	1. 单组开沟器限深轮不在同一个挡位上 2. 在方轴上开沟器高低不平 3. 拉杆上压缩弹簧压缩长短不一致	1. 限深轮放在同一挡位上 2. 开沟器在方轴上调平 3. 调整弹簧压力一致
种子破损率高	1. 作业速度过快，使传动速度过高 2. 排种装置损坏或排种轮尺寸、形状不适应 3. 刮种舌离排种轮太近	1. 应降低速度并匀速作业 2. 更换排种装置，换用合适的排种轮（盘） 3. 调整好刮种舌与排种轮之间的距离

（续）

常见故障	故障原因	排除方法
漏播	1. 输种管堵塞、脱落，输种管损坏 2. 土壤湿度大且黏 3. 开沟器堵塞 4. 种子不干净，堵塞排种器	1. 应经常检查排除 2. 在合适条件下播种 3. 清除堵塞 4. 将种子清选干净
开沟器不转、堵塞	1. 轴承进土，缺油 2. 播种机下降过猛，堵塞卡住 3. 土壤太湿 4. 开沟器入土后倒车 5. 开沟器变形	1. 清洗，注黄油 2. 应停车清除堵塞物 3. 注意适墒播种 4. 作业中禁止倒车 5. 调整或更换
覆土不严	1. 覆土板角度不对 2. 开沟器弹簧压力不足 3. 土壤太硬	1. 应正确调整覆土板角度 2. 调整弹簧，增加开沟器压力 3. 增加播种机配重
镇压轮不转	1. 杂草堵死 2. 轴承进土卡死	1. 清除杂草秸秆 2. 清洗轴承，注油密封
行距不一致	1. 开沟器配置不正确 2. 开沟器固定螺钉松动	1. 正确配置开沟器 2. 重新紧固
邻接行距不正确	1. 划行器臂长度不对 2. 机组行走不直	1. 应校正划行器臂的长度 2. 保持行走直线
波纹圆盘不转	1. 杂草秸秆堵塞 2. 轴承进土卡死 3. 装配过紧	1. 清除堵塞物 2. 清洗轴承，注油密封 3. 重新装配轴承

参　考　文　献

耿端阳，张道林，王相友，等，2011. 新版农业机械学 [M]. 北京：国防工业出版社.

侯振华，2010. 春小麦种植新技术 [M]. 沈阳：沈阳出版社.

袁栋，丁艳，彭卓敏，等. 2011. 播种施肥机械巧用速修一点通 [M]. 北京：中国农业出版社.

第四章 机械化田间管理装备

第一节 田间管理基础知识

一、田间管理目的

俗话说“三分种七分管，小麦才能获高产”。田间管理是高产栽培的一个重要环节，指在作物田间生长过程中，进行的间苗、除草、松土、培土、灌溉、施肥和防治病虫害等作业，供给水分、养分、肥料以保证作物生长。其目的是根据生育期间气候和苗情的变化，及时采取有效措施，将作物结构进行调节，以保证穗、粒、重得到最大限度的平衡发展。因此，田间管理是确保作物丰产、丰收的一个重要环节。

二、机械化田间管理技术

（一）田间管理阶段

田间管理一般可以分为前期田间管理、中期田间管理和后期田间管理三阶段，其不同阶段、时期及功能要求如表 4-1 所示。

表 4-1 田间管理的阶段、时期及功能要求

田间管理阶段	时期	功能要求
前期田间管理	出苗到拔节阶段	1. 查苗补种、疏苗补缺 2. 中耕镇压、防旱保墒 3. 适时冬灌，防旱、防冻 4. 分壮苗、旺苗、弱苗，进行水肥管理

（续）

田间管理阶段	时期	功能要求
中期田间管理	返青到抽穗阶段	1. 浇好孕穗水，施好孕穗肥 2. 防晚霜冻害 3. 防倒伏 4. 防治病虫草害
后期田间管理	抽穗开花到灌浆成熟阶段	1. 防倒伏 2. 防治病虫害

（二）机械化田间管理方法

1. 镇压

主要是使用镇压器镇压。小麦镇压分两个阶段：

（1）播种后镇压　主要是压碎土块、压紧耕作层、平整土地，利于保墒，保证出苗率，为小麦提供良好的生长环境。一般与播种同时进行，或在播后1～2d、地表出现干旱时进行。

（2）小麦返青至起身期镇压　对旺长麦田及土壤疏松麦田进行镇压，通过人为损伤地上部分叶蘖来抑制主茎和大蘖的生长，促进小麦控旺转壮、提墒节水和防止倒伏。旺苗重压，弱苗轻压。

2. 中耕

中耕是在作物生长过程中，利用中耕机械进行表土的除草、松土和培土等工作，以疏松地表、消灭杂草、蓄水保墒、改善作物的生长环境。间苗和追肥一般也结合中耕进行。

旱地作物中耕一般在苗期和封行前进行，一季作物约中耕3～4次，如果作物生育期长、封行短、田间杂草多，可适当增加中耕次数。中耕深度遵循“浅—深—浅”原则，作物苗期中耕应浅且可增加中耕次数，生育中期加深中耕深度，生育后期以浅耕为宜。

3. 追肥

“庄稼一枝花，全靠肥当家”。粮食增产很大程度上得益于科学施肥，即利用施肥机械将肥料按一定比例聚集在作物根系、叶面附近而被高效率吸收。小麦施肥分三个时期：

（1）重施基肥　播种前结合土壤耕作施用肥料，将肥撒施地表后，立即深耕。

（2）少施种肥　播种时施于种子附近或与种子混合施用。

（3）巧施追肥　追肥施布的时间一般在返青至拔节期，墒情、苗情差、土壤肥力差的地块，一般配合灌溉适当早追。墒情、苗情好，没有出现“脱肥”现象的地块，适当晚追。另外，还可以进行根外施肥，如叶面喷施。

4. 植保

小麦在生长过程中，经常会遭受到病、虫、草危害，造成减产甚至绝收。病虫草害防治是稳产高产的保证。常用方法是化学防治，即利用植保机械喷施化学药剂来消灭病虫草害，具有操作简单、防治效果好、生产效率高且受地域和季节影响小等优点。

小麦除草时间因冬、春小麦不同而有差异。

（1）冬小麦　除草时间分为分播后苗前土壤处理和苗后茎叶处理施药两个时期。主要采用返青后茎叶施药，正常年份麦田冬前杂草出苗 90%以上，杂草处于幼苗期，是化学除草的最佳时期。

（2）春小麦　除草时间分为分播前处理、播后苗前土壤处理和苗后茎叶处理施药三个时期。主要采用苗后茎叶施药，5 月中旬绝大部分杂草已出苗，为防治最佳时期。

小麦病虫害防治主要是返青至拔节期和孕穗期。

5. 灌溉

灌溉是指利用灌溉机械，有计划地将水输送到田间，以补充麦田水分，促使稳产高产。灌溉主要有以下几个阶段：

（1）冬季灌水　主要为了抵抗冻害，保苗过冬。

（2）春季灌水　主要为了抗旱，按照干旱程度先重后轻，先弱苗后壮苗的原则予以灌水。

（3）抽穗到成熟期灌水　主要为了防治干旱，保根保叶，防止早衰。

灌溉技术分为地面灌溉、喷灌和滴灌三种。不同灌溉作业方法、定义及技术特点见表 4-2。

表 4-2　不同灌溉作业方法、定义及技术特点

作业方法	定义	技术特点
地面灌溉	地面流动水在自身重力和毛细管作用下浸润到土壤内部，或借助重力作用将在田间地表上的具有深度的水层渗入土壤	技术简单，投资少；但浪费水，对地表平整度要求较高；应用广泛
喷灌	利用专门的管道系统和设备将有压水送至灌溉地段并喷射到空中形成细小水滴，均匀地洒落于农田	省水，省工，提高土地利用率，增产效果明显；但投资较大，受气象条件影响大，能耗较大；正被广泛应用
滴灌	将压力水过滤，通过低压管道输送到滴头，以点滴的方式，经常而缓慢地滴入农作物根部附近	省水，利于增产，更好地适应不平坦的田块；但投资高，滴头易堵塞；仍未广泛应用

三、机械化田间管理作业指标

（一）机械镇压作业性能指标及合格标准

镇压作业后，土层紧密，地表平整，其表土 100mm 内，土壤容重应为 0.9～1g/m^3，无重压、漏压。播后镇压不得将种子带出地面，返青后镇压不得影响小麦中后期正常生长。

（二）机械中耕作业性能指标及合格标准

将表层土壤松碎到 1～10cm 的颗粒状。中耕后土壤表面不平度不超过 4cm。松土良好，土壤位移小。除草率高，不损伤作物。按需要将土培于作物根部，不压倒作物。中耕部件不粘土、缠草和堵塞。耕深应符合要求且不发生漏耕。机械中耕作业主要性能指标及合格标准如表 4-3 所示。

表 4-3　中耕作业主要性能指标及合格标准

序号	性能指标	合格标准
1	各行耕深一致性变异系数，%	≤18.5
2	沟底浮土厚度，cm	4.0～6.0
3	碎土率，%	≥85.0

（续）

序号	性能指标	合格标准
4	伤苗埋苗率，%	≤5.0
5	培土（起垄）行距合格率，%	≥78.0
6	土壤膨松度，%	≤40.0
7	入土行程，m	≤1.5

（三）机械追肥作业性能指标及合格标准

追肥深度一般在6～10cm，位置准确率要大于70%。作业时，无明显伤根、伤苗现象，施肥后要覆盖镇压密实。机械化追肥作业主要性能指标及合格标准如表4-4所示。

水肥耦合作业时，不要提前将肥料撒到地表，以防区域施量不匀，造成烧苗。耦合注入量要和灌水量匹配，保持肥料浓度均匀一致。

表4-4 追肥作业主要性能指标及合格标准

序号	性能指标	合格标准
1	各行排肥量一致性变异系数，%	≤8.0
2	总排肥量稳定性变异系数，%	≤6.0
3	施肥断条率，%	≤4

（四）机械植保作业性能指标及合格标准

喷洒覆盖均匀，无漏喷、重喷现象，覆盖密度适中。雾化性能良好，雾滴直径大小适宜，穿透、附着性能好，药剂应能很好地黏附在作物茎叶上。靶标的药剂沉积量高，雾量分布均匀，漂移少。要有良好的通过性，不损伤农作物。施药量可根据农作物情况进行适当调整。喷药机械要有足够的射程和力度，保证药剂能到达作物深处。

（五）机械灌溉作业性能指标及合格标准

灌水量应适当。畦灌灌水均匀，无上冲下淤或畦首水过多、畦尾灌不上等现象。沟灌灌水至沟深2/3或3/4，待畦面中间土壤湿润变色即可。喷灌所形成的水滴应细小，应均匀地落在麦地上。喷灌作业主要性能指标及合格标准如表 4-5 所示。

表 4-5　大型喷灌机（中心支轴式、平移式）作业主要性能指标及合格标准

序号	性能指标		合格标准
1	水量分布均匀度系数，%	中心支轴式	≥80
		平移式	≥85
2	灌水深度，mm		5～60
3	喷灌强度		能适应土壤入渗性能要求，地面不产生大面积径流

四、田间管理作业注意事项

（一）机械镇压

镇压器应选择适当，不可过轻或过重。镇压器与动力机械应可靠稳固连接。土壤过湿、有霜冻、盐碱涝洼地、已拔节麦田等均不应镇压。作业时，行走速度要均匀，土壤要压实。

（二）机械中耕

根据除草、起垄、深松等不同中耕目的，选装不同部件。根据作业时间、苗情调整好中耕部件入土深度。工作部件要边走边下落入土，完全出土后方可转弯。行间中耕时，中耕路线应与播种路线相符，中耕机组行距应与播种机组的行距配套、行数相符或是播种行数的整数倍。中耕机组的轮距应与作物行距相适应，工作时要求行走轮走行间，轮缘距秧苗不宜小于 10cm。作业中驾驶员应熟悉行走路线，避免错行造成伤苗和铲苗，避免倒车。机组行走速度不宜过快，防止锄铲抛土力量过大，造成埋苗。中耕锄铲要保持锋利。

（三）机械追肥

作业前按照作物生长需求、当地农艺要求来选择肥料品种及施肥工艺，以充分发挥化肥肥效。操作机手应经过技术培训，熟知中耕施肥、灌水施肥的作业要点，并掌握机具操作使用技术。按要求调整机具并排除机具作业中出现的故障。作业前应检查机具技术状况，重点检查各连接部件是否紧固，润滑状态是否良好，转动部分是否灵活。调整施肥量、深度和宽度，以满足当地农艺要求。确定好施肥量后，机具先进行作业试验，观察实际施肥效果，待调整满足要求后再开始正常作业。

（四）机械植保

根据防治对象和喷雾作业要求，正确选择喷雾器（机）类型、喷头种类和喷雾机尺寸。大田防治病虫害时一般选用液力式喷雾机，圆锥喷头。除草时选用喷杆式喷雾机，扇形喷头。作业前应检查机具，确保各部分流畅不漏，开关灵活，雾化良好。根据当地农艺要求，确定喷雾量，并调整确定机具作业速度等。检查完成后进行试喷，查看机具能否正常作业，待调整满足要求后开始作业。

（五）机械灌溉

根据小麦品种、栽培模式、产量目标和当地水源情况，在满足小麦不同生长期需水量基础上，确定选择灌溉技术。根据当地自然条件、地形、土壤、经济状况等，拟定灌溉方法及计算灌溉用水量等。选择确定水泵和动力机的类型、数量及两者之间的合理匹配，确定电力供应保证。管路及附件本着经济、实用、安全的原则合理选定。确定的灌水量，不宜过多或过少。灌溉作业前应检查水泵、轴承、皮带等部件，检查有无漏水现象。检查完毕后应进行试灌，待调整满足要求后开始作业。

五、田间管理机具种类介绍、型号编制规则

（一）田间管理机具种类

1. 镇压器

常用镇压器有以下几种：

（1）圆筒形镇压器　工作部件是石制（实心）或铁制（空心）圆柱形压辊（图 4-1），能压实 3～5cm 的表层土壤，表面光滑，可减少风蚀。

（2）“V”形镇压器　由若干个轮缘有凸环的铁轮套装而成，每一铁轮均能在轴上自由转动（图 4-2）。一台镇压器通常由前后两列工作部件组成。前列直径较大，后列直径较小，前后列铁轮的凸环横向交错配置。压后地面呈“V”形波状。

（3）网纹形镇压器　由许多轮缘上有网状突起的铁轮组成（图 4-3），作业时网状突起深入土中将次表层土壤压实，在地表形成松软的呈网状花纹的覆盖层，达到上松下实的要求，并有一定的碎土效果。

（4）链齿形镇压器　工作部件带有类似链轮的带齿圆盘（图 4-4）。

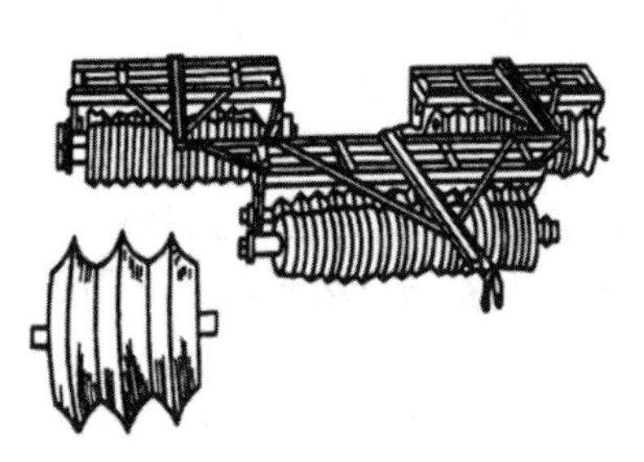

图 4-1　圆筒形镇压器

图 4-2　“V”形镇压器

图 4-3　网纹形镇压器

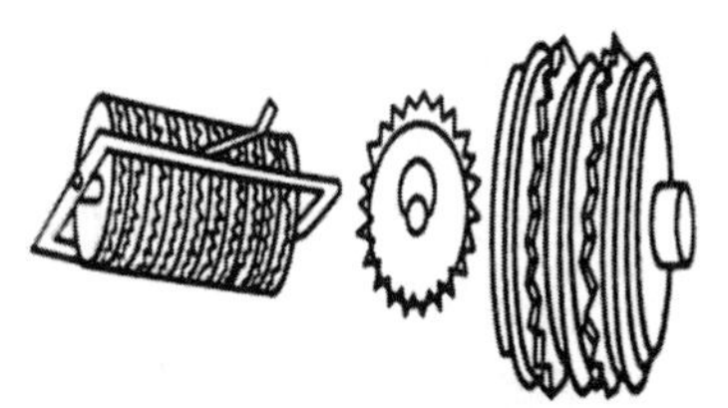

图 4-4　链齿形镇压器

畜力牵引的镇压器一般只有一组工作部件。拖拉机牵引的镇压器一般由 3 组及以上工作部件组成品字形，前后组之间在宽度上有少量重叠（图 4-5、图 4-6）。

图 4-5 单组镇压器

图 4-6 多组折叠型镇压器

2. 中耕机械

中耕机按动力可以分为人力、畜力和机力三种类型，按与动力机的连接方式分为牵引式、悬挂式和直联式，按工作部件的工作原理可分为锄铲式和回转式，按工作性质可分为全面中耕机、行间中耕机等。

（1）全面中耕机　用来在休闲地上进行全面中耕，其特点是无需变更行距和设置操向装置，但工作中易被杂草堵塞，故一般配置起落机构。

（2）行间中耕机　指在中耕作物的行间进行中耕，具有浅松土、除草、培土及开灌溉沟的作用，应具备操向装置，防止伤苗。

3. 追肥机械

常用追肥机械分两种：一是中耕追肥机，由人力、畜力或机械牵引，一次完成开沟、撒肥、覆土等多道工序；二是液肥施用机械，一般是采用叶面喷施或配合喷灌追肥。

4. 植保机械

通常将通过化学药剂防治病、虫、草害所用的机械称为植保机械。按照施药方法不同可以分为喷雾机、弥雾机、超低量喷雾机、喷烟机和喷粉机。按照动力不同可分为手动式和机动式。一般人力驱动的习惯称为喷雾器，如常用的背负式手动喷雾器。动力驱动的称为喷雾机，如常用的背负式动力喷雾机、背负式机动喷雾喷粉机、喷杆式喷雾机等。

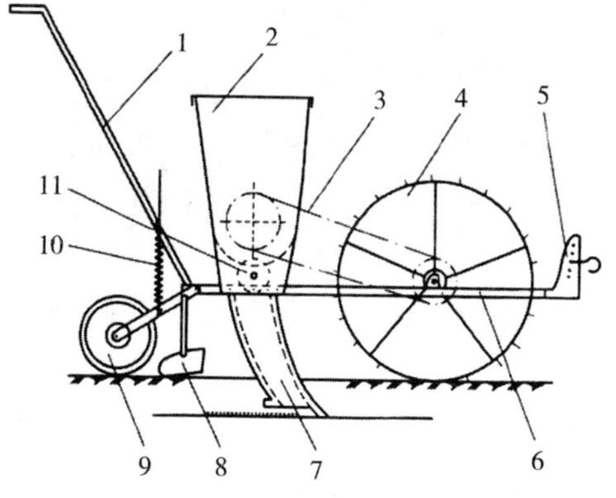

图 4-7　中耕追肥机

1. 手把　2. 肥箱　3. 传动链　4. 地轮　5. 牵引板　6. 机架
7. 凿式沟播器　8. 覆土板　9. 镇压轮　10. 仿形加压弹簧　11. 排肥器

除以上植保机械外，还有航空植保机械，在大面积防治病虫草害时，它具有及时、经济、不受地形限制等优点，但目前仍在探索发展阶段，保有量较少，未被广泛应用。

5. 灌溉机械

灌溉机械按照地面灌溉（图 4-8）、喷灌（图 4-9）和滴灌（图 4-10）方法不同采用不同机械。

（1）地面灌溉主要使用机械为水泵。

图 4-8　麦田畦灌作业方式

图 4-9　移动式喷灌作业方式

图 4-10　滴灌系统作业方式

（2）喷灌可分为固定式、移动式和半固定式喷灌系统　固定式喷灌系统是指除喷头外，喷灌系统的其余所有组件在整个灌溉季节或常年均固定不动。移动式喷灌系统是指除水源工程外，动力装置、干管、支管和喷头都是可以拆卸移动的。半固定式喷灌系统是指动力机、水泵和主干管是固定不动的，而喷头和支管是可以移动的。目前常用的为半固定式喷灌系统。

（3）滴灌系统主要由水源、首部枢纽、输配水管网和灌水器等部分组成　其中首部枢纽包括水泵、动力机、过滤器、控制设备和测量仪器等。输配水管网包括干管、支管、毛管、闸阀、流量调节器等（图 4-11）。灌水器的功能主要是将来自毛管的水或水肥混合液均匀地施入农作物根系周围的土壤。

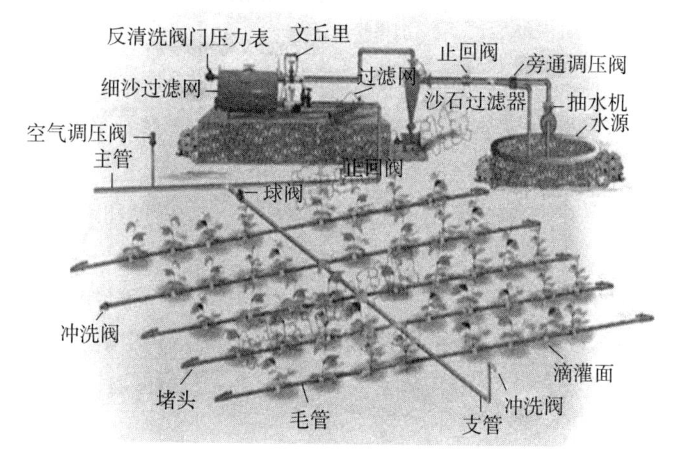

图 4-11　滴灌系统工作示意

（二）型号编制规则

根据 JB/T 8574—2013《农机具产品　型号编制规则》，田间管理机具产品型号编制主要包含分类代号、特征代号和主参数三部分，产品型号编排顺序如下：

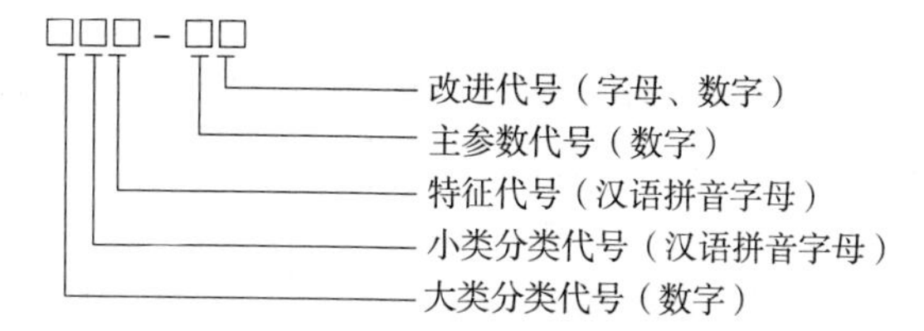

常见田间管理机具的产品型号如表 4-6 所示。

表 4-6　常见田间管理机具的产品型号编制规则

机具类别和名称	大类分类代号	小类分类代号	特征代号	主参数代号	改进代号
镇压器	1	Y	—	工作幅宽	字母、数字

（续）

机具类别和名称	大类分类代号	小类分类代号	特征代号	主参数代号	改进代号
中耕机	3	Z	—	工作幅宽	字母、数字
中耕追肥机		Z	F	工作幅宽	
背负式喷雾器		W	B	药箱容积	
机动喷雾机		W	J	流量	
喷杆喷雾机		W	P	药箱容积	
喷雾喷粉机		F	—	药箱容积	
离心泵	8	L	—	流量—扬程	
轴流泵		Z	—	流量—扬程	
混流泵		H	—	流量—扬程	
潜水泵		Q	—	流量—扬程	
喷灌机		P	—	流量—扬程	

第二节　田间管理装备的选择

一、田间管理装备选择的基本原则

在选择田间管理机械时，机具适用区域、作业性质和配套动力是要考虑的重要因素，还要考虑机具特征和作业效果，及其与当地农艺条件的配合。每类田间管理机械种类较多，各地应根据实际情况选用。此外，购买田间管理机械时，建议选择作业性能好、工作可靠、市场口碑好的大型企业的产品。选择机具后还应验机，如核查铭牌，确定主要技术参数是否齐全并满足要求；查看说明书、随机附件等是否齐全；机具试运转有无异响等。

二、镇压器

（一）镇压器的种类

镇压器有多种，按形状不同可分为圆筒形、“V”形、网纹形、链齿形等。

（二）镇压器的产品特点

镇压器包括拖架、主轴和镇压主体组成，拖架上设有挂环，拖架通过螺栓与主轴相连接。主轴上装有镇压主体。

镇压器的重量和镇压轮直径是影响工作质量的重要因素。当重量和长度相等时，镇压轮直径小的接地压力（单位面积上的压力）较大，压入土壤的深度也大；而直径大的镇压轮所需的牵引力较小。镇压器的工作幅宽不能过宽，否则受地面不平的影响就大。

（三）镇压器的主要技术参数

表 4-7 列举了几种常见型号镇压器的主要技术参数。

表 4-7 镇压器的主要技术参数

产品型号	1Y-1250	1YW-1800	1YH-5800
外形尺寸，mm	1 305×1 520×460	2 170×1 500×6 303	6 230×3 700×630
结构质量，kg	265	580	2300
工作幅宽，mm	1 250	1 800	5 800

（四）镇压器的适用范围

圆筒形镇压器主要适用于平作且地面较平整田块。“V”形镇压器能防止轮面粘土，但在沙土中易拥土堵塞。网环状镇压器适用于黏重土壤。链齿形镇压器可用于黏重土壤及带霜冻的土壤。

三、中耕机

（一）中耕机的种类

中耕机主要分为旱作中耕机和水稻中耕机两种。其中旱作中耕机分为人力、畜力和机力三种。中耕机上可装配多种工作部件，分别满足作物苗期生长的不同要求。主要工作部件有除草铲（图 4-

12）、松土铲（图 4-13）和培土铲（图 4-14）。除草铲主要用于作物行间第一、二次中耕除草作业，起除草和松土作用，又有单翼铲和双翼铲之分。松土铲主要用于作物的松土，使土壤疏松但不翻转，铲尖种类很多，常用的有凿形、箭形和铧式。培土器主要用于培土和开沟起垄，按工作面类型可分为曲面型和平面型，曲面型主要适用于东北垄作地区。

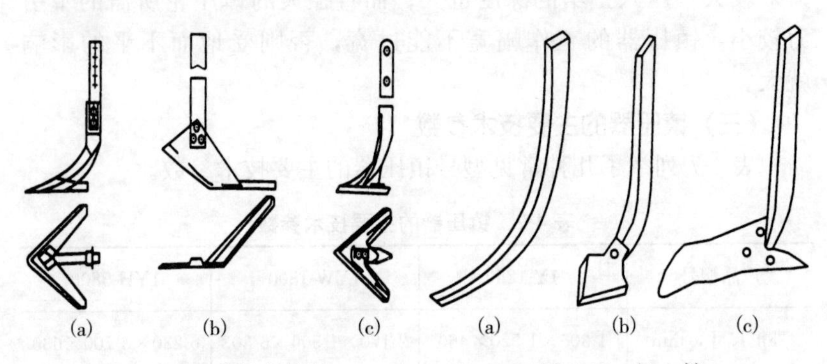

图 4-12　除草铲的结构

（a）双翼平铲　（b）单翼铲

（c）双翼通用铲

图 4-13　松土铲

（a）凿形松土铲　（b）箭形松土铲

（c）铧式松土铲

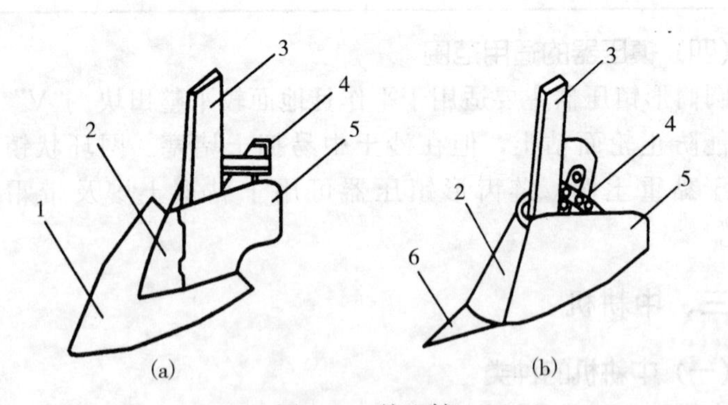

图 4-14　培土铲

（a）平面型培土铲　（b）曲面型培土铲

1. 三角犁铧　2. 铲胸　3. 铲柄　4. 培土板开度调节杆　5. 培土板　6. 铲尖

（二）中耕机的产品特点

中耕机一般由机架、工作部件、仿形机构、机轮、牵引或悬挂装置组成。中耕机的工作部件即为锄铲，根据作业需求选择不同类型锄铲。为确保中耕机在起伏不平的地面上工作且能保持耕深稳定性，中耕机上必须设定仿形机构。中耕机上普遍装有护苗器，保护幼苗，以防止被中耕锄铲铲起的土块压埋。

（三）中耕机的主要技术参数

表 4-8 列举了几种常见型号中耕机的主要技术参数。

表 4-8　中耕机的主要技术参数

产品型号	3Z-1250	3Z-1000	3ZP-1200
外形尺寸，mm	1 810×845×870	1 780×715×1 070	1 800×1 940×1 120
结构质量，kg	109	148	460
工作幅宽，mm	1 250	1 000	1 200
作业速度，m/s	3.3～5.4	3～5	3～5
中耕刀，片	12	12	12
培土刀，片	8	8	8

（四）中耕机的适用范围

平作第一遍中耕时，一般只要求除草，宜选用单翼和双翼除草铲。第二遍及以后的中耕，必须除草和松土兼顾，可选用双翼通用铲。后期中耕以松土为主，可选用松土铲。需要追肥和培土时，可选用追肥铲和培土器。

四、追肥机

（一）追肥机的种类

追肥机按排肥器可分为外槽轮式（图 4-15）、转盘式、离心式（图 4-16）、螺旋式、星轮式和振动式等。

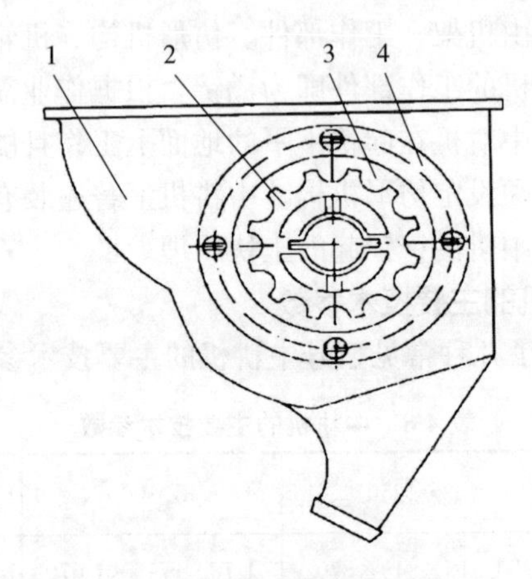

图 4-15　外槽轮式排肥器

1. 排肥料盒　2. 外槽轮　3. 内齿形挡圈　4. 外挡圈

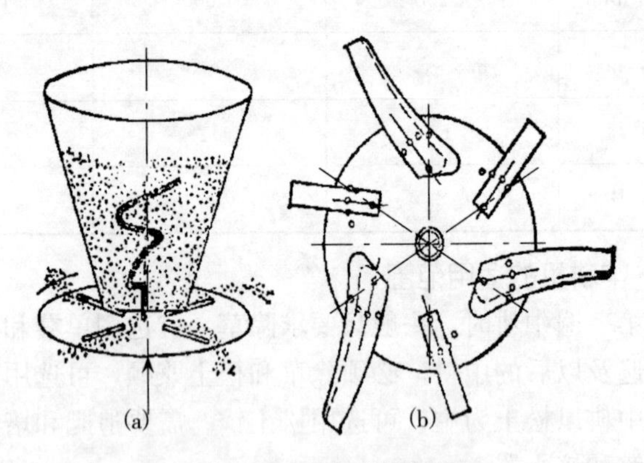

图 4-16　离心式撒肥盘

(a) 四片式　(b) 多片式

(二) 追肥机的产品特点

中耕追肥机通常在中耕机上装设排肥器与施肥开沟器，在作物生长期间对其根部进行施肥，将化肥施在作物根系的侧深部位。

外槽轮式排肥器工作原理和外槽轮式排种器工作原理相似，仅槽轮直径稍加大，齿数减少，使间槽容积增大。星轮式排肥器使用较为普遍，水平星轮是其主要工作部件（图 4-17）。

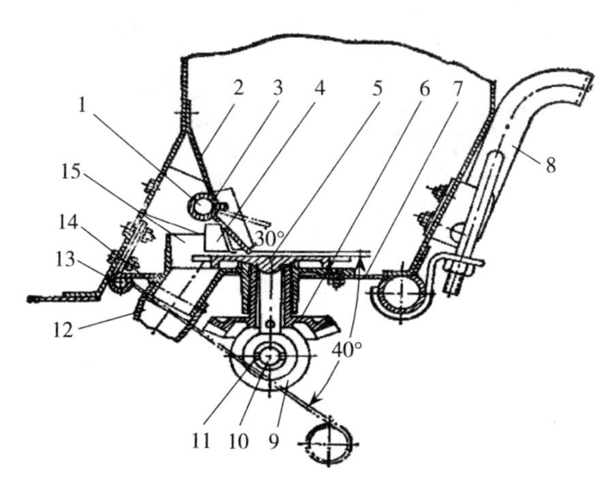

图 4-17　星轮式排肥器

1. 活门轴　2. 挡肥板　3. 排肥活门　4. 导肥板　5. 星轮　6. 大锥齿轮　7. 活动箱板　8. 箱底挂钩　9. 小锥齿轮　10. 排肥轴　11. 轴销　12. 导肥管　13. 铰链轴　14. 卡簧　15. 排肥器支座

(三) 追肥机的主要技术参数

追肥机通常是在中耕机上装设排肥器与施肥开沟器。其主要技术参数除中耕机主要技术参数外，还应含配肥器类型及排肥器数量。

(四) 追肥机的适用范围

外槽轮式排肥器适用于排施流动性好的松散化肥和复合粒肥。星轮式排肥器适用于排施流动性好的晶状、颗粒状化肥，也可用于干燥粉状化肥。转盘式排肥器适用于排施流动性好的化肥，含水率高的化肥易在导板处聚集，形成周期撒落，均匀性差。螺旋式排肥器适用于排施松散性较好的化肥。振动式排肥器适用于排施吸湿性较强的化肥（图 4-18）。

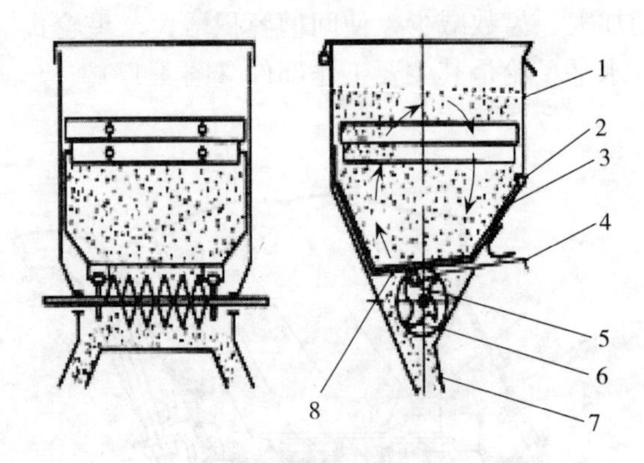

图 4-18　振动式排肥器

1. 肥箱　2. 铰链　3. 振动板　4. 肥量调节板
5. 振动轮　6. 排肥螺旋　7. 倒肥管　8. 排肥孔

五、背负式手动喷雾器

（一）背负式手动喷雾器的种类

背负式手动喷雾器（图 4-19、图 4-20）按其工作原理可分为液泵式和气泵式。液泵式喷雾器是目前我国生产量最大，使用最广的一种类型，需要经常掀动手摇杆。气泵式与液泵式的不同点是不直接对药液加压，而是用泵将空气压入气密药桶的上部，利用空气对液面加压，再将药液喷出，操作省力，经过两次充气，即可喷完一桶药液。

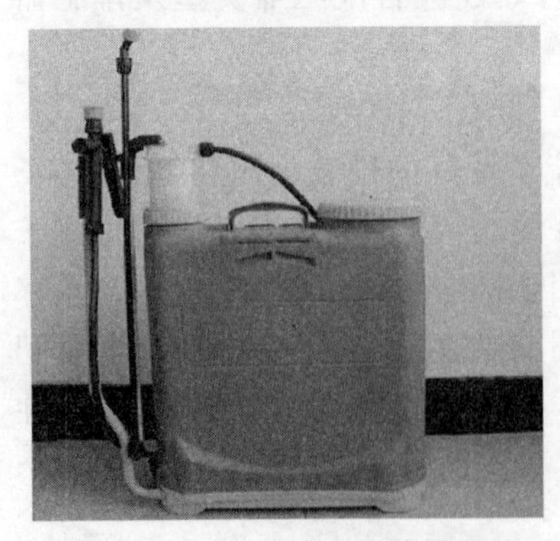

图 4-19　背负式手动喷雾器

图 4-20　背负式手动喷雾器作业

（二）背负式手动喷雾器的产品特点

液泵式手动喷雾器主要由药液箱、活塞泵、空气室、喷射部件、摇杆部件和背负装置等组成。工作时，操作人员将喷雾机背在身后上下掀动摇杆，通过连杆机构的作用，使塞杆在泵筒内作往复运动。当活塞上行时，皮碗从下端向上运动。由于皮碗和泵筒所组成的腔体容积不断增大，形成局部真空。这时药液箱内的药液在液面和腔体内压力差作用下，冲开单向阀，药液沿着进水管路进入泵筒，完成吸水过程。当塞杆带动皮碗从上端下行时，泵筒内的药液开始被挤压，致使药液压力骤然增高，进水阀关闭，出水阀被压开，药液经过出液阀被压入空气室，压缩室内空气使压力逐渐升高，打开喷杆上的开关，药液经喷头雾化成细小的雾滴喷洒到作物上。背负式手动喷雾器结构见图 4-21。

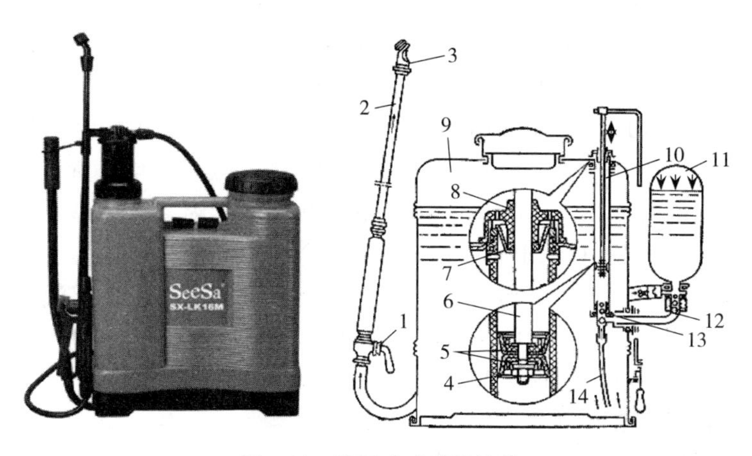

图 4-21　液泵式喷雾器结构

1. 开关　2. 喷杆　3. 喷头　4. 固定螺母　5. 皮碗　6. 塞杆　7. 粘圈　8. 泵盖　9. 药液箱　10. 泵筒　11. 空气室　12. 出水阀　13. 进水阀　14. 吸水管

1. 药液箱

采用聚乙烯或玻璃钢等材料制成，药液箱壁上标有水位线。加液口、开关和手把处都设有滤网，以阻止杂物进入喷雾机，堵塞喷头。箱壁上标有安全水位线，加液时液面不得高于此水位线。药液箱盖与箱体通过螺纹连接，以保证密封和不漏药液。药液箱顶部设有通气孔，作业时随着液面下降，药液箱内压力降低，空气从通气孔进入药液箱内，使药液箱内气压保持正常。

2. 活塞泵

活塞泵是整个喷雾机械的核心，由泵筒、塞杆、皮碗、进水阀、出水阀、吸水管和空气室等组成，使药液产生高压，以克服药液在管道流动过程中的流动阻力，供给液流雾化、喷射、混匀和搅拌药液的能量。皮碗直径为25mm，由牛皮制成。泵筒、泵盖、空气室、进水阀座、出水阀座由工程塑料制成，耐农药腐蚀。进、出水阀采用直径为9.5mm的玻璃球阀。空气室是一个密闭的容器，其作用是使药液获得稳定而均匀的压力，减少因泵间断地排液而造成的压力脉动，保证喷雾雾流稳定。

3. 喷洒部件

喷洒部件由出水管、截留阀、喷杆、喷头等组成。出水管用于将空气室内具有压力的药液输送至手柄开关。手柄开关用于手持和控制喷雾的启停。喷杆用于增加喷雾的距离。喷头用于将药液雾化，有空心圆锥喷头、扇形喷头和可调喷头等类型。空心圆锥喷头工作压力为0.3～0.6MPa，用于苗期和叶面的喷雾。扇形喷头工作压力为0.2～0.4MPa，用于宽幅的全面喷雾。可调喷头工作压力为0.2～0.4MPa，装在直喷杆上。旋转可调帽可改变雾流的形状和射程，旋松喷雾角变小，雾滴较粗，射程较远；旋紧则喷雾角大，雾滴较细，射程变近。

4. 摇杆部件

摇杆部件用于操纵液泵活塞杆工作，使活塞杆在泵筒内作往复运动。

5. 背负装置

背负装置通过挂钩与药液箱相连，用于背负机器，背带长度可以调整。

（三）背负式手动喷雾器的主要技术参数

表4-9列举了几种常见型号背负式手动喷雾器的主要技术参数。

表 4-9　背负式手动喷雾器的主要技术参数

产品型号	3WB-16	3WB-10	3WBS-16
外形尺寸，mm	520×430×470	285×240×490	580×440×580
整机净质量，kg	4.5	3	4.5
工作压力，MPa	0.3～0.4	0.4～0.8	0.2～0.4
活塞行程×直径，mm	26×10	32×10	26×10
药液箱容量，L	16	10	16
喷头类型和规格，mm	空心圆锥雾喷头 1.0	切向离心式单喷头 1.3	空心圆锥雾喷头 1.3、1.0、0.7

(四) 背负式手动喷雾器的适用范围

广泛适用于大田各种植物病虫害的防治和叶面肥、生长调节剂的喷洒等。其受地形限制较小，尤其适用于地块较小、地形不规则地区。

六、背负式动力喷雾机

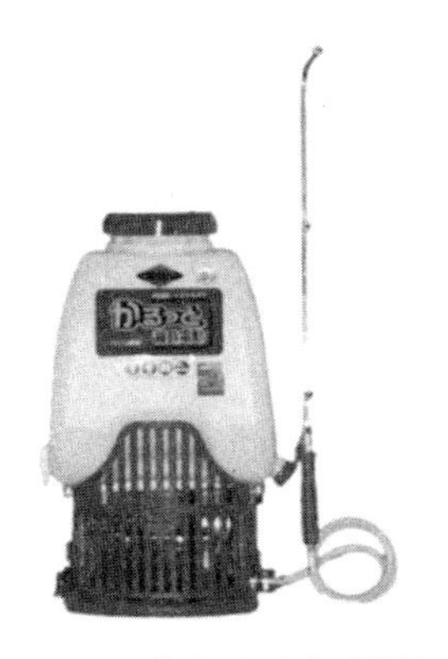

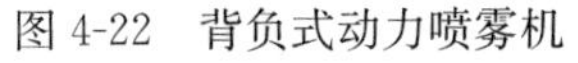

图 4-22　背负式动力喷雾机

图 4-23　背负式动力喷雾机作业

(一) 背负式动力喷雾机的种类

背负式动力喷雾机是一种轻便、灵活、耐用、效率高、安全性高的植保机械，具有背负舒适、喷雾均匀等特点（图 4-22、图 4-23）。根据选配动力机不同，分为小型内燃机或电动机两种。

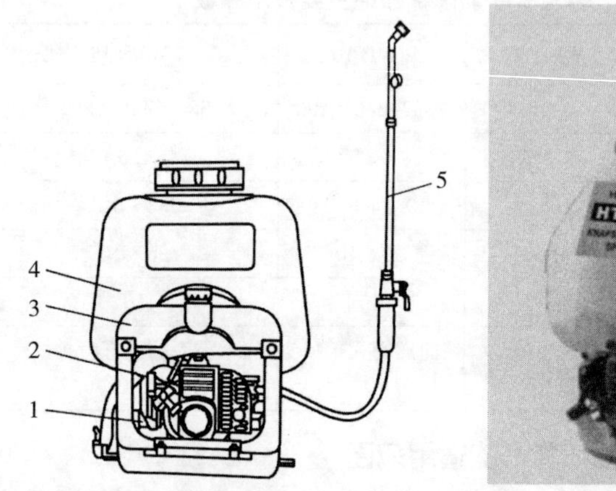

图 4-24　背负式动力喷雾机构造
1. 柱塞泵　2. 发动机　3. 燃油箱　4. 药液箱　5. 喷洒部件

（二）背负式动力喷雾机的产品特点

背负式动力喷雾机主要由药箱、汽油机、双柱塞式液泵、喷射部件及机架等组成（图 4-24）。工作时，应先关紧手把开关，添加药液，药液箱内无药液时禁止启动发动机。将调压旋钮调到“0”位置，注满燃油，将油门操纵手柄置于启动位置。调整阻风门，第一次启动时，阻风门处于关闭位置，热机启动时应处于全开位置。轻拉启动器 3～5 次，使混合油进入气缸，然后快拉启动器，启动发动机。发动机启动后，慢慢将阻风门置于全开位置。调整油门手柄，使发动机低速运转 3～5min，之后进行喷洒作业。

1. 喷射部件

喷头的选择与背负式手动喷雾器相同。

2. 压力泵

作用是将药液转换为高压药液，克服管道阻力，提高雾化能力，并增加射程和喷幅，使药液连续经喷头雾化后喷洒到农作物上。有液泵和气泵两大类，液泵应用较广泛。

3. 空气室

下部储存药液，上部储存密封的空气。排液时，空气室顶部的空气受到压缩，药液储存起来，不致对喷头有过大冲击力；吸液时，高压药液的压力显著下降，压缩空气膨胀，对低压药液增压。

4. 药液箱和滤网

药液箱具有质量轻和耐腐蚀等优点，其容量可选，最小容量应能保证机具不在田块中间添加药液。在药箱上部有一个大的加液器，便于清洗和加液;底部有一个搅拌器,用来搅拌药箱中的药液,防止溶解性较差的药液沉入箱底,或不使乳化剂中的油点悬浮到药液表面上,保证喷洒的药液具有相同的浓度。滤网是对药液进行过滤,防止喷头堵塞。

5. 调压阀和压力表

调压阀用来调节液泵的工作压力，并起到安全保护的作用。压力表用于指示系统压力，常用标杆式压力表。

（三）背负式动力喷雾机的主要技术参数

表 4-10 列举了几种常见型号背负式动力喷雾机的主要技术参数。

表 4-10　背负式动力喷雾机的主要技术参数

产品型号		3WZ-25	OS-808	3WB-18
外形尺寸，mm		420×365×605	430×300×640	420×350×700
整机净质量，kg		8.7	10.0	10.5
配套动力	规格型号	1E34F（单缸二冲程汽油机）	139F（四冲程汽油机）	1E40F（单缸二冲程汽油机）
	标定功率，kW	0.65	0.8	1.18
配套泵	类型	柱塞式	柱塞式	柱塞式
	工作压力,MPa	1.2～2.5（额定压力 1.8）	1.5～2.5	1.5～2.5
喷枪喷量，L/min		≥4.5	≥5.5	≥2.5
药液箱容量，L		25	25	18

（四）背负式动力喷雾机的适用范围

适用于各地小麦的病虫害防治，效率比手动喷雾器高，可适用于较大面积的病虫害防治。

七、背负式机动喷雾喷粉机

（一）背负式机动喷雾喷粉机的产品特点

背负式机动喷雾喷粉机是采用气流输粉、气压输液、气力喷雾原理，由汽油机驱动的植保机械（图 4-25、图 4-26）。特点是用一台机器更换少量部件即可进行弥雾、超低量喷雾、喷粉、喷洒颗粒、喷烟等作业。背负式机动喷雾喷粉机主要由机架、汽油发动机、药液箱、离心机和喷管组件组成。

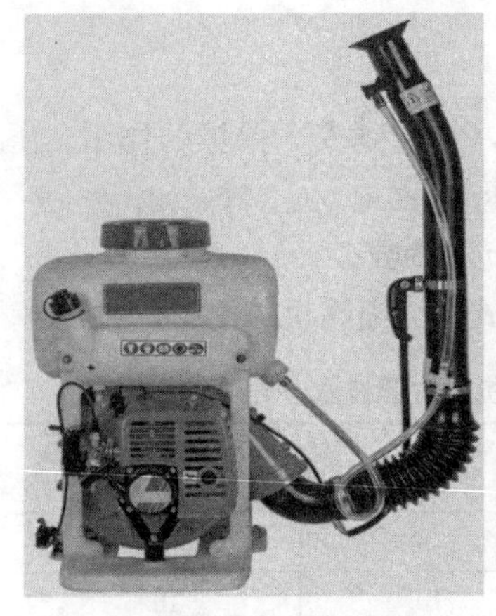

图 4-25 背负式机动喷雾喷粉机

图 4-26 背负式机动喷雾喷粉机作业

喷雾作业工作原理：作喷雾机使用时，药箱内装上增压装置，换上喷头。发动机启动后，风机产生的高速气流，大部分经弯管从喷管喷出，少量气流进入密闭的药箱。随着空气的不断增加，形成被压缩的空气，给药液加压，迫使药液从喷管喷出。药液喷出时在喷口受到喷管内强气流的剪切、撞击，被进一步细碎，随着气流呈弥雾状喷出（图 4-27）。喷粉作业工作原理：作喷粉机使用时，箱内安装吹粉管，把输液管换成输粉管。发动机启动后，风机产生的高速气流，大部分从喷管喷出，将少量气流引入药粉箱下部。药粉吹松散，并将药粉经出粉管送至喷管的弯曲处，利用风机的强大风力，将药粉吹出(图 4-28)。

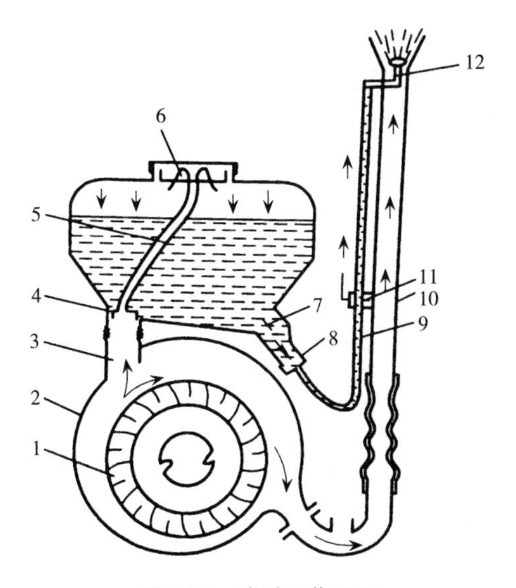

图 4-27 喷雾工作原理

1. 叶轮 2. 风机 3. 进风阀门 4. 进气塞 5. 进气软管 6. 滤网 7. 粉门 8. 接头 9. 药液管 10. 喷管 11. 开关 12. 喷头

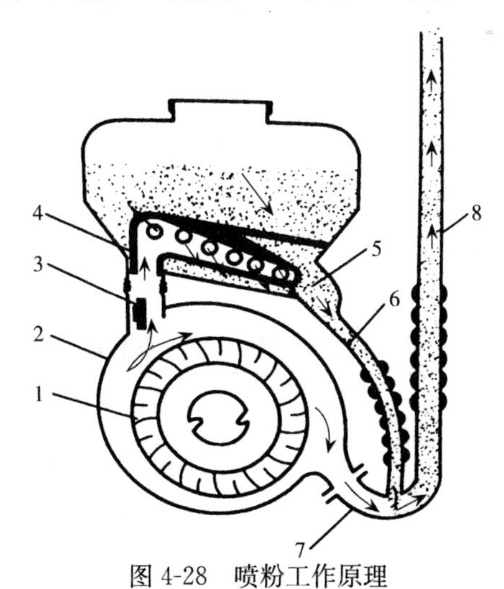

图 4-28 喷粉工作原理

1. 叶轮 2. 风机 3. 进风阀门 4. 吹粉管 5. 粉门 6. 输粉管 7. 弯头 8. 喷管

1. 机架总成

包括机架、减震装置、背带和背垫等部件。机架的下部固定汽油机和离心风机，上部安装药液箱和燃油箱，前面装有背带和背垫。

2. 汽油发动机

提供作业时所需要的动力。

3. 药箱

药箱只需更换少许零件就可盛放药剂和粉剂，喷雾时药箱内应设有滤网、进气软管和进气塞。喷粉时药箱内只有吹风管。

4. 离心机

离心机的作用是在汽油机的带动下产生喷雾和喷粉时所需要的高压、高速气流，离心机工作转速较高，在风机进风口要装进风网罩，以防止异物吸入风机内。

5. 喷管组件

用来输风、输药液和输粉流。喷雾时喷射部件由喷管组件、输液管和喷雾喷头组成。喷粉时，卸下喷雾喷射部件，换装由喷粉管组件和喷粉头组成的喷粉装置。

6. 配套动力

一般是结构紧凑、体积小、转速高的二冲程汽油机。

（二）背负式机动喷雾喷粉机的主要技术参数

表 4-11 列举了几种常见型号背负式机动喷雾喷粉机的主要技术参数。

表 4-11　背负式机动喷雾喷粉机的主要技术参数

产品型号		3WF-11	3WF-14	3WF-14
外形尺寸，mm		380×555×680	540×470×700	380×555×680
整机净质量，kg		11.5	14	11
配套动力	类型	单缸二冲程汽油机	单缸二冲程汽油机	单缸二冲程汽油机
	规格型号	1E40F	1E54F	1E40FG
	标定功率，kW	1.18	3.3	2.13

（续）

产品型号	3WF-11	3WF-14	3WF-14
风机额定转速，r/min	5 000	6 500	7 500
药液箱容量，L	11	14	14
启动方式	反冲启动或拉绳启动	反冲启动	反冲启动

（三）背负式机动喷雾喷粉机的适用范围

适用于较大面积的作物病虫害防治，以及化学除草、叶面施肥、喷洒植物生长调节剂等作业。

八、喷杆式喷雾机

（一）喷杆式喷雾机的种类

喷杆式喷雾机按与拖拉机的连接方式分为：悬挂式（通过拖拉机三点悬挂装置与拖拉机连接）（图 4-29）、牵引式（自身带有底盘和行走轮，通过牵引杆和拖拉机相连）、固定式（各部件分别固定装在拖拉机上）（图 4-30）三种。按照喷杆的形式可以分为横喷杆、吊喷杆和气袋式 3 种。横喷杆式的喷杆水平配置，喷头直接装在喷杆下部，是常用机型。

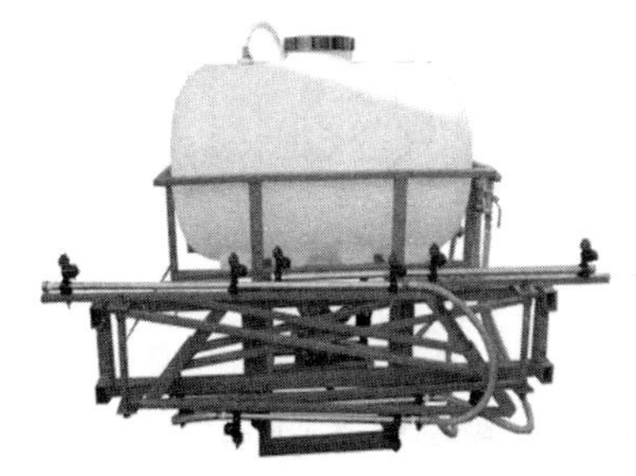

图 4-29　悬挂式喷杆喷雾机

图 4-30　固定式喷杆喷雾机

（二）喷杆式喷雾机的产品特点

喷杆式喷雾机加水加药时，吸水头放入水源，水源处的水经过过滤器进入泵内，泵排出的水经总开关的回液管机搅拌管路进入药液箱，与此同时，可将农药按一定比例加入药液箱，利用加水过程进行搅拌。喷雾时，一部分药液经过滤器进入泵内，由泵加压后分配到喷杆并经喷头喷出，另一部分药液分流至搅拌器，对药液箱内的药液进行搅拌，剩余药液经调压阀的回液管流回药液箱。喷杆式喷雾机主要工作部件包括：液泵、药液箱、喷射部件、搅拌器、喷杆架和管路控制部件等（图 4-31）。

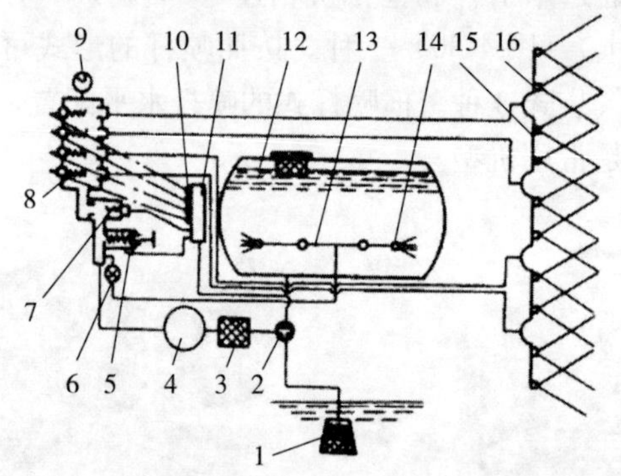

图 4-31　牵引式喷杆喷雾机工作原理

1. 吸水头　2. 三通开关　3. 过滤器　4. 隔膜泵　5. 调压阀　6. 节流阀　7. 总开关　8. 分段控制开关　9. 压力表　10. 阻尼阀　11. 总回水管　12. 药液箱　13. 搅拌器　14. 搅拌喷头　15. 喷杆　16. 喷头

1. 液泵

有活塞隔膜泵和滚子泵两种。隔膜泵是通过改变隔膜和泵盖所构成的泵腔容器来完成吸液和排液的。滚子泵靠离心力而紧贴泵体工作，是低压泵。

2. 药液箱

药液箱上方设有加液口和滤网，下方设有出液口，药箱内装有搅拌器，有些喷杆喷雾机没有液泵，而是用拖拉机上的气泵向药液箱内充气，使药液得到压力，此种机具的药液箱不仅要有足够的强度，还要有良好的密封性。

3. 喷射部件

喷射部件主要由喷头、防滴装置和喷杆架组成。喷洒装置大多做成折叠式，减少运输状态的幅宽。喷嘴的选择主要取决于喷洒的药液、施药量、喷雾形状及雾滴大小等。圆锥形喷头推荐用于杀虫剂和杀菌剂的叶丛喷雾，而扇形喷头适于地表处理。为了减少漂移，喷洒除草剂时压力较低，需要有一个防护器来保护作物。防滴装置是为消除停喷时药液在残压作用下沿喷头滴漏而造成药害。

4. 管路控制部件

管路控制部件一般是由调压阀（调整、设定喷雾压力）、安全阀（把管路压力限定在一个安全值以内）、截流阀（开启或关闭喷头喷雾作业）、分配阀（药液均匀地分配到各节喷杆）和压力表（显示管路压力）组成。

（三）喷杆式喷雾机的主要技术参数

表 4-12 列举了几种常见型号喷杆式喷雾机的主要技术参数。

表 4-12　喷杆式喷雾机的主要技术参数

产品型号	3WP-300	3WP-3000	3WP-1000
结构类型	自走式	牵引式	悬挂式
运输状态外形尺寸，mm	3 560×2 500×2 450	5 100×3 000×2 700	2 400×1 650×3 050
药箱容量，L	300	3 000	1 000
喷雾工作压力，MPa	0.2～0.4	0.3～0.5	0.2～0.4
喷杆喷幅，m	6	21	18

（续）

产品型号		3WP-300	3WP-3000	3WP-1000
结构类型		自走式	牵引式	悬挂式
配套泵	名称	隔膜泵	隔膜泵	隔膜泵
	工作压力，MPa	2.5	0.3～0.5	≤3.0
	流量，L/min	40	185	120
	转速，r/min	540	540	550～600
配套喷头	类型	扇形	扇形	扇形
	数量，个	12	42	36
	雾锥角，度	110	110	110
	喷量，L/min	0.75	1.55	1.18
	间隔，mm	500	500	500

（四）喷杆式喷雾机的适用范围

适用于大田作物大面积使用的植保机具，可以喷洒农药、肥料。适用于小麦作物的播前、苗前土壤处理，作物生长前期病虫草害的防治。

九、水泵

（一）水泵的种类

水泵是灌溉系统的主要工作部件，是输送液体或使液体增压的机械。分容积泵和叶片泵，农业水泵主要是以叶片泵为主。叶片泵又有离心泵、轴流泵和混流泵三种。

（二）水泵的产品特点

1. 离心泵

流量较小而扬程较高，是农业上使用最广的一种水泵。离心泵一般是安装在离水源水面有一定高度的地方，工作时分先把水吸上来再把水压出去两个过程。水沿离心泵的轴向吸入，垂直于轴向流出。

2. 轴流泵

流量大而扬程较低。目前农业上使用的轴流泵大多是立式轴流泵，即泵轴与水平面垂直。轴流泵的工作原理主要是利用叶轮在旋转时叶片对水产生推力，使水从低处向高处流动。水沿叶轮的轴向吸入、轴向流出。

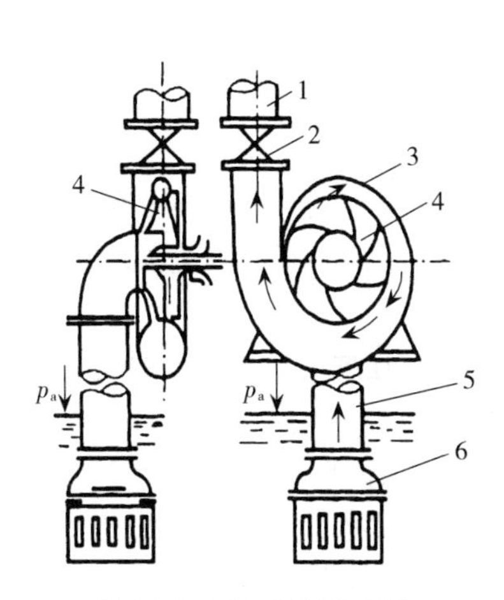

图 4-32　离心泵结构示意
1. 排出管路　2. 排出阀　3. 泵体
4. 叶轮　5. 吸入管路　6. 底阀

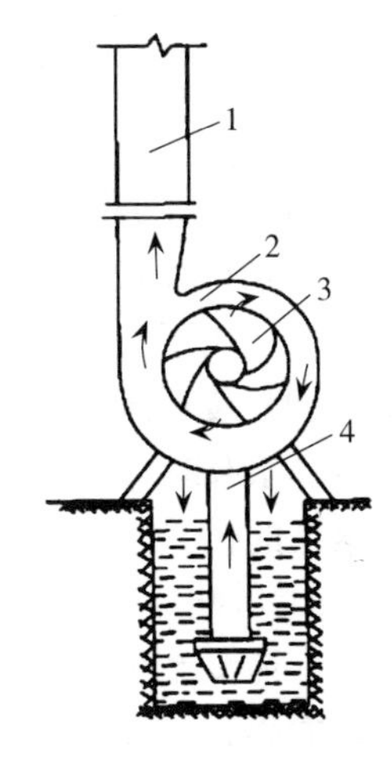

图 4-33　轴流泵结构示意
1. 排出管　2. 泵体
3. 叶轮　4. 吸入管

3. 混流泵

介于离心泵和轴流泵之间的一种水泵，吸收了离心泵和轴流泵的优点，当叶轮旋转时，对水既具有离心力，也具有升力。分蜗壳式混流泵和导叶式混流泵。

4. 潜水泵

由立式电动机和水泵（离心泵、轴流泵和混流泵）组成的提水机械。整个机组潜入水中工作。电动机装在叶轮的下面，叶轮装在电机轴的延伸端部。潜水电泵是潜入水中工作，因而不需要向叶轮里面灌引水，操作简单。

（三）水泵的主要技术参数

表 4-13 列举了几种常见型号水泵的主要技术参数。

表 4-13　水泵的主要技术参数

产品型号	200S-42	400ZLB-2.5	150QJ20-54/9
结构类型	离心泵	轴流泵	潜水泵
流量，m^3/h	288	1 080	20
扬程，m	42	2.5	43～65
功率，kW	40.2	9.2	5.5

（四）水泵的适用范围

离心泵扬程较高，适用于山区和井灌区。轴流泵出水量大但扬程不高，适用于平原地区。潜水泵介于离心泵和轴流泵之间，适用于平原和丘陵地区。

选择水泵时，在确定水泵类型后，还要考虑其经济性能，特别要注意水泵的扬程、流量和配套动力的选择。应注意水泵的扬程损失10%～20%，配套动力也可略大于水泵所需功率，一般高出10%为宜。

地面灌溉系统主要使用离心泵，喷灌系统主要使用潜水电泵。因篇幅有限，后续章节主要介绍离心泵和潜水电泵。

十、喷灌系统

（一）喷灌系统的种类

喷灌分为固定式、移动式和半固定式喷灌系统三种。其中半固定式喷灌系统适用于大面积喷灌工程建设，目前得到广泛使用。主要分为中心支轴式（图 4-34）、平移式（图 4-35）、绞盘式（图 4-36）和滚移式（图 4-37）喷灌机等。

图 4-34　中心支轴式喷灌机

图 4-35　平移式喷灌机

图 4-36　绞盘式喷灌机　　　　图 4-37　滚移式喷灌机

1. 中心支轴式喷灌机

又称时针式喷灌机、圆形喷灌机，其水源设在地块中心，是将喷灌机的转动支轴固定在灌溉面积中心，绕中心轴旋转的多支点大型喷灌机。其输水管路可长达数百米，由多个塔架支撑或悬吊。塔架下设有轮子或其他运动部件，由电力或水力驱动，各绕支轴做同心圆运动。多采用中压喷头，射程较近，受风影响小。但其灌溉面积为圆形，四个地角不易灌溉，耗能较多，运行费用较高。

2. 平移式喷灌机

又称连续直线自走式喷灌机，要求喷灌机轴线（即输水管轴线）平行地向前移动，在两台中心支轴式喷灌机中心支轴处以中央控制塔车代之并呈反对称组装而成的。支管支撑在自走式塔架上或行走轮上，作业时动力机带动各行走轮同步滚动，支管在田间做横向平移，由垂直于支管的干管上的给水栓供水。喷洒面积为矩形，适用于长方形地块的喷灌。但爬坡能力较低，导向难度大，供水系统难度增大。

3. 绞盘式喷灌机

以软管供水，以绞盘牵引方式前进，使用远射程喷头。工作时，先用拖拉机将装有动力机和绞盘的绞盘车牵引到地头固定好，再将带有远射程喷头的喷头车牵引到地块的另一头，在喷头车向另一头前行过程中，绞盘车上的软管逐渐被放出来，铺在地上。一切准备好后，接通水源，绞盘便在水力驱动装置带动下缓慢转动。收卷软管，喷头车一边前进一边进行喷洒作业。

4. 滚移式喷灌机

结构简单，易于操作，对不同水源条件都适用；爬坡能力较强，运行可靠，损毁作物面积小，投资小。但不能喷灌植株较高的作物。

（二）喷灌系统的产品特点

喷灌系统一般是由灌溉水源、动力首部、管道组网与终端喷头四部分组成。

水源可以是田间灌溉机井、河流、水库等。动力首部是从水源进行取水，并对源头水进行外压处理的装备系统，也可以在取水的同时将肥料同时注入（水肥耦合一体化设备），可以是电动机、汽油机或柴油机。管网是将首部加压的压力水输送分配至喷洒装置，管路系统能够承受系统压力并通过水所需要的流量。喷头是把具有压力的水流分散成细小的水滴，并均匀地喷洒在地面农作物上的喷灌专用设备。

喷头将压力水喷射到空中，散成细小水滴，均匀地洒在田间。其结构形式、性能特点和布置方式直接影响喷灌质量。喷头按工作压力不同可分为低压喷头（近射程喷头，工作压力为10～30N/cm^2，射程为5～10m）、中压喷头（中射程喷头，工作压力为30～50N/cm^2，射程为20～45m）和高压喷头（远射程喷头，工作压力大于50N/cm^2，射程大于45m）。其射出水流的形式可分为固定式和旋转式。固定式是在喷射过程中，喷头的所有部件都固定不动，而水流呈全圆或扇形向四周喷洒。旋转式是在喷灌过程中，喷头由旋转机构驱动缓慢转动，使水均匀地喷洒在田间，形成一个半径等于射程的圆形或扇形喷灌面积。旋转式又分为摇臂式、反作用式等。目前使用最多的是摇臂式的中压喷头。

（三）喷灌系统的主要技术参数

以下列举了几种常见型号大型喷灌机的主要技术参数（表4-14）。

表 4-14 大型喷灌机的主要技术参数

产品型号		DYP-327	DPP-225	DYP-315
结构类型		中心支轴式	电动平移式	中心支轴式
配套水泵	流量，m^3/h	80～150	25～75	25～75
	扬程，m	25	40～80	40～80
整机长度，m		327	225	315
入机流量范围，m^3/h		80～150	40～80	80～150
工作压力范围，MPa		0.20～0.35	0.20～0.35	0.15～0.3
塔架数量（跨数），个		5	4	6
喷射装置	型号、类型	D3000	D3000、折射式	D3000、低压折射
	流量，m^3/h	0.12～3.6	0.4～1.6	0.024～2.02
	压力，MPa	0.08～0.28	0.14～0.27	0.15～0.30
	射程，m	9	3～9	3～6
	数量，个	141	90	125
	距地面高度，m	1.0～2.0	1.1～2.0	1.1～1.3
电机减速器	型号名称	康明斯、UMC标准速度电机	WT17-15-43	一减电机齿轮箱
	额定功率，kW	0.55	0.88～1.1	1.5hp
	额定转速，r/min	35	43	40：1
塔架车	类型	角钢支撑	角钢支撑	双轮“V”形塔式
	行走速度，m/min	2.7	0.83～2.77	0.35～2.75
行走轮	形式	充气橡胶轮胎	胶轮充气式	胶轮
	轮胎型号	14.9～24	14.9～24	14.9～24
	轮胎外直径，mm	1 250	1 250	1 250
桁架	类型	拱形	拱形	悬架
	长度（跨距），m	61	50	50

（续）

主输水管	外径，mm	168	159	159
	壁厚，mm	3.0	3.0	3.0
水量分布均匀性，%		≥80	≥85	≥85
灌水深度，mm		5～60	5～15	5.21～52.1
作业小时生产率，$hm^2 \cdot mm/h$		≥8	≥9.5	≥20
单位能源消耗量，$kW \cdot h/(hm^2 \cdot mm)$		≤1.4	≤0.7	≤1.4

（四）喷灌系统的适用范围

大型喷灌机控制面积较大，多适用于地势平坦的平原地区。

第三节　田间管理机具的安全操作

小麦田间管理涉及多个作业过程，都要求操作人员既要熟悉机器安全操作的规范流程，也要掌握安全注意事项，从人员素质、安全防护、日常维护等方面严格遵守安全操作规程，保证田间管理作业的安全进行。下面主要从安全作业注意事项、安全标志和安全操作规程三方面介绍。

一、镇压器

（一）安全注意事项

（1）操作人员必须取得合法驾驶拖拉机的资格，认真阅读使用说明书，对机具使用特点、操作方法熟悉后方可进行作业。严禁未满 18 岁的青少年、未参加拖拉机驾驶员培训、酒后、带病或过度疲劳人员操作。

（2）对镇压器进行调试、保养、清理时必须在停车后进行。

（二）安全标志

表 4-15　镇压器安全标志及相关要求

标志类别		标志图样	粘贴位置及主要作用
警告标识	1	警 告 机具作业时不得打开或拆下防护罩	此标志为橙色，表示警告； 位于防护罩明显位置，警示用户在机具作业时不得打开或拆下防护罩，避免转动部件伤害身体，发生意外
注意标识	1	机具作业时严禁倒退或转弯	此标志为黄色，表示注意； 位于驾驶员可见的镇压器机架上，提醒机具在作业时，严禁倒退或转弯，避免造成意外伤害
	2	注 意 使用前请务必熟读使用说明书	此标志为黄色，表示注意； 位于机具明显位置，提醒用户在使用本机前仔细阅读说明书，了解正确操作和维修规程，以便对机具正确的使用、维护、保养及维修，避免造成意外伤害

（三）安全操作规程

镇压器每班工作前应检查螺栓是否松动，各部位转动是否正常。作业时，镇压轮及各传动部位必须清洁，不许混入杂物，以免堵塞和缠绕。

二、中耕追肥机

（一）安全注意事项

（1）发动机运转时不准进行皮带调整，不准接触消声器。严禁使用离合器控制速度。

（2）刀具运转时，严禁靠近作业刀具。使用倒挡时要特别注意脚下，避免伤及身体。

（3）机具应根据当地的实际情况控制施肥量及施肥位置，以防烧苗。工作中应减少不必要的停车，以减少化肥的堆积或断垄。当需添加肥料时，应先检查肥料箱内有无杂物，以防堵塞。

（4）使用过程中如有异常，应立即停车检查。

（二）安全标志

中耕追肥机安全标志及相关要求如表4-16所示。

表4-16　中耕追肥机安全标志及相关要求

标志类别		标志图样	粘贴位置及主要作用
危险标识	1	危险 加油时应关闭发动机，如不遵守会有发生火灾或爆炸的危险	此标志为红色，表示危险； 位于油箱处，警告燃油箱易燃，任何火源应远离燃油箱，避免导致人身伤亡事故发生
警告标识	1	警告 远离旋转刀片；身体触及旋转刀片将造成伤害	此标志为橙色，表示警告； 位于安全护板上，警示机器工作时，请远离旋转刀片，避免身体接触运动中的旋转刀片发生意外

（续）

标志类别		标志图样	粘贴位置及主要作用
注意标识	1	注 意 使用前请务必熟读使用说明书	此标志为黄色，表示注意； 位于机具明显位置，提醒用户在使用本机前仔细阅读说明书，了解正确操作和维修规程，以便对机具正确地使用、维护、保养及维修，避免造成意外伤害
	2	机器维护调整、保养时，必须切断动力，并可靠支撑，避免挤压或冲击危险	此标志为黄色，表示注意； 位于机具明显部位，机器维护、保养时，必须切断动力，并可靠支撑，避免挤压或冲击危险

（三）安全操作规程

1. 作业前

（1）工作前检查传动各部分是否转动灵活、各紧固件是否有松动，有无冷却水（风冷发动机不需检查），耕作部件有无损坏并正确安装。

（2）试机前检查及汽油机磨合。检查主齿轮箱、耕耘部链箱、汽油机齿轮箱是否按规定加注润滑油。检查刀具、回转轴及各传动件是否紧固。各控制杆操作是否灵活并置空挡。主离合器能否分离有效。

2. 作业中

换挡时为安全起见，应切断主离合器后再换挡。根据作业条件及当地农艺要求，确定适宜的工作深度与前进速度。

三、背负式手动喷雾器

（一）安全注意事项

（1）在风速大于4m/s、降雨和气温超过32℃的条件下，不应进行农药喷洒作业。低量喷雾时，风速应小于 2m/s。操作人员应带好手套、口罩、防护眼镜，穿好防护服等。

（2）禁止使用特殊工作液。应按照农药使用说明书规定配制药液。乳剂农药先放清水，再加原液至规定浓度，搅拌后使用（图 4-38）。可湿性粉剂农药先将药粉调成糊状，后加清水搅拌后使用（图 4-39）。

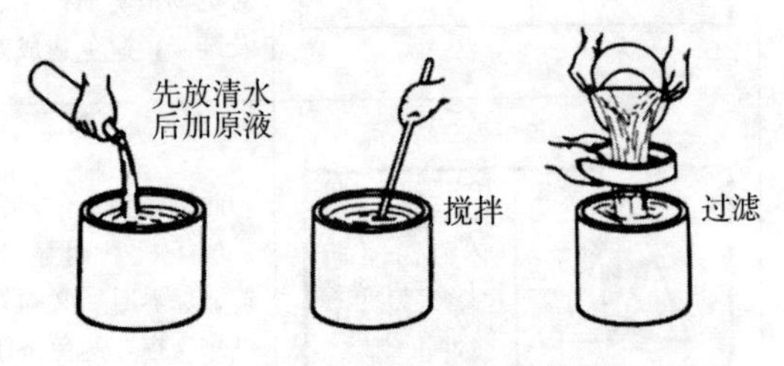

图 4-38　乳剂农药配置方法

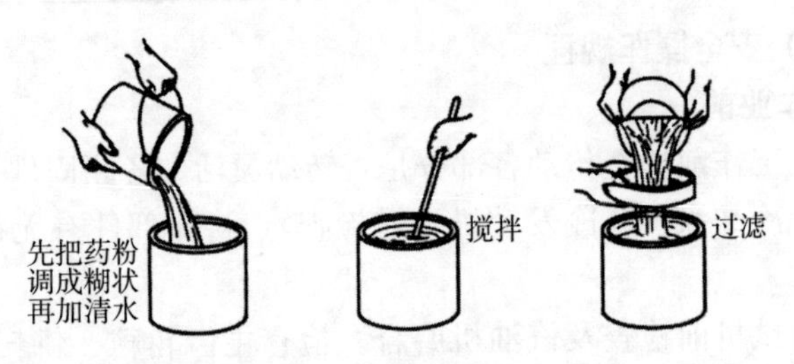

图 4-39　可湿性粉剂农药配置方法

（3）向药液桶内加注药液时，应将开关关闭，并用滤网过滤。加注药液不得超过桶壁上所示水位线位置。加注药液后，应盖紧桶盖，以免作业时渗漏。

（4）在工作状态，即空气室内有压力时，严禁旋松或调整喷射部件的任何接头，以免药液泄漏。作业中若发现机器运转不正常，应立即停机检查。

（5）喷雾作业中不可过分弯腰，以防药液从药液箱溢出流到身上。严禁吸烟和饮食，以防中毒。施药后应在田边插入喷药的警示标记。

（二）安全标志

背负式手动喷雾器安全标志及相关要求如表 4-17 所示。

表 4-17　背负式手动喷雾器安全标志及相关要求

标志类别		标志图样	粘贴位置及主要作用
警告标识	1	警　告 机器工作时，不得将喷管喷口对着人、动物、电气（器）设备	此标志为橙色，表示警告； 位于喷管上，警示机器在工作时，操作者不得将喷口对着人、动物、电气设备，避免发生意外
注意标识	1	注　意 ○使用前请详细阅读使用说明书 ○使用中注意穿戴安全防护用具 ○使用后应将手清洗干净	此标志为黄色，表示注意； 位于药箱盖上，提醒操作者引起注意，避免造成意外伤害

（三）安全操作规程

1. 作业前

（1）作业前检查各部分零件是否齐全、完好，各接头处的垫圈是否完好，然后将各零件进行连接、拧紧，防止漏水漏气，并在轴转动处加注适量润滑油。

（2）用清水进行试喷。检查连接部件有无漏水，喷雾质量是否符合要求。

2. 作业中

（1）作业时　桶盖上的通气孔应保持畅通，以免药液桶内形成真空，影响药液的排出。施药时喷头距离作物一般应为 30～40cm。

（2）喷洒药液时　操作人员走向应与风向垂直，作业顺序应从整个地块下风侧的一边开始，如有偏斜，风向和走向的夹角不能小于 45°，绝不能顶风作业。喷洒作业行走路线应为各行侧喷，即喷完第一行后，喷第二行，应行走在第二行和第三行之间（图 4-

40）。多台机具同时喷洒作业时，应采取梯形前进，下风侧的人先喷。

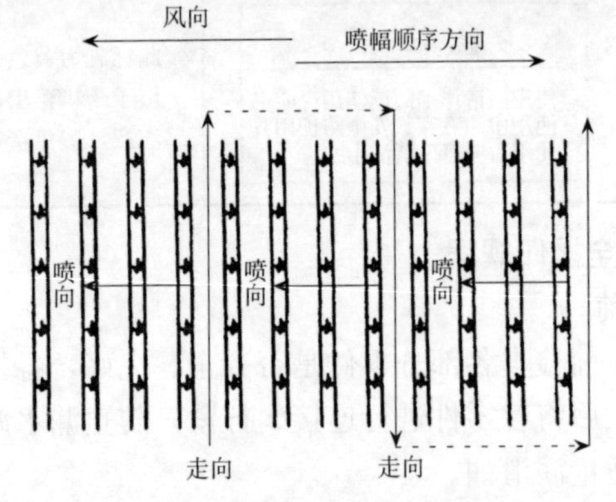

图 4-40　田间作业行走路线

（3）背负作业时　先掀动摇杆数次，使空气室内的气压达到工作压力后再打开开关，边喷雾边操纵摇杆。当掀动摇杆感到沉重时，不能过分用力，以免造成空气室爆炸、损坏机件。当空气室内的药液超过安全水位时，应立即停止掀动摇杆。

3. 作业后

（1）操作完毕后，喷雾器的内部和外表面都应该在施药地块进行彻底清洗，施药系统应采用“少量多次”的方法。凡人身与药液接触的部位均应立即用清水冲洗，再用肥皂水洗干净。

（2）农药残液或清洗喷雾器的污水，应选择安全地点妥善处理，不准随地泼洒，防止污染环境。

四、背负式动力喷雾机

（一）安全注意事项

（1）初次使用应先用清水试喷，观察各连接处有无泄漏，雾化是否良好，一切正常后方可调制药液使用。

（2）加药液不可过急过满，且需经过滤网，以防异物进入造成机械故障或堵塞喷嘴。加液后应旋紧药箱盖，以免漏液。加液可不停机，但发动机要处于怠速状态。

（3）只能用来喷洒液体，不能用来喷洒颗粒肥料等固体。工作过程中需要更换不同药液时，应先将药箱内药液排放到安全、不污染环境的地方，然后用清水清洗干净后再加入所需药液。

（二）安全标志

背负式动力喷雾机安全标志及相关要求如表 4-18 所示。

表 4-18　背负式动力喷雾机安全标志及相关要求

标志类别		标志图样	粘贴位置及主要作用
危险标识	1	危 险 加油时应关闭发动机，如不遵守会有发生火灾或爆炸的危险	此标志为红色，表示危险； 位于油箱处，警告给汽油机加油时，严禁明火，并让汽油机熄火冷却，以免引燃汽油，导致人身伤亡事故发生
警告标识	1	警 告 机器工作时，不得将喷管喷口对着人、动物、电气（器）设备	此标志为橙色，表示警告； 位于喷管上，警示机器在工作时，操作者不得将喷口对着人、动物、电气设备，避免发生意外

（续）

标志类别		标志图样	粘贴位置及主要作用
注意标识	1	▲注 意 ○使用前请详细阅读使用说明书 ○使用中注意穿戴安全防护用具 ○使用后应将手清洗干净	此标志为黄色，表示注意；位于药箱盖上，提醒操作者引起注意，避免造成意外伤害

（三）安全操作规程

1. 作业前

（1）新机器或封存的机器，首先要排除缸体内封存的机油。

（2）检查火花塞跳火情况，一般蓝火花正常，否则要进行调整。检查空气滤清器是否清洁，如不清洁，会严重影响发动机性能。

（3）检查冷却用空气通道是否畅通，如堵塞，运转时会发生过热现象。

2. 作业中

（1）启动或停机前应先低速运转3～5min。严禁急速停车，防止汽油机飞车造成零部件损坏和人身事故。

（2）将背带调整到合适的位置，调整油门开关及压力，打开手把开关，即可进行喷洒作业。作业过程中如需要暂时停止喷洒（如换行），应关上手把开关，减小油门使发动机低速运转，柱塞泵停止工作。

（3）喷洒时应采用侧向喷洒，行走要匀速，防止重喷漏喷。手把开关开启后，应立即摆动喷杆，严禁停留在一处喷洒。操作者应在上风向，喷洒部件应在下风向。前进速度与喷杆摆动速度适当配合，以防漏喷。

3. 作业后

打开排水口盖，放出残液，再将盖子旋紧。用清水清洗药液箱，然后低速喷出，以便清洗机器内部与药液接触的零部件。

五、背负式机动喷雾喷粉机

（一）安全注意事项

因喷洒药剂浓度较大，雾粒细，田间作业不当时，机具周围会形成一片雾，很容易吸入人体而引起中毒。无论是喷药还是喷粉，都应采用顺风向喷施，避免顶风作业。背机时间不要过长，在一班作业时间中应3～4人轮流交替作业。注意防中毒、防火、防机械事故发生。

（二）安全标志

背负式机动喷雾喷粉机安全标志及相关要求如表4-19所示。

表4-19　背负式机动喷雾喷粉机安全标志及相关要求

标志类别		标志图样	粘贴位置及主要作用
危险标识	1	危险 加油时应关闭发动机，如不遵守会有发生火灾或爆炸的危险	此标志为红色，表示危险； 位于油箱处，警告给汽油机加油时，严禁明火，并让汽油机熄火冷却，以免引燃汽油，导致人身伤亡事故发生
警告标识	1	警告 机器工作时，不得将喷管喷口对着人、动物、电气（器）设备	此标志为橙色，表示警告； 位于喷管上，警示机器在工作时，操作者不得将喷口对着人、动物、电气设备，避免发生意外
	2	警告 发动机在运转时会产生高温，在完全冷却前严禁触摸排气管及发动机其他部件	此标志为橙色，表示警告； 位于汽油机的排气管附近，警示汽油机热表面会烫伤人体，指示操作者在完全冷却前严禁触摸，避免发生意外

（续）

标志类别		标志图样	粘贴位置及主要作用
注意标识	1	注 意 ○使用前请详细阅读使用说明书 ○使用中注意穿戴安全防护用具 ○使用后应将手清洗干净	此标志为黄色，表示注意； 位于药箱盖上，提醒操作者引起注意，避免造成意外伤害
	2	检修时需确认发动机已停止工作且风扇不旋转，方可操作	此标志为黄色，表示注意； 位于风机叶轮防护罩处，提醒在机器工作时会对肢体造成伤害，指示操作者检修时必须确认发动机停止工作且叶轮停止旋转后方可操作，避免造成意外伤害

（三）安全操作规程

1. 作业前

（1）检查各部件安装是否正确、牢固。

（2）新机器或封存的机器首先要排除缸体内封存的机油，卸下火花塞，用左拇指堵住火花塞孔，用力拉启动器绳，将多余机油排出。

（3）检查火花塞跳火情况。一般蓝火花是正常的。

2. 作业中

（1）喷雾作业　喷药应从下风头开始，不要逆风喷药。开关开启后，随即摆动喷管，严禁停留在一处喷洒。喷洒过程中，左右摆动喷管，以增加喷幅，前进速度应与摆动速度相配合，以防漏喷。控制单位面积喷量。由于喷雾雾粒极细，不易观察喷洒情况，一般情况下，只要叶片被喷管风速吹动，证明雾点就达到了。

（2）喷粉作业　添加的粉剂应干燥，不得有杂草、杂物和结块。不停车加药时，汽油机应处于低速运转，关闭挡风板及粉门操纵把手。喷粉时，利用晚间作物表面露水进行比较好。使用长薄膜塑料管进行喷粉时，先将薄膜从摇把组装上放出，再加油门，能将长薄膜塑料管吹起来即可，不要转速过高。调整粉门喷施，前进中应随时抖动喷管以防喷管末端存粉。

六、喷杆式喷雾机

（一）安全注意事项

（1）未满16岁的少年、年满60岁的老人、孕妇、残疾人、精神病患者以及未掌握喷杆式喷雾机使用规则的人员不准单独作业。严禁操作人员酒后、带病或过度疲劳驾驶。

（2）喷杆的折叠处有挤压、剪切的危险。折叠时人应站在喷杆的外侧端头，用手抓住喷杆，慢慢送到折叠位置，切不可突然松手。

（3）喷洒时应先给动力，然后打开送液开关喷洒，停车时应先关闭送液开关，后切断动力。在地头回转过程中，动力输出轴始终应旋转，以保持喷雾液体的搅拌，但送液开关应为关闭状态。

（4）出现喷头堵塞时，应停机卸下喷嘴，用软质专用刷子清理杂物，切忌用铁丝等强行处理。

（5）机具运输或地块转移时，应切断万向节动力，并将喷杆折拢。

（6）药液箱内的残余药液不得随意排放。及时冲洗药箱、喷药管道等。

（二）安全标志

喷杆式喷雾机安全标志见表4-20。

表4-20 喷杆式喷雾机安全标志及相关要求

标志类别		标志图样	粘贴位置及主要作用
危险标识	1	危险 ○传动有缠绕危险 ○作业时不得打开或拆下安全防护罩 ○请与机器的转动部件保持安全距离	此标志为红色，表示危险； 位于动力输入轴防护罩上，警告用户有缠绕危险，请远离机器，避免导致人身伤亡事故发生

（续）

标志类别		标志图样	粘贴位置及主要作用
警告标识	1	警 告 ○有跌落危险 ○机器工作时不得站立或乘坐在机器上	此标志为橙色，表示警告； 位于药箱前部，警示用户禁止在机器上站立、乘坐，避免机器在作业过程中发生意外
	2	警 告 ○高地隙喷雾机有触电危险 ○与电源线保持安全距离 ○运输时机器将喷杆折叠到运输位置并插上锁销	此标志为橙色，表示警告； 位于药箱前部，警示用户不要在接近电线杆的位置操作喷雾机，运输时机器将喷杆折叠到运输位置并插上锁销，避免有电发生意外
	3	警 告 ○有挤压剪切危险 ○请与机器保持安全距离	此标志为橙色，表示警告； 位于药箱两侧或喷杆折叠处，警示用户有挤压和剪切危险，请与机器保持安全距离，禁止进入喷杆的折叠处，避免发生意外
注意标识	1	注 意 ○进行保养和维修前，发动机应熄火并拔下钥匙 ○提升杆控制机构工作时，远离拉杆提升区 ○作业时穿戴口罩、手套和防护服装 ○除检修外，不得进入药箱 ○处理农药时遵守农药制造商的提示 ○工作完毕后用清洗水壶中的水洗手	此标志为黄色，表示注意； 位于药箱前部，提醒操作者引起注意，避免造成意外伤害

（三）安全操作规程

1. 作业前

（1）安装及整机检查　悬挂式喷雾机，要了解药箱规格、连接点的高度、喷杆高度和宽度等。牵引式喷雾机，要了解拖拉机动力输出轴与牵引杆的连接方式和长度、轮距和药箱装水后的牵引重量。喷杆安装高度要适当，过低易受地形影响漏喷，过高易受风的影响喷药不均。喷雾机与拖拉机连接时，要细致检查各连接处的紧固状态。在安装前要将药箱和喷杆管路中杂物清除干净。

（2）行驶前检查　自走式喷雾机在道路、田间行驶时，要遵守交通规则，注意道路是否满足机具的尺寸。检查灯光、喇叭、刹车和紧急制动等功能。保证喷杆处于折叠状态，并可靠锁紧。机具作业前需鸣笛警示。

2. 作业中

（1）作业过程中　严禁无关人员攀爬站立在机器上且不要站在喷杆摆动的范围内。

（2）作业前　应先试喷，确定喷雾压力，根据路况和地况调整行驶速度，不宜过快。应尽量避免急刹车，以免药液箱中的水涌动导致机器不稳。在运输、行进过程中，要注意避开行人、电缆及其他障碍物。不能雨天长时间停在高压线或大树下面，有发生雷电的危险（图 4-41）。

图 4-41　防雷电危险示意

（3）作业前要先丈量好土地，做好田间设计　地头要留枕地线，待全田喷完再横喷地头。从上一行程转入下一行程作业时，驾驶员应注意对准交接行，以防漏喷或重喷。根据每个往返面积确定加药量和加水量，尽量做到定点、定量加药加水。

（4）将喷杆展开，调整喷杆　使其平行于地面，喷雾压力、油门、车速要保持稳定。

（5）加水加药时　应先将机具调整为运输状态。

七、离心泵

（一）安全注意事项

若离心泵出现轴承温度过高、异响等异常情况，应立即先停机再做检查。停机前应先关闭出水管上的闸阀，防止发生倒流。经常清理拦污栅和进水池中漂浮物，以防堵塞进水口。

（二）安全标志

离心泵安全标志及相关要求如表 4-21 所示。

表 4-21　离心泵安全标志及相关要求

标志类别		标志图样	粘贴位置及主要作用
危险标识	1	危险 检修机器或电器工作时防止触电	此标志为红色，表示危险； 位于水泵电机上，警告工作人员等此处有电请远离，当心触电危险

（三）安全操作规程

1. 作业前

用手慢慢转动联轴器或带轮，观察水泵转动是否灵活、平稳、有无异响，轴承运转是否正常，皮带松紧是否合适等。检查所有螺丝、螺钉有无松动，必要时进行紧固。检查水泵转向是否正确。正常工作前可先开车检查，如转向相反，应及时停车。需灌引水启动的水泵，应先灌引水。离心泵应关闭闸阀启动，以减小启动负荷。启动后及时打开闸阀。

2. 作业中

检查电流表、电压表、真空表、压力表等工作是否正常，有无读数不正常或指针剧烈跳动情况。经常检查轴承温度是否正常。一般情况下轴承温度不应该超过 70℃，通常手试感觉不烫为宜。检查密封填料松紧度。一般情况下，填料的松紧度以渗水 12～35 滴/min 为宜。随时注意机器运转是否有异响、异常振动、出水减少等情况。当进入池水位下降后，应随时注意进水管口淹没深度是否够用，防止进水口附近产生漩涡。

八、潜水电泵

（一）安全注意事项

（1）搬运潜水电泵时要轻拿轻放，避免碰撞，防止损坏零部件。不得用力拉电缆，以防止磨破。

（2）潜水电泵必须与保护开关配套使用。若没有保护开关，则应在三相闸刀开关处装以电机额定电流 2 倍的熔断丝，绝对不能用铅丝甚至铜丝代替，以防烧坏电机绕组。

（3）检查电泵时必须切断电源（图 4-42）。

图 4-42　防触电危险示意

（4）潜水泵不可脱水运转，如果需要在陆地上试机，运转时间不得超过 5min。工作时不得在附近洗涤物品、游泳或放牲畜下水，以免发生触电事故。潜水电泵不易频繁开关，否则将影响使用寿命。

（二）安全标志

潜水电泵安全标志及相关要求如表 4-22 所示。

表 4-22　潜水电泵安全标志及相关要求

标志类别		标志图样	粘贴位置及主要作用
危险标识	1	危险 检修机器或电器 工作时防止触电	此标志为红色，表示危险； 位于水泵电机上，警告工作人员等此处有电请远离，当心触电危险

（续）

标志类别		标志图样	粘贴位置及主要作用
注意标识	1	▲注 意 使用前请务必熟读使用说明书	此标志为黄色，表示注意； 位于机具明显位置，提醒用户在使用本机前仔细阅读说明书，了解正确操作和维修规程，以便对机具正确地使用、维护、保养及维修，避免造成意外伤害

（三）安全操作规程

1. 作业前

（1）因电泵的电缆箱要浸入水下工作，如有破裂折断易造成触电事故。在使用前应检查电缆线有无破裂、折断现象。

（2）检查电缆接线处、密封室加油螺钉处的密封及密封处的“O”形环等处有无漏油。

（3）检查有无可靠的接地措施。

2. 作业中

（1）安装潜水电泵时泵深一般为0.5～3m，视水深及水面变动情况而定。水面较大，抽水中水面高度变化不大，可适当浅些，以1m左右为佳。水面不大而较深，工作中水面下降较多则可适当深些，但一般不超过3～4m。

（2）潜水电泵安装完毕应通电观察出水情况。若出水量小或不出水则可能是转向有误，应任意调换两相接线头。

（3）在杂草、杂物多的地方使用潜水电泵时，外面要用大竹篮或建拦污栅，防止杂物堵住潜水电泵的格栅网孔。

（4）潜水电泵运行时必须潜入水中，且不宜过于频繁开停，每小时启动次数一般不多于6次，且每次再启动应在停机5min后进行。

九、喷灌系统

（一）安全注意事项

（1）将喷架支撑在地面时，喷架接头端面应尽量先安置平稳，以便喷头转动均匀，后固定喷架。检查喷头和转向机构转动是否灵活，拉开摇臂看其松紧是否合适，并在转动部位加注适量机油，然后将快速接头擦拭干净连接好。

（2）启动前，检查各部件连接处的螺栓紧固情况。检查各部件是否有漏装、错装情况。检查泵轴旋转方向是否正确，转动是否均匀，有无卡住、异响等。检查电机减速器旋转方向是否一致。检查轮胎的充气情况和减速器的加油情况。

（3）停机时，应先停喷灌机，后断电源，最后停水。喷灌机若喷洒农药、化肥后，应用清水清洗管道。

（二）安全标志

喷灌机安全标志及相关要求如表 4-23 所示。

表 4-23　喷灌机安全标志及相关要求

标志类别		标志图样	粘贴位置及主要作用
危险标识	1	危 险 检修机器或电器工作时防止触电	此标志为红色，表示危险； 位于配电箱上，警告工作人员等此处有电请远离，当心触电危险
注意标识	1	当心机械伤人	此标志为黄色，表示注意； 位于减速机处，提醒工作人员减速机处危险，当心伤人
	2	注 意 使用前请务必熟读使用说明书	此标志为黄色，表示注意； 位于机具明显位置，提醒用户在使用本机前仔细阅读说明书，了解正确操作和维修规程，以便对机具正确的使用、维护、保养及维修，避免造成意外伤害

（三）安全操作规程

1. 作业前

（1）采用三角皮带传动时，动力机主轴和水泵必须平行，皮带轮要对齐，中心距不得小于两皮带轮直径之和的2倍。当水泵和动力机相连时，应配共同底盘，采用爪型弹性联轴器，并注意动力机轴和水泵轴的同心度。

（2）水泵安装高度（以吸水池水面为基准）应低于允许上吸高度1～2m。作业位置的土质应坚实，以防崩塌或陷入地面。

（3）进水管路的安装要特别注意防漏气。滤网应淹没水下30cm左右，并与池底、池壁保持一定距离。铺设出水管道时，软管应避免与石子、树木等物体摩擦，避免车轮碾压和行人践踏。管道在移动时，软管应卷成盘状搬动，硬管应拆成单节搬运。管道应避免暴晒和雨淋。

2. 作业中

（1）喷灌机工作温度应在4℃以上，风力在4级以下。

（2）如水泵启动3min未出水，运行中出现杂音、振动、水量下降等异常情况应停机检查。注意轴承温升不可超过75℃。检查电机运转有无异常，电压变化是否过大。检查有无漏水、漏油等情况。

（3）注意观察喷头转动有无不均、过快或过慢甚至不转动现象。应尽量避免引用泥沙含量过多的水进行喷灌。

第四节　田间管理机具的使用与调整

一、镇压器

镇压轮主要通过增加或减少主轴两端的销孔垫片数量来实现松紧调整。

二、中耕追肥机

1. 三角皮带的调整

通过移动柴油机在机架的前后位置，来改变皮带的松紧程度。过松时，柴油机往前移，过紧时，柴油机往后移。检查皮带的松紧程度，用 4 个手指中部下压，皮带被压下 15mm 左右为适，见图 4-43。

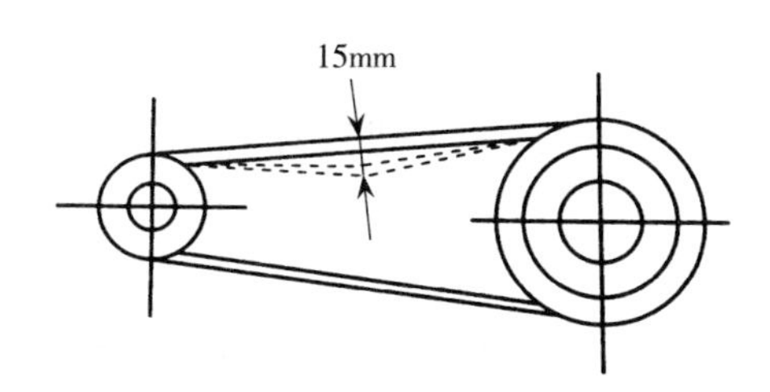

图 4-43　皮带松紧程度检查示意

2. 工作速度与前进速度的调整

整地、松土作业时，耕耘部变速杆应选择低速挡，以增加回转轴扭力，前进速度可根据工作深度适当选择。驱动轮应选配两轮驱动，轮距宽度应小于或等于刀具耕宽。开沟、培土、覆土作业时，耕耘箱变速杆应选择高速挡，以提高回转轴转速，提高培土效果，驱动轮选择低速挡。两侧覆盖则根据覆土要求，配合油门大小做最佳调整。

三、背负式手动喷雾器

一般情况下，企业会对背负式手动喷雾器同时配有圆锥雾喷头、扇形雾喷头、双喷头等，根据作物的种类、生长时期、病虫害的种类和亩施药液量，确定喷杆和喷头。

拆箱后，将摇杆插进药箱底上的孔内，将连杆与泵筒盖连接，再与摇杆连接，用销子固定，最后将胶管连接到空气室的出水孔上，接上开关、喷杆、喷头。

装配后首先应掀动摇杆，检查吸气与排气是否正常。如果手感到有压力，且有喷气声音，说明泵筒完好，在皮碗上加几滴机油即可使用。反之，说明皮碗已收缩变硬，应取出皮碗，放在机油或动物油中浸泡，待胀软后再使用。

四、背负式动力喷雾机

该机具需要用户自行安装的只有喷射部件。喷射部件的安装是将喷头与直喷杆、开关、胶管连接好，在各连接件中间必须加密封垫圈，保证密封。安装完后将喷射部件安装到泵出水口。

在出厂前泵内均已注入清洁机油，第一次使用 20h 后，应更换机油。更换时，向泵内注入 30 号以上清洁机油，到油窗一半为宜。

压力调整：松开锁紧旋钮，通过旋转调压手柄来调整压力。顺时针旋转手柄压力增大，逆时针旋转手柄压力减小，在高速时的调整范围为 1.2～2.5MPa，见图 4-44。

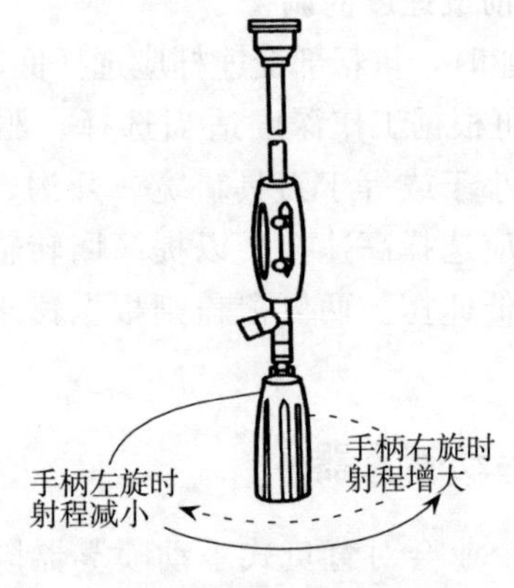

图 4-44　压力调整示意

五、背负式机动喷雾喷粉机

1. 汽油机转速调整

机具经修理或拆卸后需要重新调整汽油机转速（图 4-45）。油门为硬连接的调整方法：安装并紧固化油器卡箍，启动汽油机，低速运转 35min，逐渐提升油门操纵杆至上限位置。若转速过高，旋松油门拉杆上面的螺母，拧紧拉杆下面的螺母；若转速过低，则反向调整。油门为软连接的调整方法：当油门操纵杆置于调量壳上端位置，汽油机仍不能达到标定转速或超过标定转速时，应先松开锁紧螺母，向下旋调整螺钉，转速下降，向上旋，转速上升，调整完毕，拧紧锁紧螺母。

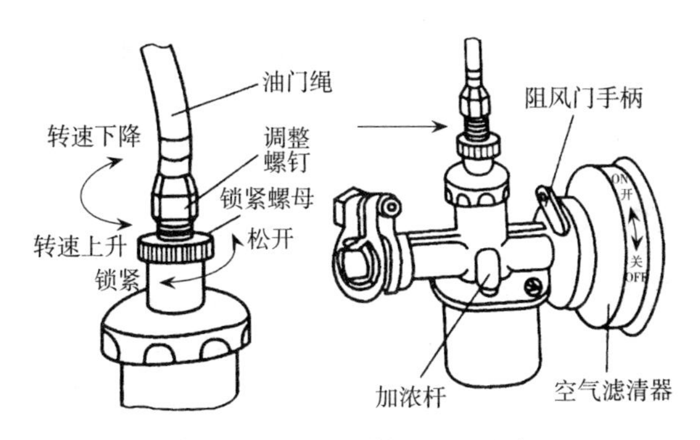

图 4-45　汽油机转速调整示意

2. 粉门调整

当粉门操纵手柄位于最低位置，粉门关不严，有漏粉现象时应调整粉门。一是拔出粉门轴与粉门拉杆连接的开口销，使拉杆与粉门轴脱离；二是扳动粉门轴摇臂，迫使粉门挡板与粉门体内壁贴实；三是粉门操纵杆置于调量壳的下限，调节拉杆长度，使拉杆顶端横轴插入粉门轴摇臂上的孔中，用开口销销住。

六、喷杆式喷雾机

1. 喷头喷杆调整

通常喷杆装有一种特殊的喷头体夹紧在水平的喷杆上，喷头间的距离可通过沿喷杆移动的喷头体来调节。喷杆安装要与地面平行，高度适当，喷嘴一般距作物高度 40～60cm。过低受地形影响易造成漏喷，过高受风影响雾滴覆盖不均匀。

2. 单喷头喷液量调整

同型号的喷头安装调整后要进行喷液量测定。测定前，药箱装水，待正常喷洒后同时接水 1min，测量出液量。重复测三次，观察误差。若各喷嘴喷液量误差超过5%，要调整后再测。

3. 喷液量调整

根据喷洒农药的种类选择喷液量。喷液量的变化与喷嘴上压力的变化平方根成正比，要将喷液量加大一倍，压力就要增大四倍。压力大，流速快，雾滴小，雾化好；压力小，流速慢，雾滴大。车速与单位面积喷液量成反比，喷药时作业速度一般控制在5km/h，最高不超过8km/h。

七、离心泵

通电前用手拨转电机风叶，叶轮应无卡摸现象，转动灵活。打开进口阀门，打开排气阀使液体充满整个泵腔，然后关闭排气阀。查看电机，确定转向是否正确。接通电源，当泵达到正常转速后，再逐渐打开吐出管路上阀门，并调节到所需工况。试运行0.5h，观察电机和水泵表面温度，如正常，则调试完毕，投入正常使用。

八、潜水电泵

用500V兆欧表测量电机绕阻，对地绝缘电阻不低于5MΩ。检查三相电源线路，电压是否符合规定，各种仪表、保护设备及接线正确无误后方可合闸启动。启动后观察电流、电压是否符合规定范围，运转声音有无异常及震动现象发生，若不正常应及时找出原因并处理解决。

判明正确的电机旋转方向。泵在闭阀状态下，按两个方向运转。通过调换三相电源的任意两相，改变旋转方向。旋转方向不同，压力表的读数也不同。压力较高的方向就是正确的旋转方向。也可以在阀门打开的情况下，从流量的大小来判别旋转方向，流量较大的方向为正确的旋转方向。

九、喷灌系统

1. 开机前的调整

调整喷灌机使其整个处于一条直线上，并把控制杆按要求安装。转动调节螺母，使爪轮定位锁紧螺栓处在爪轮孔中间。拧紧控制杆与调整杆的定位螺栓。松开微动开关的固定螺栓，将微动开关压向爪轮，直到听到“咔”声，表示微动开关已动作，拧紧运行微动开关的固定螺栓，而后以均力沿水平方向轻轻推拉控制调节杆，来回均能听到“咔”声。若只能在推的时候听到声音，则表明爪轮与微动开关的间隙过小；反之，则说明爪轮与微动开关的间隙过大。按上述方法将全部塔盒调整完后，即可启动喷灌机。运行中，如发现塔架滞后，需重新调整该塔盒内的同步机构。

2. 喷水后的调整

喷水过程中，如发现塔架不同步现象，即要停机，重新调整，调整方法和喷水前相同，直到达到同步为止。如喷灌机需长期停止运行，应使塔盒内的爪轮位于中心位置，微动开关不受外力，处于自然状态。使用前，应按上述方法重新调整。

3. 行走轮的调整

调整时将行走梁底部的调整板螺栓、螺母松开，使调整板移动，让行走轮与底梁平行，调整后再拧紧螺栓、螺母。

4. 灌水定额的调整

根据需用的灌水定额要求，调整百分率计时器，设定走、停时间。

第五节　田间管理机具的维护保养与常见故障排除

一、镇压器

（一）维护保养要求

检查相关活动关节部分，及时加注黄油。作业后将镇压器清理干净后存放于干燥的地方，防止金属部件腐蚀、生锈。

（二）常见故障及排除方法

镇压器常见故障、原因及排除方法如表 4-24 所示。

表 4-24 镇压器常见故障、原因及排除方法

常见故障	故障原因	排除方法
镇压轮不转	1. 镇压轮与主轴卡死 2. 镇压轮间隙小 3. 缠绕物过多	1. 清理主轴孔杂物 2. 调整镇压轮间隙 3. 清理缠绕物
主轴转动	卡板松动	紧固卡板螺栓

二、中耕追肥机

（一）维护保养要求

1. 日常使用维护保养

检查并拧紧各连接螺栓、螺母等紧固件。检查各部件插销、开口销有无缺损。检查刀片是否缺少、损坏或松动。及时清洗空气滤清器。检查皮带是否松紧适当。检查排肥管是否正常排肥。检查排肥器卡片是否松动。用后应及时清洗，防止酸碱性肥料腐蚀机器和零件。

2. 长期保存维护保养

彻底清除机具上的油污物。拆下刀轴上全部刀片，检查刀座是否开裂损坏，刀轴管是否开裂。对紧固件、开口销、刀片、刀座、肥箱、排肥器等进行严格检查，对锈蚀、磨损严重或损坏的及时更换。长期不工作停放时，机具放平垫高，使刀尖离开地面，刀片等部位涂以防锈油，对非工作表面脱漆部分应涂以防锈油漆，机具停放室内或加盖于室外。

（二）常见故障及排除方法

中耕追肥机常见故障、原因及排除方法如表 4-25 所示。

表 4-25 中耕追肥机常见故障、原因及排除方法

常见故障	故障原因	排除方法
主离合器不能有效分离	1. 皮带过紧 2. 皮带磨损严重	1. 调整主离合器拉索，微调螺栓、螺母 2. 更换传动皮带

（续）

常见故障	故障原因	排除方法
培土效果差及驱动无力	1. 左右刀具装反 2. 左右刀具没有平衡对称	重新安装调整
耕耘箱回转轴渗油	油温过高	检查透气孔或补充润滑油
变速箱注油孔溢油	“O”形圈损坏	更换
放油孔处渗油	紧固螺栓松动	拧紧
耕作前进时机身抖动明显	前进速度与耕作负荷配比不佳	降低前进速度
开沟、培土、覆土作业的扬土效果差	1. 回转轴转速太低 2. 培土刀磨损严重	1. 耕耘部变速杆置高速位 2. 更换培土刀
齿轮噪声太大	齿轮过度磨损间隙很差	更换齿轮
个别排肥器不排肥	排肥口被杂物堵塞	清理堵塞物
施肥开沟器不入土	1. 铲柄装置不对 2. 平行四连杆机构压力不足 3. 铲尖磨损	1. 下调铲柄 2. 调紧弹簧 3. 更换新铲尖
排肥不匀	槽轮工作长度不等	调整槽轮工作长度

三、背负式手动喷雾器

（一）维护保养要求

1. 日常使用维护保养

每天使用结束后，倒出药液箱内的残余药液，用清水清洗各部分。如果喷洒的是油剂或乳剂药液，先用热碱水洗涤喷雾器，洗刷干净后放在室内通风干燥处存放。喷洒除草剂后，必须将喷雾器彻底清洗干净，以免在下次喷洒其他农药时对作物产生药害。清洗干净后应拆下喷射部件，打开开关，将喷杆、胶管内余水排尽，擦干机件，至于阴凉干燥处（图 4-46）。皮碗及牛皮垫圈在使用前后应浸泡机油（图 4-47），防止干缩硬化，以保证密封性能和延长使用寿命，但塑料垫圈不能进油。

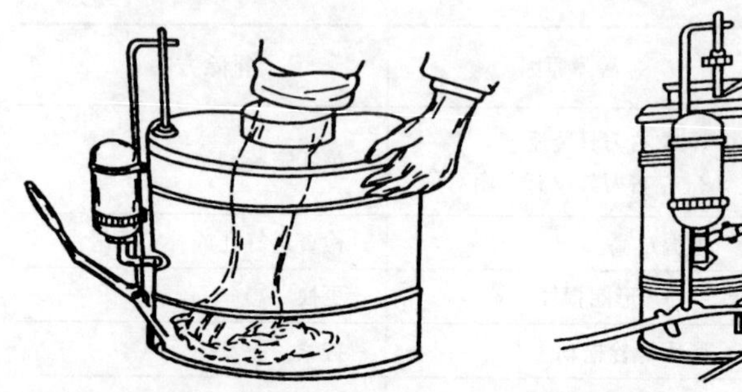

图 4-46　擦干桶内积水

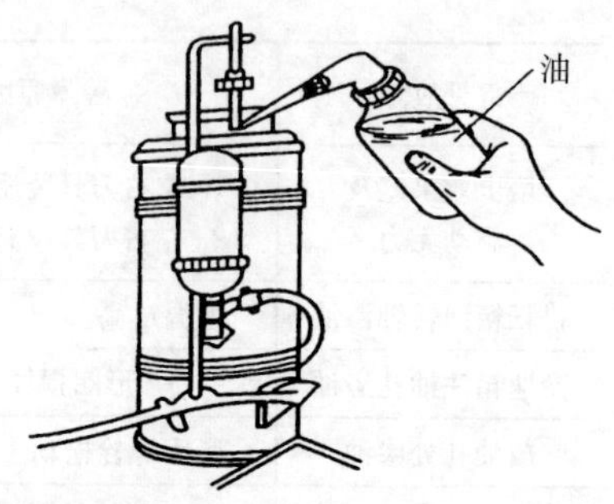

图 4-47　喷雾器加油

2. 长期保存维护保养

长期存放时，应打开药液箱盖，拆下喷射部件，打开直通开关，流尽积水，倒挂在干燥阴凉处。所有塑料件不能用火烤，以免变形、老化或损坏。所有零部件、备用品及工具等应存放在同一地点，妥善保管，以免丢失。

（二）常见故障及排除方法

背负式手动喷雾器常见故障、原因及排除方法如表 4-26 所示。

表 4-26　背负式手动喷雾器常见故障、原因及排除方法

常见故障	故障原因	排除方法
手压摇杆感到不吃力，喷雾压力不足	1. 进水球阀被污物堵塞 2. 皮碗破损 3. 连接部位未装密封圈，或密封圈损坏	1. 清洗进水阀 2. 更换新皮碗，且用油浸透再装配 3. 加装或更换密封圈
泵盖处漏水	1. 药液加的过满 2. 皮碗损坏	1. 倒出部分药液，使药液面低于水位线 2. 更换皮碗
喷头雾化不良	1. 喷头体的斜孔被污物堵塞 2. 喷孔堵塞 3. 滤网堵塞 4. 进水球阀小球搁起	1. 疏通斜孔 2. 拆开喷孔进行清洗 3. 拆开清洗滤网 4. 清除污物

（续）

常见故障	故障原因	排除方法
各连接处漏水	1. 螺母未旋紧 2. 密封圈损坏或未垫好 3. 开关芯表面缺少油脂	1. 旋紧螺母 2. 垫好或更换密封圈 3. 涂一层油脂
开关拧不动	开关芯因药剂侵蚀而粘住	拆下零件在煤油或柴油中清洗，拆卸有困难时，可在油中浸泡后再拆

四、背负式动力喷雾机

（一）维护保养要求

1. 日常使用维护保养

清理机器表面的油污和灰尘。用清水洗刷药液箱，并擦拭干净。检查各连接处是否漏水、漏油。检查各部螺钉是否松动、丢失。每使用 24h 注入润滑脂一次。应放在干燥通风处，勿近火源，避免日晒。工作 50h 后清除火花塞积炭，将间隙调整到 0.6mm。清除缸体燃烧室进、排气口积炭。清除消声器排气口积炭。

2. 长期保存维护保养

表面仔细清洗干净。放尽燃油箱化油器内的燃油，关闭阻风门，拉启动器 3～5 次。取下火花塞，从火花塞孔向缸体内加适量机油，并轻拉启动器 2～3 次，然后装上火花塞。从泵体后盖孔中注入适量润滑脂。各种塑料件不要暴晒，不得磕碰和挤压。整机用塑料罩盖好，放在通风干燥处。

（二）常见故障及排除方法

背负式动力喷雾机常见故障、原因及排除方法如表 4-27 所示。

表 4-27　背负式动力喷雾机常见故障、原因及排除方法

<table>
<tr><th colspan="2">常见故障</th><th>故障原因</th><th>排除方法</th></tr>
<tr><td rowspan="3">汽油机部分</td><td>启动失败</td><td>1. 未按燃油注油器
2. 火花塞积炭或击穿
3. 缺机油或燃油</td><td>1. 连续按动
2. 更换火花塞
3. 添加</td></tr>
<tr><td>启动后不能高速旋转或功率不足</td><td>1. 空气滤清器被赃物堵塞
2. 阻风门未打开
3. 活塞、活塞环、缸体严重磨损
4. 燃油路不畅</td><td>1. 检查并清除
2. 打开
3. 更换
4. 清除赃物</td></tr>
<tr><td>运转过程中熄火</td><td>1. 燃油烧尽
2. 高压线脱落
3. 火花塞积炭或击穿
4. 燃油过滤器堵塞
5. 燃油可能有水</td><td>1. 加燃油
2. 检查并安上
3. 更换火花塞
4. 清除
5. 更换燃油</td></tr>
<tr><td rowspan="4">喷雾部件</td><td>不能出水</td><td>1. 进出水阀损坏或异物卡死
2. 油封损坏
3. 连接部分密封不良
4. 柱塞卡死或磨损
5. “O”形密封圈损坏</td><td>1. 更换或清除异物
2. 更换
3. 检查排除
4. 检查
5. 更换</td></tr>
<tr><td>出水量大但压力不足</td><td>1. 调整压力低
2. 调压弹簧弹力不足
3. 调压阀阀座磨损
4. 调压阀堵塞</td><td>1. 调高压力
2. 更换
3. 更换
4. 清除</td></tr>
<tr><td>压力足出水量小</td><td>1. 柱塞磨损
2. 柱塞行程不足
3. 进出水阀部分磨损
4. 管路部分堵塞</td><td>1. 更换
2. 更换
3. 更换
4. 清除</td></tr>
<tr><td>喷雾雾化不均匀</td><td>1. 喷片孔径磨损
2. 管路部分堵塞
3. 调整压力低</td><td>1. 更换
2. 清除
3. 调高压力</td></tr>
</table>

五、背负式机动喷雾喷粉机

（一）维护保养要求

1. 日常使用维护与保养

喷雾后，应将各部件擦洗干净，药箱内不要留残液。喷粉后，应将粉门处及药箱内外清扫干净。不使用时，应将药箱盖松开。清扫干净后，低速运转 2～3min。每天应清洗空气滤清器。经常清除积炭，检查火花塞间隙。经常清理燃油系统，避免混入灰尘、水等导致发动机工作失调。经常清扫缸体散热片。

2. 长期保存维护与保养

长期不用时需放净燃油。卸下火花塞，向气缸内注入少量机油，使活塞转动 4～5r，停在上止点，再装上火花塞。全面清理油污、尘土，在金属表面上涂防锈油。取下喷管，擦洗干净后存放。

（二）常见故障及排除方法

背负式机动喷雾喷粉机常见故障、原因及排除方法如表 4-28 所示。

表 4-28 背负式机动喷雾喷粉机常见故障、原因及排除方法

常见故障	故障原因	排除方法
风量不足	1. 发动机转速不够 2. 混进杂物 3. 风机壳破裂 4. 风向角度不对	1. 提高转速 2. 洗清杂物 3. 粘补或更换 4. 调整角度
喷雾量减少或不喷	1. 喷头开关调量阀堵塞 2. 输液管堵塞 3. 无压力或压力低 4. 过滤网损坏，有杂物进入药液箱	1. 清除 2. 清除 3. 旋紧药箱盖 4. 更换过滤网，清除杂物
漏液	1. 喷雾盖板安装不对 2. 各接头螺母处松脱	1. 重新安装 2. 旋紧

（续）

常见故障	故障原因	排除方法
手把开关漏液	1. 开关压盖未旋紧或垫圈损坏 2. 开关芯表面油脂涂料少	1. 旋紧压盖或更换垫圈 2. 在开关芯表面涂一薄层油脂
粉量开始就少或不出粉	1. 粉门未全开 2. 粉太湿或粉门堵塞 3. 进气胶塞漏气 4. 发动机转速不够，风力不足	1. 全部打开 2. 换用干燥粉，清除堵塞物 3. 更换或重新安装 4. 检查汽油机，提高转速
药粉进入风机	1. 吹风管脱落 2. 吹风管与进气胶塞密封不严 3. 加药粉时风门未关严	1. 重新安好 2. 改善密封状况 3. 先关好风门再加药粉
叶轮摩擦风机壳	1. 装配间隙不对 2. 叶轮变形 3. 风机盖螺钉少装垫片	1. 调整垫片 2. 用木槌将叶轮敲平 3. 加上垫片

六、喷杆式喷雾机

（一）维护保养要求

1. 日常使用维护与保养

每班作业前应向泵气室充气并检查其压力。检查螺栓、螺母和夹具是否紧固。更换已堵塞喷嘴和防滴性能不好的喷头组件。给各润滑点加注润滑油。每工作100h后，检查泵隔膜、气室膜片和进出水阀门等部件是否有损坏。如隔膜损坏，药液进入泵腔，应放净泵腔内机油并更换新机油。喷药后应清洗喷嘴。每天喷药结束后要用清水喷洒几分钟，以清除药液箱、液泵和管道内残存的药液，最后将清水排除干净。特别注意在进行任何保养工作前，要停止喷雾机，制动刹车闸，垫好车轮，关闭发动机。

2. 长期保存维护与保养

用清水喷洒清洗管路系统，放净残水并擦拭干净，以防冬天冻坏有关部件。放出液泵机油，用柴油清洗后再按规定加入新机油。

将轮胎补足气，并用垫木将轮子架空。彻底清洗药箱内外表面及机具外表污垢。将金属零部件的表面涂上一层防锈油。更换新润滑油，各运动部件擦拭干净，加润滑油或涂润滑脂，以防锈死。用防水油布盖上喷雾机。放置喷雾机时，应该避免其靠近腐蚀性的化学物品并远离火源，且应置于棚内避免日晒。

（二）常见故障及排除方法

喷杆式喷雾机常见故障、原因及排除方法如表 4-29 所示。

表 4-29　喷杆式喷雾机常见故障、原因及排除方法

常见故障		故障原因	排除方法
喷雾系统	动力不足，喷药量不足	1. 液泵没有启动 2. 药箱缺药液 3. 滤芯不清洁 4. 水管扭曲或堵塞 5. 系统泄漏	1. 检查液泵的连接 2. 加注药液 3. 清洗滤芯 4. 若扭曲，则更换水管。若堵塞，则排除异物 5. 检查密封圈，若泄漏，更换密封圈
	调压阀失灵或压力调不上去	1. 调压弹簧损坏 2. 压力表损坏	1. 更换弹簧 2. 更换压力表
	压力不稳	1. 空气室充气压力不足或过大 2. 隔膜泵阀门损坏 3. 空气室隔膜损坏	1. 调整至规定压力 2. 检修或更换阀门 3. 更换隔膜
	泵的油杯处窜出油水混合物	泵的隔膜损坏	更换隔膜
	喷雾不均匀	1. 喷孔磨损 2. 喷头堵塞	1. 更换喷嘴 2. 清除堵塞
	密封部位泄漏	1. 连接件松动 2. 密封圈损坏	1. 紧固连接件 2. 更换密封圈
	喷头滴漏	1. 防滴体内的防滴片弹簧等件损坏 2. 阀口处有夹杂物	1. 拆卸更换 2. 拆卸清洗

（续）

	常见故障	故障原因	排除方法
液压系统（自走式）	管路接头漏油	接头处密封垫圈老化或损坏	更换密封垫圈
	行走正常但隔膜泵不转	喷雾马达损坏	修理或更换
	不能行走或行走速度过慢	1. 发动机转速过低 2. 液压油选择不当导致系统油温过高 3. 冷却器损坏导致油温过高 4. 液压油太少，液压泵吸空 5. 进油管路密封不良 6. 进油滤网被堵死或液压油脏 7. 液压泵损坏	1. 增大油门，提高转速 2. 选择正确液压油 3. 修理或更换冷却器 4. 加注液压油 5. 检查进油管路 6. 清洗进油滤网，更换液压油 7. 更换

七、离心泵

（一）维护保养要求

1. 轴承的维护

对于装有滑动轴承的新泵，运行100h左右应更换润滑油，以后每工作300～500h换油一次。在使用较少情况下，每半年也必须更换润滑油。滚动轴承一般每工作1 200～1 500h应补充一次润滑油，每年彻底换油一次。

2. 每次停机后

应及时擦拭泵体及管路上的油渍，保持机具清洁。

3. 在排灌季节结束后

要进行一次小修，将泵内及水管内的水放尽，以防发生锈蚀和冻坏。累计运行2 000h以上应进行一次大修。

（二）常见故障及排除方法

离心泵常见故障、原因及排除方法如表4-30所示。

表 4-30　离心泵常见故障、原因及排除方法

常见故障	故障原因	排除方法
水泵灌不满水	1. 底阀损坏 2. 底阀活门被杂物卡住 3. 进水管漏水 4. 放水螺栓未旋紧 5. 进水管中有气阻	1. 更换或修理 2. 清除杂物 3. 修理 4. 旋紧 5. 放气或重新安装进水管路
启动后出水量少或根本不出水	1. 吸水扬程太高 2. 淹没深度不够，大量空气被吸入 3. 水泵转速达不到额定值 4. 水管或叶轮被杂物堵住 5. 叶轮或口环损坏 6. 底阀锈住 7. 未加引水或加水不满 8. 水泵转向错误 9. 皮带过松或打滑 10. 填料处漏水、漏气严重	1. 降低吸水高度 2. 在底阀上加一段延长管 3. 调整转速 4. 清除杂物 5. 更换损坏件 6. 修理底阀 7. 重加引水，注意排出内部空气 8. 通过调向或改变皮带安装方向改变转向 9. 调整中心距或皮带长度 10. 拧紧压盖或重装填料
动力机超载	1. 装置扬程太低 2. 转速太高 3. 泵轴弯曲或轴承损坏 4. 动力机轴与泵轴不同心 5. 叶轮与泵壳摩擦 6. 填料过紧	1. 关小闸门或调低转速 2. 调低转速 3. 修理或更换 4. 调整同心度 5. 通过拧紧叶轮螺母或在叶轮后面加垫圈来调整叶轮位置 6. 调松压盖或重装填料
水泵振动或声音异常	1. 发生汽蚀 2. 叶轮不平衡或损坏 3. 轴承损坏或润滑油太脏 4. 地脚螺丝松动 5. 叶轮与泵壳摩擦 6. 泵轴弯曲或同心度不好	1. 消除汽蚀 2. 修理或更换 3. 换轴承另加润滑油 4. 拧紧 5. 调整间隙 6. 校直或调整同心度

（续）

常见故障	故障原因	排除方法
轴承发热	1. 轴承磨损太多 2. 泵轴弯曲 3. 润滑油加得太多或太少 4. 润滑油油质太差 5. 皮带太紧 6. 动力机轴与泵轴不同心 7. 轴承安装不当	1. 换轴承 2. 校直或更换 3. 减少或加注 4. 洗净轴承并换油 5. 加长皮带或减小中心距 6. 调整同心度 7. 重新安装

八、潜水电泵

（一）维护保养要求

（1）每工作1 000h应调换一次密封室内的油，每年调换一次电动机内部的油。对冲水式潜水电泵还需定期更换上下端盖、轴承室内的骨架油封和润滑脂，确保良好的润滑状态。

（2）使用一年以上应根据其锈蚀情况进行防锈处理。

（3）每年应保养一次。保养时拆开电机，对所有部件进行清洗、除垢除锈，及时更换磨损较大的零部件，更换密封室内及电动机内部的润滑油。若发现放出的润滑油油质浑浊且含水量过多，则需更换整体密封盒或动、静密封环。

（4）长期不用的潜水电泵，不能任其浸泡在水中，而应存放在干燥通风的库房中。对充水式潜水电泵应先清洗，除去污泥杂物，才能存放。电缆存放时，应避免日光照射，以防老化裂纹。再次使用前，应拆开最上一级泵壳，转动叶轮数圈，防止因锈死不能启动而烧坏绕组。

（二）常见故障及排除方法

潜水电泵常见故障、原因及排除方法如表4-31所示。

表 4-31　潜水电泵常见故障、原因及排除方法

常见故障	故障原因	排除方法
启动后不出水	1. 叶轮卡住 2. 断电或缺相 3. 电源电压过低或电缆压降过大 4. 定子绕组损坏，电阻严重失衡	1. 清除杂物，转动叶轮。若有摩擦，增加垫片 2. 逐级检查电源线上的闸刀开关 3. 调整变电电压或更换截面较大的电缆，缩短电缆长度 4. 按原来设计数据重新下线，重绕定子绕组
出水量过少	1. 扬程太高 2. 过滤网堵塞或叶轮流通部分堵塞 3. 叶轮转向有误 4. 叶轮或口环磨损严重 5. 潜水深度不够	1. 重新选泵或降低实际扬程 2. 清除堵塞杂物 3. 调换任两相火线接头 4. 更换磨损件 5. 加深
电泵突然停止运转	1. 电源断电 2. 电泵的接水盒进水，连接线烧断 3. 定子绕组烧坏	1. 查明断电原因并解决 2. 打开线盒，接好断线包好绝缘胶带 3. 重绕定子绕组并查明烧机原因
定子绕组烧坏	1. 接地线错接电源线 2. 断相工作，保护开关失效 3. 机械密封损坏，漏水 4. 叶轮卡住 5. 电泵脱水运转时间太长，或停开间隔时间太短	重绕定子绕组

九、喷灌系统

（一）维护保养要求

1. 喷灌泵

每天工作完毕后，应擦净油污，检查各部件状态。水泵工作10 000h后，应将水泵轴承拆下清洗并更换黄油。安装轴承体时纸垫大小要合适，以防发生水泵漏气。安装骨架和橡胶油封时，要注意安装方向，不得装反。喷灌泵长期停用时，应拆开水泵，擦洗、涂油后保存，将进出水口封闭，以免杂物、灰尘灌入泵内。冬季工作完毕后，应放掉泵内积水，以免冻裂泵壳。

2. 旋转式喷头

运行中注意喷头工作是否正常，每天工作结束后要清除喷头外部泥土，并检查各转动部分是否灵活。喷头工作 1 000h 应拆卸检查，重新加油。拆卸保养时，应注意不可漏装“O”形密封圈，以防漏水。喷头长期不用时,应拆卸清除油污,涂油装配,并用油纸封闭喷头进出水口,放入专用喷头箱内。严禁将喷头放在酸碱及高湿场所,以免损坏。

3. 输水管道

管道在运输、使用和存放中，应避免敲打、撞击、弯曲、碾压，以免碎裂和折断。输水管应存放在室内，在室外应遮盖存放，不要与火源、酸碱、油类及有机溶剂相接触。用后应放尽管内积水。

（二）常见故障及排除方法

喷灌机常见故障、原因及排除方法如表 4-32 所示。

表 4-32　喷灌机常见故障、原因及排除方法

常见故障	故障原因	排除方法
水泵不出水	1. 自吸泵内储水不够 2. 进水管接头漏水 3. 吸程过高 4. 转速太低	1. 增加储水量 2. 更换密封圈 3. 降低吸程 4. 提高转速
出水量不足	1. 进水管滤网或自吸泵叶轮堵塞 2. 扬程太高或转速太低 3. 叶轮环口处漏水	1. 清除滤网或叶轮堵塞物 2. 降低扬程或提高转速 3. 更换环口处密封圈
输水管路漏水	1. 接头密封圈磨损或有裂纹 2. 接头接触面上有污物	1. 更换密封圈 2. 清除污物

（续）

常见故障	故障原因	排除方法
喷头不转	1. 摇臂安装角度不对 2. 摇臂安装高度不对 3. 摇臂松动或摇臂弹簧太紧 4. 流道堵塞或水压太小 5. 空心轴或轴套间隙太小	1. 调整挡水板、导水板与水流中心线相对位置 2. 调整摇臂调位螺钉 3. 紧固压板螺钉或调整摇臂弹簧角度 4. 清除流道中堵塞物或调整工作压力 5. 打磨空心轴与轴套或更换空心轴与轴套
喷头工作不稳定	1. 摇臂安装位置不对 2. 摇臂弹簧调整不当或摇臂轴松动 3. 换向器失灵或摇臂轴磨损严重 4. 换向器摆块突起高度太低 5. 换向器摩擦力过大	1. 调整摇臂高度 2. 调整摇臂弹簧或紧固摇臂轴 3. 更换换向器弹簧或摇臂轴套 4. 调整摆块高度 5. 向摆块轴加注润滑油
喷头射程小，喷洒不均匀	1. 摇臂打击频率太高 2. 摇臂高度不对 3. 压力太小 4. 流道堵塞	1. 调整摇臂弹簧 2. 改变摇臂吃水深度 3. 调整工作压力 4. 清除流道中堵塞物

参　考　文　献

曹雯梅，张中海，2011. 现代小麦生产实用技术［M］. 北京：中国农业科学技术出版社.

胡霞，2011. 植保排灌机械使用与维修［M］. 北京：中国农业科学技术出版社.

第五章　机械化收获装备

第一节　收获基础知识

一、机械化收获目的

小麦是我国三大主粮作物之一，我国 11 个小麦主产区的总播种面积约为 2.44 亿 hm^2，年实现产量可达 1.3 亿 t。小麦的成熟期多在 6 月初，收获季节恰逢雨季，因此，使用机械进行小麦抢收，确保小麦丰收就显得十分迫切。机械化收获是利用机械完成小麦的收割、脱粒、清选、籽粒收集等作业。机械化收获的目的就是要为减轻劳动强度，提高劳动生产率，减少收获损失，为小麦的丰产丰收提供有利的技术保障。同时，为缩短收获周期、抢农时、争积温，确保后茬作物及时播种和生长提供技术支持。

二、机械化收获技术

收获机械化是小麦生产机械化的主要环节。根据各地自然条

图 5-1　人工收获

件、农艺条件、经济状况和人们的技术水平不同，小麦机械收获方式通常有两种：一种是联合收获方式，另一种是分段收获方式。无论哪一种收获方式，与传统的人工收获方式相比，既可以大大提高劳动生产率、减轻劳动强度，又可以抢农时、确保丰产丰收（图 5-1、图 5-2）。

图 5-2　联合收获

（一）联合收获

联合收获是采用联合收割机一次性完成小麦的收割、脱粒、清选、籽粒收集等项作业的收获方式。联合收割机的通用性较好，能自行开道，机动灵活性好，转换作业地块方便，劳动生产率高。

（二）分段收获

分段收获是一种使用割晒机将小麦割倒，并将其摊铺在留茬上，成为穗尾搭接的禾条，经晾晒后，由带捡拾器的小麦联合收割机捡拾收获或直接运送到场地上用脱粒机进行脱粒的收获方式。与人工收割相比，用割晒机和场上作业机械分别完成小麦的收割、脱粒以及清选等项作业，生产效率极大提高，籽粒损失率明显降低，可大大减少人工投入，降低劳动强度。

目前，我国小麦收获主要是采用机械化联合收获方式，以下主要介绍联合收割机。

三、机械化收获作业指标

（一）作业性能指标

1. 安全性能

制动性能是自走式联合收割机对操作人员有直接影响的安全性指标，其基本定义和测试方法见表5-1。在作业中应当保证制动性能符合相关标准要求，保证作业人员的安全。

表5-1　联合收割机制动性能指标的基本定义和测试方法

性能指标	基本定义	测试方法
制动距离	在规定初速度下进行冷态紧急行车制动的制动距离	自走轮式联合收割机在初速度为20km/h条件下进行冷态紧急行车制动，其制动距离在6m以内
坡道停车	停车制动装置保证收割机在试验坡道的向上或向下方向均能可靠驻车	将机器分上行及下行方向停在干硬纵向坡道上，检查其停车是否可靠。轮式机的试验坡度为20%，履带式收割机的试验坡度为25%

2. 作业性能

联合收割机的经济性指标主要有作业生产率、燃油消耗率等。生产率能够反映机器在单位时间内的作业面积。燃油消耗率能够反映机器单位作业面积的燃油消耗量。联合收割机的作业质量用含杂率、总损失率、破碎率等主要指标进行衡量，其定义和计算方法见表5-2。

表5-2　联合收割机主要作业质量指标的基本定义和计算方法

性能指标	基本定义	计算方法
含杂率	指出粮口排出物中杂质的质量占出粮口排出物总质量的百分比	$含杂率=\frac{出粮口排出物中含杂质的量}{出粮口排出物总质量}\times 100\%$
总损失率	指损失籽粒质量占总籽粒质量的百分比	总损失率＝脱粒机体损失率＋割台损失率

（续）

性能指标	基本定义	计算方法
破碎率	指出粮口排出物中破碎籽粒的质量占出粮口排出籽粒总质量的百分比	$破碎率=\frac{出粮口排出物中破碎籽粒的质量}{出粮口排出籽粒总质量}\times100\%$

（二）合格标准

联合收割机的主要性能指标及合格标准如表 5-3 所示。

表 5-3　联合收割机主要性能指标及合格标准

序号	性能指标	合格标准	
1	生产率，hm^2/h	符合使用说明书规定	
2	燃油消耗率，kg/hm^2	符合使用说明书规定	
3	总损失率，%	机型	
		全喂入	半喂入
		≤2.0	≤3.0
4	破碎率，%	≤1.0	≤1.0
5	含杂率，%	≤2.5	≤3.0
6	漏收、漏割	无明显漏收、漏割	
7	割茬高度	割茬高度应一致，一般不超过 15cm，留高茬还田最高不宜超过 25cm	
8	污染	机械作业后无油料泄漏造成的粮食和土地污染	
9	制动距离，m	≤6	
10	坡道停车	轮式机可靠停在坡度为 20%的坡道上、履带可靠停在坡度为 25%的坡道上	

四、收获作业注意事项

（一）机械准备

1. 收获季节开始前做好联合收割机的检查

（1）经过长期贮存的联合收割机，重新启用之前要依据产品使用说明书进行一次全面检查。主要内容包括：

①检查调节各传动链条、传动皮带的张紧度，调节安全离合器弹簧压力。

②检查各传动箱、液压油箱内油品质量，如已变质应彻底更换。

③检查蓄电池并充足电，检查发电机、仪表、灯光、警报等电气设备工作是否正常。

④检查各油箱、冷却液的加注量，按润滑图向各工作部位加注润滑脂。

⑤检查割刀、筛片是否齐全，更换损坏的刀片或筛片。

⑥检查并紧固已松动的螺栓、螺母。

⑦检查消防设备是否齐全有效。

上述工作完成后需进行试运转操作，检查行走、转向、收割、输送、脱粒、清选、卸粮等机构工作是否正常，检查有无异常响声和三漏情况。

（2）新购置或大修后的联合收割机，在投入作业前必须按照使用说明书的要求进行磨合试运转，经磨合试运转并调试到最佳作业状态后，方可投入作业。

2. 作业期间的检查

（1）日常检查内容　各操纵装置功能是否正常，发动机机油、燃油、冷却液是否加到量，履带是否有松动损伤，或轮胎气压是否正常。仪表板上各指示灯、转速表工作是否正常，重要部位的螺栓、螺母有无松动，有无漏水、渗漏油现象。分禾器、扶禾器、拨禾轮、割台、机架等部件有无变形等，以避免机器带病作业。

（2）随车装备检查　出车前，仔细检查是否配备刀片、铆钉、易损皮带等常用配件，以及皮尺、扳手、钳子、锤子、镰刀、铁锹、毛刷等常用工具。是否随车携带机器使用技术资料及有关证件。大面积收割时，还需检查是否配备足够油料。

3. 人员及设备准备

自走式联合收割机一般需要 2～3 名驾驶员，并配备 3～5 名辅助人员便于大面积连续作业。检查并封堵运粮车箱板各结合面的间隙，间隙过大容易漏麦子。为防备运输车辆不足，应准备足够的棚布和麻袋。提前合理安排好作业计划，减少田间调头和转移次数，计划的好坏会直接影响到作业量和经济效益。

4. 正式作业前的试割

作业前，要对联合收割机做好试运转，确保各部分工作部件运转正常。试割时，发动机应保持额定转速，以低速收割作业10～20m。在停止收割后，发动机仍应保持大油门运转10～20s，确认已割的作物全部通过机器脱粒清选系统后再停机。检查粮箱内收获粮食的清洁度（或含杂情况）、籽粒破碎情况、排草口作物脱净情况、排杂口籽粒清选损失情况、割茬高度等是否满足要求，否则需对联合收割机继续进行检查和调整。同时，还应检查联合收割机各主要部件紧固情况，各润滑部位（轴承）温度、声音是否正常，各传动带或传动链条张紧度是否正确等。对发现的异常进行处理后，还需按上述步骤进行试割，直到符合要求方可投入正常作业。

（二）适时收获

1. 选择作物的适宜收获期

采用联合收割机收获小麦宜在蜡熟末期至完熟期进行，此时产量最高，籽粒营养品质和加工品质也最好。小麦成熟期主要特征：蜡熟中期下部叶片干黄，茎秆有弹性，籽粒转黄色，饱满而湿润，籽粒含水率25%～30%。蜡熟末期植株变黄，仅叶鞘茎部略带绿色，茎秆仍有弹性，籽粒黄色稍硬，内含物呈蜡状，含水率20%～25%。完熟期叶片枯黄，籽粒变硬，呈品种本色，含水率在20%以下。收获过早，籽粒灌浆不充分，产量低，品质差；收获过晚，易落粒、掉穗，遇雨易穗上发芽或籽粒霉烂，降低产量，影响品质。

2. 选择收获时机

收获时，要根据当时的天气情况、小麦品种特性和栽培条件，合理安排收割顺序，做到因地制宜、适时抢收，确保颗粒归仓。大面积收割应适当早收，留种用的麦田宜在完熟期收获。如遇雨季迫近或急需抢种下茬作物时，应适当提前收获，确保丰产丰收。

五、收获机械种类介绍、型号编制规则

联合收割机是一次完成小麦的收割、脱粒、分离茎秆、清除杂余等工序，从田间直接获得谷粒的收获机械。其优点是劳动生产率高、劳动强度低、赶农时，适宜于大面积收获作物。联合收割机种类繁多，按作物喂入脱粒装置的方式可分为全喂入式（图 5-3）和半喂入式（图 5-4）两类。

图 5-3　全喂入联合收割机结构

图 5-4　半喂入联合收割机结构

（一）全喂入联合收割机

（1）全喂入自走式联合收割机，具有能自行开道，机动灵活性好，转换作业地块方便，劳动生产率高，但其发动机的年利用率低等特点。作业时，被切割作物整株喂入并通过脱粒装置进行脱粒与分离，获取谷粒（图 5-5、图 5-6）。

图 5-5　全喂入自走轮式联合收割机

图 5-6　全喂入自走履带式联合收割机

(2) 悬挂式和半悬挂式联合收割机兼有牵引式和自走式的优点，但拖拉机的驾驶座不够高，机器前方地面的视野差，且机器的重量分布和传动装置受拖拉机结构的限制而难以合理，从而影响机器的稳定性和操作性能。

(3) 牵引式联合收割机的构造较自走式简单，用作牵引动力的拖拉机在非收获季节可移作其他作业的动力，但作业时的机动灵活性差。在每一地块上开始收割前均需用人工或其他类型的收割机先行开道。此种机型已很少见。

(二) 半喂入联合收割机

作业时，被切割作物只有作物的上半部分喂入脱粒装置进行脱粒与分离，茎秆不全部经过脱粒装置，仍能保持茎秆的完整和整齐状态（图 5-7）。

图 5-7 半喂入联合收割机

(三) 梳脱（捋穗）式联合收割机

作业时，利用梳脱头只捋取麦穗部分进行脱粒、分离、清选处理获取籽粒，同时用割草装置把梳脱后的小麦茎秆割倒粉碎还田，或通过输送机构将茎秆输送到侧边进行铺放（图 5-8）。

(四) 收获机械型号编制规则

根据 JB/T 8574—2013《农机具产品型号编制规则》，收获机械产品型号依次由分类代号、特征代号和主参数三部分组成，常见联合收割机的产品型号编制规则见表 5-4。

图 5-8　梳脱（捋穗）式联合收割机

1. 全喂入自走式联合收割机

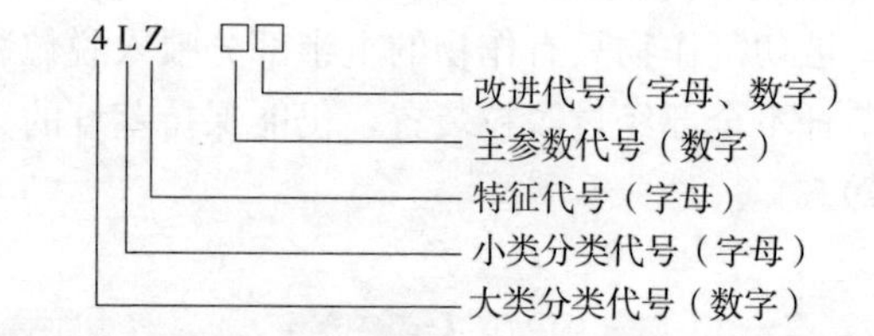

示例：喂入量为 5kg/s 的全喂入自走式联合收割机的型号表示为：4LZ-5

2. 半喂入联合收割机

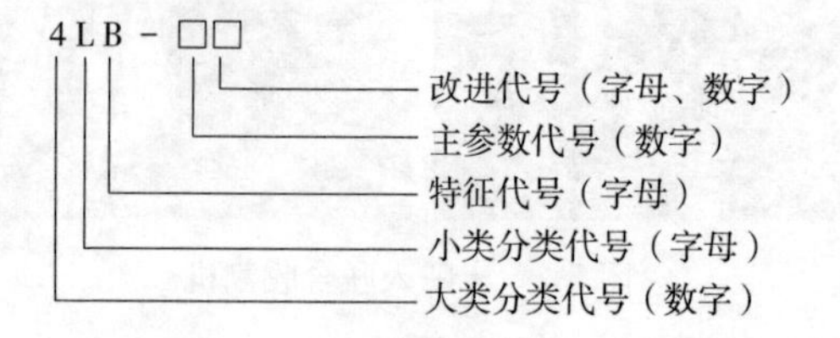

示例：割幅为 1 450mm 的半喂入联合收割机的型号表示为：4LB-1450

3. 梳脱（捋穗）式联合收割机

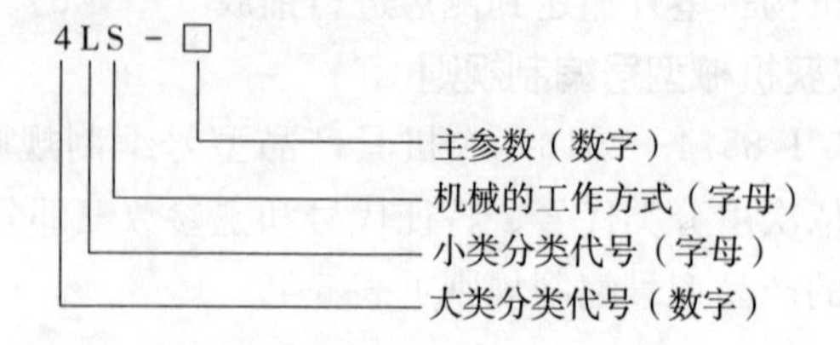

示例：作业幅宽为1 600mm的梳脱（捋穗）式联合收割机的型号表示为：4LS-1600

表5-4　常见联合收割机的产品型号编制规则

序号	机具类别和名称	大类分类代号	小类分类代号	特征代号	主参数代号意义
1	全喂入联合收割机 自走式 悬挂式(单动力) 悬挂式(双动力) 牵引式	4	LZ LZ LD LS LQ	Z Z D S Q	喂入量（kg/s）
2	半喂入联合收割机		LB	B	割幅（m）
3	梳脱（捋穗）联合收割机		LS	S	割幅（m）

第二节　收获装备的选择

在选择时，机器的使用区域、收割对象和作业性质是要考虑的重要因素，还要注意与当地播种机播幅、小麦品种等农艺条件件的配合。小麦联合收割机种类、型号较多，各地可根据实际情况选择。

用户购买联合收割机时，应对所购买的机器进行现场验收，着重检查以下几个方面：

（1）检查随机技术文件是否齐全　随机文件通常有：①产品使用说明书及产品零件图册；②三包手册；③产品合格证；④装箱清单；⑤发动机随车技术文件。

（2）核对产品合格证上的机器编号及发动机编号与实物是否相吻合。

（3）检查随机物品是否齐全　按照装箱清单对联合收割机随机物品进行清点，随机物品包括随机配件、随机工具，以及发动机的随机物品。

（4）检查机器状态是否完好　机器在运输过程中，其技术状态有可能由于颠簸、振动等原因发生变化。用户购买时，应选择外观无磕碰变形、各工作部件无损坏、零件无明显缺失的机器。

（5）启动机器现场运转操作　启动发动机对联合收割机进行现场运转检查，结合各操纵杆，检查运转是否平稳，操作是否灵活，有无异常震动和响声。

以上所有检查无异常的机器即可放心购买。

一、全喂入联合收割机

全喂入联合收割机按行走机构不同，可分为轮式和履带式 2 种，按动力配置和挂接形式的不同可分为自走式、悬挂式、牵引式 3 种。用户需根据购机需要进行选择。

（一）全喂入自走轮式联合收割机

1. 全喂入自走轮式联合收割机种类

全喂入自走轮式联合收割机按不同喂入量和配套动力，配置不同割幅的割台，有多种型号可供选择（图 5-9）。

图 5-9　全喂入自走轮式联合收割机

2. 全喂入自走轮式联合收割机产品特点

全喂入轮式自走联合收获机多数是切流滚筒型，小麦沿旋转滚筒的前部切线方向喂入脱粒室，经极短时间脱粒后，沿滚筒后部切线方向排出。近年来，国内外轴流滚筒式联合收获机也有了较大的发展，即小麦从滚筒轴的一端喂入脱粒室，沿滚筒的轴向作螺旋状运动，一边脱粒，一边分离。它通过滚筒的时间较长，最后从滚筒轴的另一端排出。全喂入自走轮式联合收割机产品均具备机械自动卸粮功能，作业效率较高。

3. 全喂入自走轮式联合收割机的主要技术参数

以下列举了几种常见型号的全喂入自走轮式联合收割机的主要技术参数（表 5-5），购机时应予以关注。

表 5-5 全喂入自走轮式联合收割机的主要技术参数

产品型号		4LZ-3	4LZ-4	4LZ-6
配套发动机型号规格		LR4B5-H52-U2	YC4B1102-T21	YC4A130Z-T20
配套发动机	额定功率，kW	66	81	98
	额定转速，r/min	2 200	2 200	2 750
工作状态外形尺寸（长×宽×高），mm		6 560×2 696×3 143	6 740×2 850×3 250	6 740×3 100×3 200
作业速度，m/s		1.7～5.3	1.7～6.0	1.7～6.0
作业小时生产率，hm^2/h		0.26～0.53	0.25～0.67	0.4～0.87
单位作业量燃油消耗量，kg/hm^2		≤30	≤30	≤30
割台宽度，mm		2 360	2 500	2 750
喂入量，kg/s		3	5	6
拨禾轮	类型	偏心弹齿式	偏心弹齿式	偏心弹齿式
	直径，mm	1 000	1 000	1 000
	拨禾轮板数，个	5	5	5
脱粒机构布置方式		横置	横置	纵置
脱粒滚筒	数量，个	1	1	1
	类型	轴流钉齿式	轴流钉齿式	轴流板齿式
	尺寸(外径×长度),mm	ϕ550×1 445		ϕ550×1 700
凹板筛类型		栅格式	栅格式	栅格式
复脱器类型		风扇复脱抛扔式	风扇复脱抛扔式	风扇复脱抛扔式
轮胎规格	导向轮	10.0/75-15.3-10	10.0/75-15.3-10	10.0/75-15.3-10
	驱动轮	15-24	15-24	15-24
变速方式		机械变速＋液压无级变速轮	机械变速＋液压无级变速轮	机械变速＋液压无级变速轮
卸粮方式		机械螺旋自卸	机械螺旋自卸	机械螺旋自卸

4. 全喂入自走轮式联合收割机适用范围

此种机型比较适合华北、东北、西北、中原地区较大田块的麦收作业，以收获小麦为主兼收水稻，适合于长距离转移，是异地收割、跨区作业的主要机型。用户在购机时，应该根据作业地区、收割对象、作业性质、厂家三包服务网点和配件供应能力等因素选择。

（二）全喂入自走履带式联合收割机

1. 全喂入自走履带式联合收割机种类

全喂入自走式履带联合收割机（图 5-10）按卸粮方式不同分为人工接粮和机械自卸两种。按变速机构组成不同可分为机械变速、液压无级变速或机械变速与液压无级变速组合等多种。

图 5-10 全喂入自走履带式联合收割机

2. 全喂入自走履带式联合收割机产品特点

全喂入自走履带式联合收割机，通常配置机械变速或液压无级变速机构，分单杆（或双杆）操纵、液压转向，具有通过性能好、操作轻松方便、转弯半径小等特点，爬坡、过埂更方便。控制转向机构可以实现原地 360°回转。但如果进行长距离转移，则需要汽车运输。

3. 全喂入自走履带式联合收割机主要技术参数

以下列举了几种常见型号的全喂入自走履带式联合收割机的主要技术参数（表 5-6），购机时应予以关注。

表 5-6 全喂入自走履带式联合收割机的主要技术参数

产品型号		4LZ-2.0	4LZ-2.5	4LZ-3.5
配套发动机型号规格		A498BTZ	4C6-75M22	4108
额定功率，kW		55	55	55
额定转速，r/min		2 400	2 300	2 300
工作状态外形尺寸（长×宽×高），mm		5 000×2 865×2 605	5 270×2 465×2 445	4 900×2 770×2 580
作业速度，km/h		0～2.88	0～3.45	0～4.45
作业小时生产率，hm^2/h		0.2～0.38	0.25～0.43	0.35～0.6
单位作业量燃油消耗量，kg/hm^2		18～30	≤30	≤32
割台宽度，mm		2 000	2 400	2 400
喂入量，kg/s		2.0	2.5	3.5
拨禾轮	类型	偏心拨齿式	偏心拨齿式	偏心拨齿式
	直径，mm	900	900	900
	拨禾轮板数，个	5	5	5
脱粒机构布置方式		横置	纵置	纵置
脱粒滚筒	数量，个	1	1	1
	类型	轴流钉齿式	轴流钉齿式	轴流钉齿式
	尺寸(外径×长度),mm	ϕ540×1 285	ϕ600×1 825	ϕ555×1 800
凹板筛类型		栅格式	栅格式	栅格式
履带	节距×节数×宽	90×48×400	90×50×400	90×50×400
	轨距，mm	980	980	1 100
变速方式		机械变速＋液压无级变速	机械变速＋液压无级变速	机械变速＋液压无级变速
卸粮方式		人工接粮或机械螺旋自卸	人工接粮或机械螺旋自卸	机械螺旋自卸

4. 全喂入自走履带式联合收割机适用范围

适合在华中及以南地区泥脚深度较大（不大于 25cm）田块作业。由于具有良好的通过性，大喂入量的机型较适合在北方多雨季节的小麦抢收。

（三）悬挂式联合收割机

1. 悬挂式联合收割机种类

悬挂式联合收割机利用拖拉机动力来进行联合收获作业（图 5-11），有单动力和双动力两种。

图 5-11　悬挂式联合收割机

2. 悬挂式联合收割机产品特点

悬挂式联合收割机结构较简单，其割台位于拖拉机前方，脱粒装置横置于拖拉机后方，割台靠液压阀控制液压缸提升，下降靠割台组件自身的重量，为控制割台下降速度，配置了割台下降缓降装置。悬挂式联合收割机受拖拉机结构的限制，拆装比较麻烦，功率消耗大。

3. 悬挂式联合收割机的主要技术参数

以下列举了几种常见型号的悬挂式联合收割机的主要技术参数（表 5-7），购机时应予以关注。

4. 悬挂式联合收割机适用范围

适合拖拉机利用率较高的干旱平原地区大田块的小麦收获作业。购机时除了关注收割机的配套拖拉机功率、挂接尺寸等参数外，其余的技术参数与全喂入联合收割机基本相同。

表 5-7　悬挂式联合收割机的主要技术参数

产品型号		4LD-2.0	4LD-2.5	4LD-3.5
配套拖拉机额定功率，kW		65	75	85
配套拖拉机额定转速，r/min		2 200	2 200	2 200
工作状态外形尺寸（长×宽×高），mm		5 900×2 550×3 180	6 500×2 650×3 280	6 900×3 050×3 480
作业速度，m/s		0～1.2	0～1.4	0～1.45
作业小时生产率，hm^2/h		0.5～0.7	0.5～0.7	0.5～0.7
单位作业量燃油消耗量，kg/hm^2		≤30	≤30	≤30
割台宽度，mm		2 000	2 200	2 300
喂入量，kg/s		2.0	2.5	3.5
拨禾轮	类型	偏心拨齿式	偏心拨齿式	偏心拨齿式
	直径，mm	1 000	1 000	1 000
	拨禾轮板数，个	5	5	5
脱粒机构布置方式		横置	横置	横置
脱粒滚筒	数量，个	1	1	1
	类型	轴流钉齿式	轴流钉齿式	轴流钉齿式
	尺寸(外径×长度)，mm	φ505×1 550	φ505×1 550	φ505×1 650
凹板筛类型		栅格式	栅格式	栅格式
复脱器类型		叶片式	叶片式	叶片式
轮胎规格	导向轮	10.0/75-15.3-10	10.0/75-15.3-10	10.0/75-15.3-10
	驱动轮	15-24	15-24	15-24
卸粮方式		机械螺旋自卸	机械螺旋自卸	机械螺旋自卸

(四) 牵引式联合收割机

牵引式联合收割机构造简单，随着自走式联合收割机的普及，已逐渐被淘汰。

二、半喂入联合收割机

（一）半喂入联合收割机的种类

半喂入联合收割机结构复杂（图 5-12），机型多为履带自走式，其割台又可分为立式和卧式两种。按卸粮方式不同，分为人工接粮和机械自动卸粮两种。

图 5-12　半喂入联合收割机

（二）半喂入联合收割机的产品特点

半喂入联合收割机主要由割台、夹持链、输送装置、脱粒分离装置、清选装置、行走底盘、液压系统和操纵系统等组成。能保持茎秆相对完整，对作物自然高度和穗幅差要求较高。

半喂入联合收割机作业时，扶禾器首先插入作物中，将作物梳整扶直推向割台，辅助扶禾星轮或橡胶指传动带等辅助拨禾，由切割装置进行切割。作物切断后，割台输送链随即将作物输送给中间输送装置，中间输送夹持链把垂直状态的禾秆逐渐改变成平卧状态，夹持输送到脱粒滚筒喂入端，交给脱粒夹持链，沿滚筒轴向将穗头部分喂进滚筒进行脱粒。作物在沿滚筒轴向移动过程中，穗头不断受到滚筒弓齿的梳刷和冲击，籽粒被脱下。脱下的籽粒经凹板筛孔落入清选装置，由抖动板和风扇气流配合清选。清洁的谷粒经谷粒螺旋输送器送到粮箱或装袋，断茎秆和断穗头等则由脱粒主滚筒排至副滚筒进行二次脱粒。杂物由副滚筒排杂口排出机外，脱粒后的茎秆始终由夹持链夹持从滚筒出口处排出，落在重力集堆装置上，进行定量堆放。有的机器在茎秆排出处装茎秆切碎装置，把茎秆切碎还田。

半喂入联合收割机有以下优点：一是节能。因只有小麦的穗部进入滚筒进行脱粒，功率消耗少。二是损失率低。三是可以低割茬收割并且保持茎秆完整，为茎秆的后续利用创造条件。四是采用橡胶履带行走机构，接地压力小，水田通过性能好并可收割倒伏的作物。其不足之处在于收割时必须有小麦夹持输送换向及交接机构，结构复杂。另外，此种机型是联合收割机中复杂系数最高的产品，价格昂贵，使用成本也高。

（三）半喂入联合收割机的主要技术参数

以下列举了几种常见型号的半喂入联合收割机的主要技术参数（表 5-8），购机时应予以关注。

表 5-8　半喂入联合收割机的主要技术参数

产品型号		4LBZ-1450	4LBZ-1450	4LBZ-1450
配套发动机型号规格		4L68	E4DD-VA01	V2403-M-DI-T-ES03
配套发动机	额定功率，kW	40	41	46
	额定转速，r/min	2 600	2 500	2 700
工作状态外形尺寸（长×宽×高），mm		4 130×2 200×2 380	4 400×2 580×2 380	4 250×2 560×2 170
作业速度，km/h		0～5.4	0～4.9	0～5.4
作业小时生产率，hm^2/h		0.13～0.33	0.25～0.40	0.27～0.47
单位作业量燃油消耗量，kg/hm^2		13～28	12.6～26.5	12～24
切割行数，行		4	4	4
割幅，mm		1 450	1 450	1 450
脱粒滚筒	类型	轴流弓齿式	弓齿式	弓齿式
	尺寸(外径×长度)，mm	ϕ425×800	ϕ446×900	ϕ424×900

（续）

产品型号		4LBZ-1450	4LBZ-1450	4LBZ-1450
履带	节距×节数×宽	90mm×46 节×400mm	90mm×46 节×400mm	90mm×43 节×400mm
	轨距，mm	980	1 010	970
理论作业速度，km/h		0～4.32	0～5.4	0～5.4
变速方式		机械变速箱+液压无级变速器（HST）	机械变速箱+液压无级变速器（HST）	机械变速箱+液压无级变速器（HST）
茎秆切碎器类型		悬挂式	悬挂式	悬挂式
卸粮方式		人工接粮	人工接粮	人工接粮

（四）半喂入联合收割机的适用范围

半喂入联合收割机比较适合于自然高度较高，作物长势均匀，其自然高度为650～1 200mm、穗幅差不大于250mm、小麦籽粒含水率为14%～22%的中小田块的小麦收获作业。

三、梳脱（捋穗）式联合收割机

（一）梳脱（捋穗）式联合收割机的种类

梳脱（捋穗）式联合收割机由摘穗部分、脱粒清选部分、茎秆切割部分和动力行走部分等组成，按行走方式分为轮式和履带式两种。

（二）梳脱（捋穗）式联合收割机的产品特点

梳脱（捋穗）式联合收割机改变了其他同类收割机全喂入收割方式，只将穗头梳入，既可收割各种水稻、小麦，又能把茎秆、杂草割下整齐堆放在侧边，大大提高了收割效率及收割质量，也为秸秆的综合利用提供了便利。其优点是省去了传统的庞大输送和清选部分，首先脱离出清洁的籽粒，不与茎秆混合，降低功率消耗。

（三）梳脱（捋穗）式联合收割机的主要技术参数

以下列举了几种常见型号的梳脱（捋穗）式联合收割机的主要技术参数（表 5-9），购机时应予以关注。

表 5-9　梳脱（捋穗）式联合收割机的主要技术参数

产品型号		4LGZ-1.5	4LGZ-2.0	4LGZ-2.5
配套发动机型号规格		N490	495	4105
配套发动机	额定功率，kW	29.4	35	50
	额定转速，r/min	2 600	2 600	2 600
工作状态外形尺寸（长×宽×高），mm		4 400×2 000×1 800	4 430×2 200×2 380	4 130×2 200×2 380
作业速度，km/h		0～6.4	0～6.6	0～6.8
作业小时生产率，hm^2/h		0.20～0.45	0.25～0.50	0.25～0.65
单位作业量燃油消耗量，kg/hm^2		≤28	≤28	≤28
割幅，mm		1 800	1 850	2 000
脱粒滚筒尺寸(外径×长度),mm		ϕ424×510	ϕ424×600	ϕ424×810
履带	节距×节数×宽	90mm×43 节×350mm	90mm×43 节×400mm	90mm×43 节×400mm
	轨距，mm	810	940	940
变速方式		机械变速箱＋液压无级变速器（HST）	机械变速箱＋液压无级变速器（HST）	机械变速箱＋液压无级变速器（HST）
茎秆切碎器类型		悬挂式	悬挂式	悬挂式
卸粮方式		人工接粮	人工接粮	人工接粮

（四）梳脱（捋穗）式联合收割机的适用范围

梳脱（捋穗）式联合收割机型比较适合于自然高度适中、作物长势均匀的小麦收获作业。适合收割较湿作物和夜间作业，而且不会发生阻塞，缺点是飞溅损失较难控制。

目前常用的联合收割机主要是全喂入和半喂入两种，由于梳脱（捋穗）式联合收割机仍需进一步完善，未批量上市，市场上并不多见。

第三节　收获机械的安全操作

联合收割机的安全操作包括安全标志、安全作业注意事项、安全操作等内容。

一、通用的安全标志

为了安全使用联合收割机，避免人身伤害事故，用户务必仔细了解联合收割机各处所粘贴的各种安全标志，并切实遵守规定。安全标志应保持清洁，不要损坏，如果被损坏，应及时更换新的。

（一）安全标志的种类与含义

（1）危险标志的符号带底色为红色，危险程度标志图形带与文字带的底色为白色，图形与文字为黑色，表示在机器运转时，各所贴危险标志的部位，人身必须远离，否则会造成重大人身伤亡事故。

（2）警告标志的符号带底色为橙色，警告程度标志图形带与文字带的底色为白色，图形与文字为黑色，提醒人们在操作时必须按使用说明书要求进行操作，否则会有人身伤害或机器损坏事故。

（3）注意标志的符号带底色为黄色，注意程度标志图形带与文字带的底色为白色，图形与文字为黑色，提醒人们在操作时必须注意有关事项，在维修保养时必须按使用说明书所规定的方法进行。

（二）安全标志的相关要求

通用安全标志的相关要求如表 5-10 所示。

表 5-10　通用安全标志的相关要求

标志类别		标志图样	粘贴位置及主要作用
危险标识	1	危　险 一、远离割台 二、维修或清理割台前，分离工作离合器；发动机熄火并拔下钥匙	此标志为红色，表示危险； 粘贴在割台两侧分禾尖处。机器运转时不允许用手或身体其他部位触碰运转部件，如割刀、拨禾轮、割台搅龙等，以免发生危险

（续）

标志类别		标志图样	粘贴位置及主要作用
危险标识	2	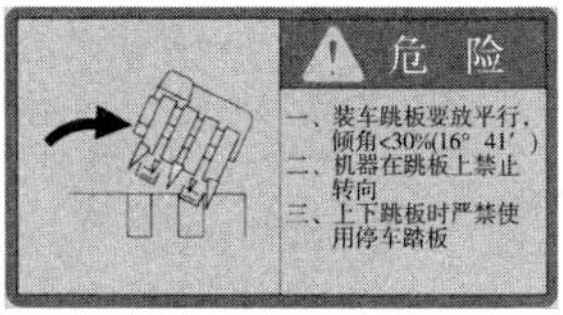 危险 一、装车跳板要放平行，倾角<30%(16° 41′) 二、机器在跳板上禁止转向 三、上下跳板时严禁使用停车踏板	此标志为红色，表示危险； 粘贴于驾驶台左内侧醒目处。上下卡车时，卡车的停车刹应刹紧。上下卡车，选择在平地，以最低速度来进行： ①必须使用有足够的强度、宽度（550mm 以上）、长度（高度的 4 倍以上）且有防滑装置带有挂钩的装卸板； ②装卸板挂在车箱上时，应平行且没有高度差，并保证机体不接触左、右的车箱板； ③助手在引导机器上下卡车时，不得站在机器周围 5m 之内； ④装车时以后退挡，卸车时以前进挡来进行； ⑤在上下装卸板的途中，不能操作转向杆、副变速杆，不得踏停车刹，否则机器会有急速下滑、掉落的危险。要改变方向时，必须下降至平地或回到车箱上修正好方向，再装卸车 在卡车上的封车处理： ①固定用绳或铁丝应固定在上下机架大方管上，不得捆在薄壁件、角钢及经不起强力捆拉的零部件上； ②在卡车上将收割台部分放落在垫木板、草包等较软非金属物上，并可靠固定； ③固定后在橡胶履带下塞填木头楔块等物，以免整机移位，且将变速杆挂挡 运输途中应经常检查机器是否松动，是否有脱焊、裂缝等现象，若有则应采取相应措施，运送中的急行进、急刹车、急转弯会产生危险，必须绝对避免

（续）

标志类别		标志图样	粘贴位置及主要作用
警告标识	1	警　告 一、严禁酒后操作 二、急转弯应减速 三、倒车时应注意后面安全 四、下列情况必须停止发动机： 1.人离车子 2. 打开顶盖前 3. 清扫、调节、检修、注油时	此标志为橙色，表示警告； 粘贴于驾驶台右侧醒目处。驾驶员应受过专门训练，取得驾驶操作证书，并认真阅读过本使用说明书 身体感觉不适、疲劳、睡眠不足、酒后、孕妇、色盲、精神失常及未满 18 岁的人不能操作机器。“严禁酒后操作……” 初次操作的人，在熟练操作之前，应低挡运转 操作者禁止穿肥大或没有扣好的工作服
	2	警　告 ●加油时发动机必须熄火 ●清洗时请切断电源	此标志为橙色，表示警告； 粘贴于机器左侧油箱加油口旁处。防止火灾，禁止在作业时加油和运转时加油（燃油必须经过 96h 以上沉淀），加油时应远离火种，严禁在机器附近和作业现场吸烟。油箱表面的油迹应擦拭干净，避免发生火灾 发动机、消音器周围，皮带轮内侧的配线部，蓄电池的周围若堆积草屑容易引起火灾，故作业前后必须清理干净。另外，不要把运转后的机器停放在草堆、柴垛旁边，以免引起火灾 发动机停止后马上盖上帆布会有发生火灾的危险，所以必须等发动机充分冷却后再盖 禁止在电器系统中安装、更换不合格电线，接线要牢固保险，质量应符合规定，不允许做打火试验，电瓶上禁止存放金属物并保持清洁。机器运转时，不要摘下电瓶线，电焊维修时必须断开电源总开关。否则也会造成火灾

（续）

标志类别		标志图样	粘贴位置及主要作用
警告标识	3	警　告 粮箱、搅龙发生堵塞时，必须先停机，后清除，严禁用手掏挖	此标志为橙色，表示警告； 粘贴于粮箱顶盖、粮食升运器搅龙壳上。排草口的抛出物会冲击身体，造成伤害，机器工作时，请不要靠近收割机后侧。卸粮时，禁止用手或铁锹等器具在粮箱内助推籽粒，严禁人员进入粮箱
注意标识	1	注　意 为确保发动机正常工作，务请做好以下工作： 1. 每隔4h清理一次水箱表面，防止秸秆覆盖，导致散热不良而开锅拉毛汽缸 2. 每8h检查一次机油面，防止因少油而拉瓦，同时检查机油是否清洁；必须按要求更换油及机油滤芯 3. 空滤及进气管不能有任何破损，否则灰尘进缸将造成缸套快速磨损 未按上述要求检查和保养发动机而造成的后果由用户自负	此标志为黄色，表示注意； 粘贴于驾驶台左内侧醒目处 ①务必在停止发动机之后，清扫切草器； ②在手工脱谷时，应停止行走、收割部的运转，请勿用手触摸供给链； ③必须停止发动机之后，检查脱粒器内部； ④必须停止发动机之后，检查链条、皮带以及其他旋转部位； ⑤在共同作业时，必须按喇叭示意，确保共同作业者的安全； ⑥灭火器安装在联合收割机驾驶台前侧右下方，应随机携带，要经常检查所配带的灭火器性能是否良好，遇到火灾等危险时，应首先使用灭火器。使用时先拔出灭火器的保险销，然后正对火源按下灭火器的压把即可
	2	严禁挂挡启动	此标志为黄色，表示注意； 粘贴于驾驶台仪表面板醒目处。驾驶员在启动发动机前必须检查变速手柄1是否在空挡，工作离合器操纵手柄2、卸粮离合器操纵手柄3是否在分离位置，当手柄2与3在结合位置时安全启动开关处于断开状态，启动电路不通，发动机不能启动。驾驶员在启动发动机时，必须按喇叭发出启动信号并且确定联合收割机周围无人靠近时，才能启动发动机

（续）

标志类别		标志图样	粘贴位置及主要作用
注意标识	3		此标志为黄色，表示注意； 粘贴于内有传动件、可拆卸或开启的防护罩上。即：割台、输送槽传动防护罩面上、脱粒部件传动防护罩外与内、发动机罩侧面等处。粘贴于内有传动件、运动件的防护罩上。因运动的皮带、链条有缠绕的危险，所以安全护罩未合上不允许启动发动机，发动机启动后不允许掀开或取下安全护罩，安全护罩损坏后应及时维修、更换。即：割台传动防护罩面上、脱粒部传动件防护罩内与外、后导流罩角上、排草口防护罩、输送槽盖板等处
	4		此标志为黄色，表示注意； 粘贴于内有转动件的设置处。即：前后脱粒滚筒顶盖、拨禾轮罩等处。特别需指明的是：打开滚筒顶盖后，不能用手或脚拨动滚筒钉齿，而要用随机的专用工具，否则很容易伤到手或脚。若不注意，会引起人身伤害事故
	5		此标志为黄色，表示注意； 粘贴于排草口。排草口的抛出物会冲击身体，造成伤害，提请注意，内有飞溅物飞出，会伤人。机器工作时，请不要靠近收割机后侧
	6		此标志为黄色，表示注意； 粘贴于内有搅龙的装置检修口壳体表面，即：1号升运搅龙、2号升运搅龙、粮箱出粮口处。卸粮时，禁止用手或铁锹等器具在粮箱内助推籽粒，严禁人员进入粮箱

（续）

标志类别		标志图样	粘贴位置及主要作用
注意标识	7	维修或在割台下面工作前，请将割台锁定板置于锁定的位置，务必将锁定板固定好	此标志为黄色，表示注意； 粘贴于驾驶台与割台之间两侧醒目处。机器发生故障需要进入割台下部检修时，必须将割台升起并将液压升降油缸用油缸锁定卡锁住。将发动机熄火拔下钥匙后方可进入割台下方检修

二、收获机械的安全操作

（一）全喂入联合收割机

1. 安全注意事项

（1）驾驶员　驾驶员应受过专门训练，取得驾驶操作证书（图 5-13）。身体感觉不适、疲劳、睡眠不足、酒后、孕妇、色盲、精神失常及未满 18 岁的人不能操作机器。初次操作的人，在熟练操作之前，应抵挡运转。操作者禁止穿肥大或者没有扣好的工作服。在使用机器前，应认真阅读使用说明书。作业过程中，应严格遵守安全操作规程，以免发生人身伤亡或机器故障等危险。

图 5-13　培　训

（2）防止火灾　禁止在作业和运转时加油，且所加注的燃油必须经过96h以上沉淀。加油时应远离火种，严禁在机器附近和作业现场吸烟，油箱表面的油迹应擦拭干净，避免发生火灾（图5-14）。车身各处堆积草屑，容易引起火灾，故作业前后必须清理干净。不要把运转后的机器停放再草堆、柴垛旁边，以免引起火灾。用完机器存放时，必须等发动机充分冷却后再盖帆布，以免发生火灾。禁止在电器系统中安装、更换不合格电线，接线要牢固保险，质量应符合规定，禁止直接连接电瓶正负极打火，电瓶上禁止存放金属物并保持清洁。机器运转时，不用摘下电瓶线，电焊维修时必须断开电源总开关。

图5-14　加注燃油

（3）灭火器的使用　通常情况下，灭火器位于驾驶室内部操作台左后部。收割作业时，灭火器应随机携带。经常检查灭火器性能是否良好，遇到火灾时，首先使用灭火器。

灭火器的使用方法（图5-15）：①拔出灭火器的保险销；②然后正对火源按下灭火器的压把即可。

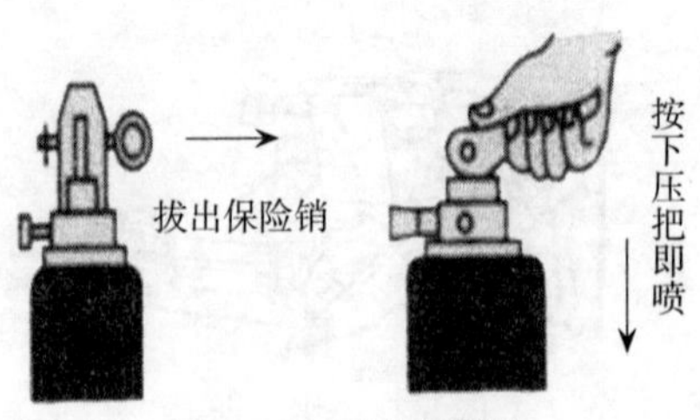

图5-15　灭火器操作

（4）蓄电池的安全使用　避免蓄电池近明火或短路而发生爆炸危险（图 5-16）。蓄电池只用来启动发动机，不做其他用途。

图 5-16　电瓶爆炸

蓄电池充电应遵守如下要求：充电时应将蓄电池从机器上取下，首先断开负极搭铁线。连接时，先连接正极电缆线。充电结束后应先断开充电电源，再将电缆与电瓶极柱脱离，以防电打火引爆电瓶。更换新电瓶时，应选择正规且通过国家认证的产品，以防使用中有危险。

（5）液压管路泄漏　液压部件工作时，高压液压油具有足够的力量，能穿透、击伤手、眼及皮肤，因此在检查、维修液压管路时，必须先用纸板或木板去检查可疑的泄漏处（图 5-17）。如果被泄漏的压力油伤害应立即去医院治疗，如果不及时进行必要的治疗，可能会引起严重的感染及反应不适。

图 5-17　液压油管泄漏

（6）防止烫伤　发动机、散热器、消音器在机器工作过程中温度很高，所以机器运转中或刚停止后不能马上接触，否则会造成烫伤（图 5-18）。

（7）安全作业距离　手或身体其他部位碰到机器运转部件，可能会发生惨痛的伤亡事故，必须避免此类事情的发生（图 5-19）。卸粮时，工作人员不要进入粮箱，或用器具助推卸粮。

图 5-18　发动机水箱开锅

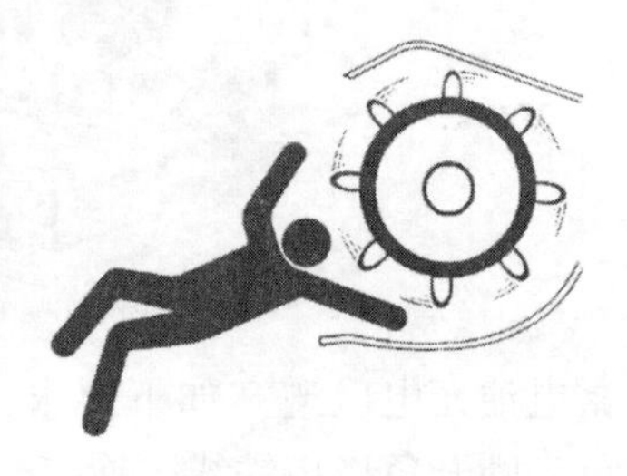

图 5-19　卷　入

（8）启动机器　驾驶员在确定联合收割机周围无人靠近，以及变速手柄在空挡，主离合和卸粮离合操纵手柄在分离位置，检查粮箱内无杂物，并按喇叭发出启动信号后，才能启动发动机。运动的皮带、链条可能因与人员或异物缠绕（图 5-20），而导致伤人致残或损坏机器的危险发生，所以安全护罩未合上不允许启动发动机。发动机启动后不允许掀开或取下安全护罩，安全护罩损坏后应及时维修、更换。

图 5-20　缠绕清理

（9）安全工作服　驾驶员在作业时应穿合适紧身的工作服，禁止穿肥大或者没有系好纽扣的外套或衬衫。禁止扎头巾、围巾、领带以及在腰间扎毛巾。禁止穿凉鞋、拖鞋等（图 5-21）。

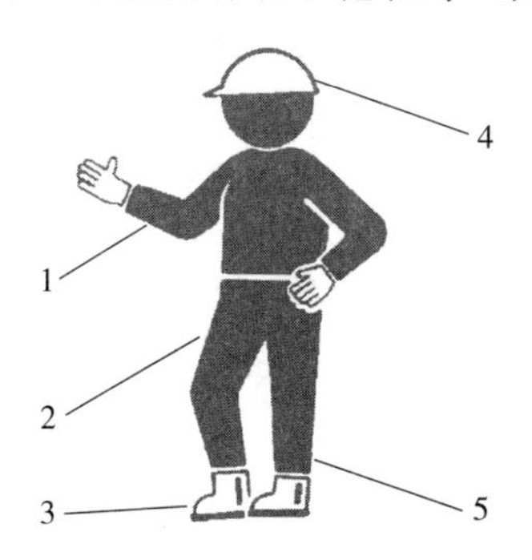

图 5-21　安全着装

1. 扣紧上衣袖口　2. 穿合身的衣服
3. 穿防滑鞋　4. 戴好安全帽
5. 收紧裤腿

（10）维修和清理　机器出现故障应及时检修，严禁带病作业。对机器进行清理堵塞、维护保养、调整时，为防止车辆因他人发动等原因，突然运转而引起人身伤害，必须将启动钥匙拔下，并断开电闸。在割台下工作时，必须在将割台可靠支撑后方能进行（图 5-22）。

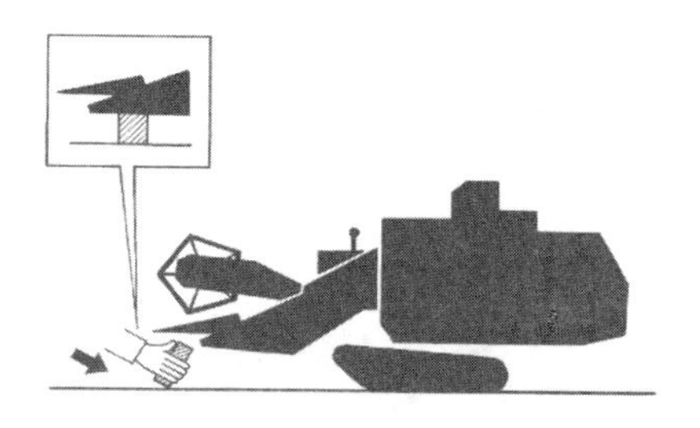

图 5-22　锁定割台

（11）安全收割作业　活动凹板间隙的调整必须在停机状态下进行。粮箱装满后，不允许用Ⅲ挡行驶和急刹车。卸粮时不用手及铁锹等器具在粮箱内助推籽粒，严禁人员爬入粮箱助推籽粒。在田间作业时，油门必须保持在发动机最大额定转速位置。收割机在田间作业时，作业地的横纵坡度均不大于 8°，转移行驶时横坡不大于 8°、纵坡不大于 11°18′，严禁在下坡时脱挡滑行，禁止在斜陡的路面、松软的路边及山崖边行驶，禁止在转弯、坡地、路面不平或田埂上高速行驶（图 5-23、图 5-24）。切碎器工作时，人员必须远离切碎器，以免发生伤亡事故。在充气情况下，严禁拆卸驱动轮上连接驱动轮毂与轮辋的螺栓。

图 5-23　跨越高埂　　　　图 5-24　观察路况

（12）收割机停放　收割机停止作业后，驾驶员必须将变速操纵杆置于空挡位置，将主离合及卸粮离合操纵手柄置于分离位置，取下启动钥匙，断开电源总开关。一定要让割台处于最低位置。在坡地停车时，必须拉上驻车制动且使用专用斜木或石块将四轮可靠固定好。禁止在斜陡的路面、松软的路边及山崖边等处停车（图 5-25）。

（13）割台安全卡的使用　人员在割台下工作时，必须将割台

图 5-25　路基松软

油缸安全卡放下，锁定割台后再工作，以防割台自降发生伤人的危险（图 5-26）。

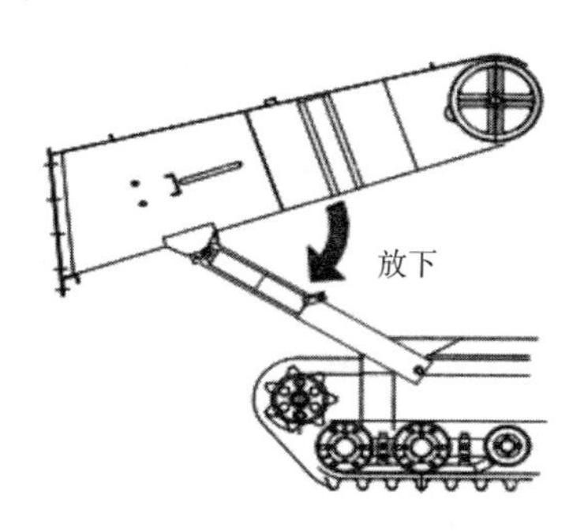

图 5-26 锁定割台

（14）联合收割机的移动 开动机器或合上各离合器前，应按响喇叭示意，不要使人接近机器。前进、后退、转弯时，必须确认周围的安全。转移时，在田埂等落差大的地方，应使用跳板。在路面较窄、路面坑洼严重等路况较差的地方行走时，应注意不要使机器翻倒或损伤。为了防止翻倒及损伤机器，应低速行走。跨越田埂时，应与田埂垂直跨越。行驶途中，不要进行急速的转向操作。

（15）紧急事件的处理 意外火灾时，请按灭火器的正确使用方法进行灭火，特殊情况请拨打 119 火警求救（图 5-27）。转向失灵、刹车失灵或驾驶员突然受伤时，请迅速将变速手柄放回空挡位置，

图 5-27 意外火灾

如果在工作时请迅速分离工作装置，然后熄火。为了保证你和他人的人身安全，请不要冒险行驶或作业。

（16）防止环境污染　为了减小环境污染，联合收割机在使用和保养时要注意：加燃油和润滑油（脂）时要避免溢出。废油要回收。废旧蓄电池请妥善处理。发现发动机工作不正常，应及时调整、维修，避免冒黑烟污染空气。

（17）使用专用工具清理堵塞　一旦发生滚筒堵塞，应立即停止发动机。打开滚筒顶盖后，禁止用手直接转动滚筒齿杆或拽拉滚筒皮带进行清理或修理。转动滚筒时，应使用放在驾驶台前面的脱粒机构转动专用工具，将专用工具的两钉齿插入滚筒带轮幅盘的两孔内，慢慢旋转手柄即可（图 5-28）。

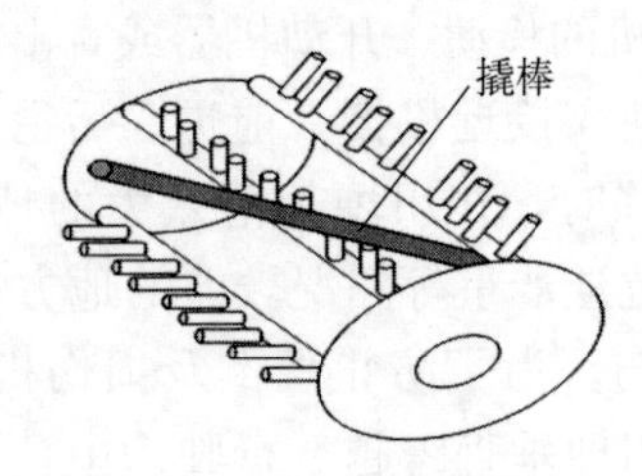

图 5-28　专用工具

（18）进入粮箱的危险　粮箱内不得堆放杂物。由于功能的需要，粮箱内横向搅龙不能完全被覆盖，因此发动机工作时不能进入粮箱，避免粮箱内横向搅龙的缠绕而引起人员伤亡。卸粮时禁止用手及铁锹等器具助推籽粒，严禁人员爬入粮箱助推籽粒（图 5-29）。必须进入粮箱清理残留粮食时，一定要关闭发动机，并断开电源总开关，取出钥匙，由进入粮仓清理的人员保管。

图 5-29　进入粮箱危险

（19）添加发动机冷却液　发动机无冷却液时不能使用，添加冷却液时，不要将低温的冷却液加入高温的发动机机体内，这样有可能使发动机缸盖和缸体炸裂（图 5-30）。冷却液面的位置应低于箱体上边缘20～30mm。

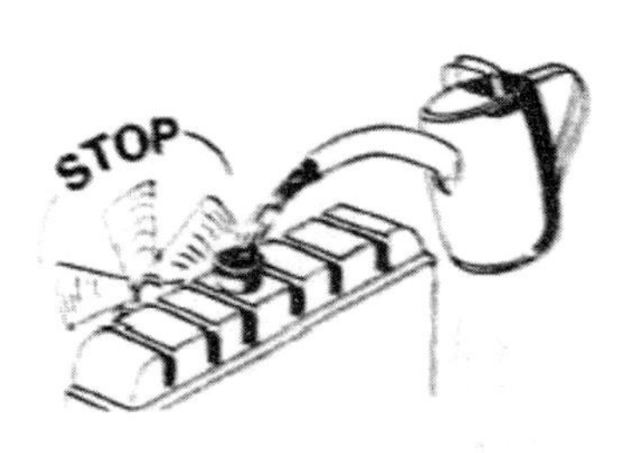

图 5-30　加注冷却液

（20）联合收割机的安全装卸　装卸联合收割机时，应选择平坦的地方，借助专用卸车台进行。必须有助手在现场引导，且不要让无关人员靠近。装车后将割台放至最低，且在割台下面垫上减震物品（如废旧轮胎），拉上手制动，挂上倒挡，拔出启动钥匙，锁上车门，关闭电源总开关。用铁丝将四个轮胎前后“八”字固定，轮胎前后用楔块可靠固定牢，并将后桥梁用铁丝拉住。过涵洞、桥梁时，要充分注意是否超高，拐弯时要充分减速。卸车时，应升起割台，解除手制动，用最低速度慢慢开下。牵引运输时（图 5-31），不得用绳索牵引联合收割机，要用适当的牵引杆，把它们可靠地连在前桥的适当位置。当牵引速度超过 20km/h 的时候，有可能对轮胎、变速箱和最终传动造成损害。

图 5-31　牵引运输

2. 安全操作规程

(1) 行走系统

①在更换或拆卸收割机轮胎、履带支重轮、导向轮、驱动轮时，应先将机架支撑固定到位（多点支撑），防止倾倒、移位，确保安全后方可实施维修（图 5-32）。

图 5-32　固定到位

②更换收割机轮毂、轮辋时，应先把车开到平坦坚硬的路面上，整车固定到位，用千斤顶支起大梁，确保轮胎不着地，安全可靠，然后放净轮胎内气体，再拧松轮毂、轮辋的固定螺栓，取下进行更换。

③在往轮子或轮辋上安装轮胎时，如不按照规定程序操作，有可能产生爆炸，这种爆炸会引起严重伤亡，在没有适当的设备及安全工作经验时，不要拆装轮胎。

④给轮胎充气时，不要超过使用说明书所规定的轮胎最大充气压力。超过最大压力时，会发生轮胎边缘裂纹，甚至发生爆炸（图 5-33）。

图 5-33　轮胎充气

(2) 传动系统

①在进行变速箱检修时，将割台升到最高位置并使用安全卡固

定，在割台下方使用三角支撑架进行两点以上支撑，确认安全后方可进入机器下部维修。

②在检查各种皮带、链条张紧度时，应当将发动机熄火、启动钥匙拔掉，由检查人员保管，并使主离合处在分离状态，在明显部位悬挂维修中警示标牌，方可进行检查维修（图 5-34）。

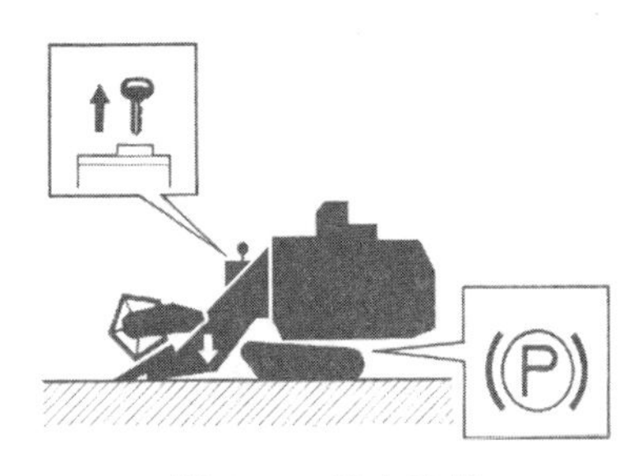

图 5-34　熄火检修

（3）收割输送系统

①在维修割台故障时，严禁在运动状态下维修，应当将发动机熄火、启动钥匙拔掉，由维修人员保管，并使主离合处在分离状态，悬挂维修中标牌，然后进行检查维修。

②收割机运转时不允许用手或身体其他部位碰触危险、运动部件，如转动的拨禾轮、往复运动的切割器、转动的喂入搅龙、皮带、皮带轮、链条、链轮等，跟踪作业时人员要与收割机旋转及往复运动部件保持 50cm 以上的安全距离（图 5-35）。

图 5-35　保持距离

③调整（如拨禾轮弹齿角度调整、喂入搅龙与割台间隙调整、切草刀间隙调整等）、保养、维修、清理堵塞（如清理过桥堵塞）

和杂草秸秆缠绕时，一定要分离主离合，发动机熄火，取出钥匙由维修人员保管，待零部件停止运转后才能进行维修。

④在收获机械割台下方维修工作时，割台油缸升至最高位置点则必须锁定割台油缸（装好锁定销和开口销），并用安全托架或垫块支撑稳固割台，做好两点以上支撑，并注意检查路面是否会受力下降（图 5-36）。若路面下陷则需更换维修地点，选择平坦坚硬路面，确认安全后方可进行维修作业。更换割刀或调整割刀时，手指应远离刀刃防止割伤（图 5-37）。

图 5-36　锁定割台支撑

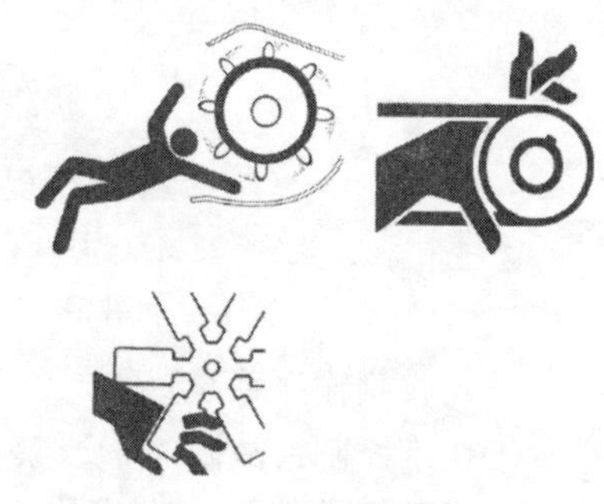

图 5-37　意外伤害

（4）脱粒系统

①收割机运转时应与之保持 50cm 以上的安全距离，远离旋转及往复运动部件，包括滚筒、搅龙、皮带、皮带轮、皮带张紧轮、链条、链轮、链条张紧轮等。

②调整（如活动凹版间隙调整）、保养（如对轴承加注润滑油）、维修（如故障排除）、清理堵塞（如清理滚筒堵塞）和杂草秸秆缠绕（如滚筒轴承缠草）时，一定要停车，将发动机熄火，拔掉启动钥匙，由维修人员保管，并使主离合处在分离状态，待零部件停止运转后才能进行调整。

（5）清选系统

①收割机运转时应与之保持 50cm 以上的安全距离，远离旋转及往复运动部件，包括筛箱、筛箱驱动装置、搅龙、皮带、皮带轮、皮带张紧轮、链轮、链条、链条张紧轮等。

②调整（如对风机转速调整）、保养（如对轴承加注润滑油）、维修（如故障排除）、清理堵塞（如复脱器堵塞）时，一定要停车，将发动机熄火，拔掉启动钥匙，由维修人员保管，并使主离合处在分离状态，待零部件停止运转后才能进行。

（6）电器系统

①机器运转时，不要摘下电瓶线，电焊维修时必须断开电源总开关，取下负极线。

②严禁反接蓄电池正负极电缆线。

③严禁私自增大灯泡功率或安装空调及大功率电器。

④更换保险时，保险片不可用铜丝或其他金属代替。

⑤禁止在电器系统中安装、更换不合格电线，接线要牢固可靠，质量应符合规定。电瓶上应保持清洁，禁止摆放金属等杂物。

⑥电线的外皮破损及短路会造成火灾，必须经常检查并将破损处维修好。

⑦需更换蓄电池或对蓄电池取下来充电时，应先摘掉负极。安装时，应先装正极。在充电时观察通气孔是否通气，避免电解液灼伤人体或衣物。

（7）液压系统

①高压液压油有足够的穿透力，击伤眼睛和肌肤（图 5-38）。在进行维修和检查高压管路时，最好用纸板来检查可疑漏油处。

图 5-38　高压油喷射

②在维修或更换多路阀、液压管路、液压齿轮泵、油缸等液压件时，应先将割台和拨禾轮放至最低，将其牢固支撑好，发动机熄

火，拔掉启动钥匙交由维修人员保管，关闭电源开关，排除周围维修安全隐患后方可进行维修。

（8）操作系统

①在更换、调整操纵机构时，应先把车开到平坦坚硬的路面上，整车固定到位（两点以上支撑），再进行更换或维修工作。

②调节刹车时，必须调整一致，否则会造成事故。

（二）半喂入联合收割机

1. 安全注意事项

（1）仔细阅读使用说明书（图 5-39）和机器上粘贴的安全标志，遵守正确的驾驶、作业方法，若不遵守可能有导致死亡或重伤的危险。

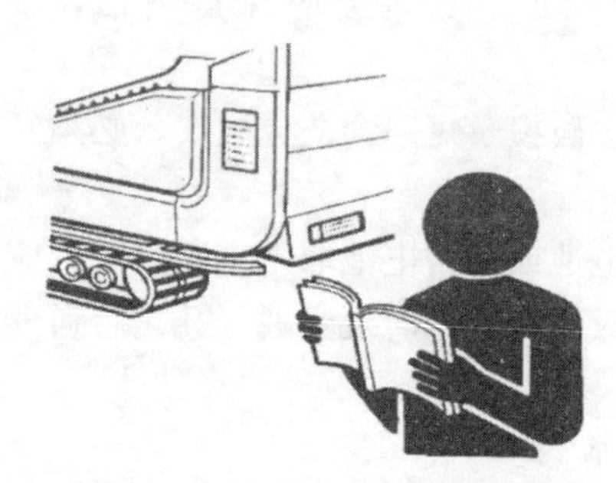

图 5-39　阅读使用说明书

（2）驾驶操作机器时，需要进行正确判断。饮酒者、睡眠不足者、孕妇、过于劳累者、正在患病者以及未满 16 周岁非成年人禁止驾驶操作联合收割机（图 5-40）。若不遵守会引发意外事故。

（3）作业时，驾驶员、助手均应穿着适合作业的服装，并戴好安全帽，穿上防滑鞋（图 5-41）。

（4）将机器借给他人或让他人驾驶时，应让其阅读使用说明书，并向其说明使用方法和安全注意事项，指导其进行安全作业。绝对不要让无法理解使用说明书及安全标志内容的人或儿童操作该机器（图 5-42）。

（5）擅自改装收割机可能会损害安全性，导致意外事故发生（图 5-43）。

图 5-40　身体欠佳

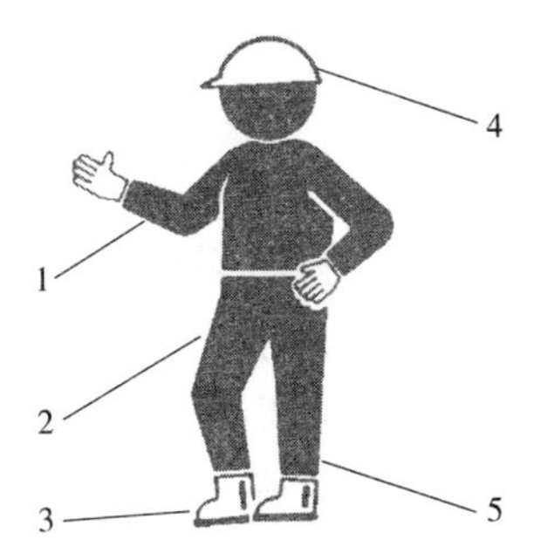

图 5-41　安全着装

1. 扣紧上衣袖口
2. 穿合身的衣服
3. 穿防滑鞋　4. 戴好安全帽
5. 收紧裤腿

图 5-42　看不懂

图 5-43　擅自改装

（6）非驾驶人员乘坐机器，可能会从机器上摔下或被机器碾轧，导致伤亡事故（图 5-44）。

（7）发动机器时，或需将脱粒、收割各离合器手柄置于“合”的位置时，请通过鸣喇叭等方式进行提示。移动机器时，请注意周围的安全（图 5-45）。

（8）避免在夜间作业或移动机器，否则会导致交通事故或翻车、跌落事故，造成死亡或受伤。不得已而在夜间作业时，请务必

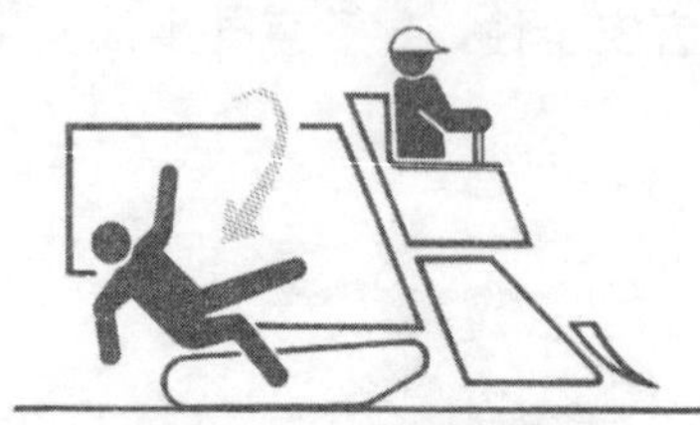
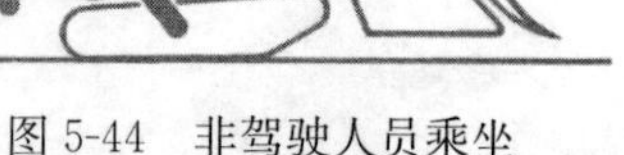

图 5-44　非驾驶人员乘坐

图 5-45　周边安全

打开前照灯和作业灯（图 5-46）。

（9）启动发动机时，应坐在驾驶座上，将主变速手柄置于“停止”位置，并将脱粒、收割、出谷各离合器手柄置于“离”的位置，通过鸣喇叭等方式进行提示（图 5-47）。

图 5-46　光线不足时作业

图 5-47　防止伤人

（10）发动机排出的气体有毒，可能会引起废气中毒，导致死亡事故（图 5-48）。在室内驾驶机器时，请注意通风换气。

（11）日常作业前，应按使用说明书中的要求，对机器进行检查（图 5-49）。如有异常，应在维护后再作业。

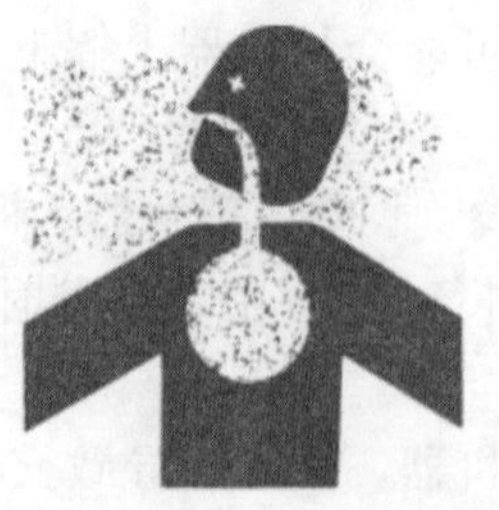

图 5-48　废气伤害

图 5-49　日常检查

（12）及时清理积留于皮带护罩内、蓄电池周围的草屑以免发生（图 5-50）火灾。检查、维护、清扫和加油时，请务必关停发动机，并拔下主开关的钥匙。检修、清理完成后，务必将拆下的安全防护罩安装回原位后再进行作业，以免被卷入旋转部位（图 5-51），造成受伤。

图 5-50　草屑堆积引起火灾

图 5-51　先停机再检修

（13）打开或关闭脱粒部、切割部、发动机仓盖、粮仓时，必需关停发动机，并拔下主开关的钥匙（图 5-52）。

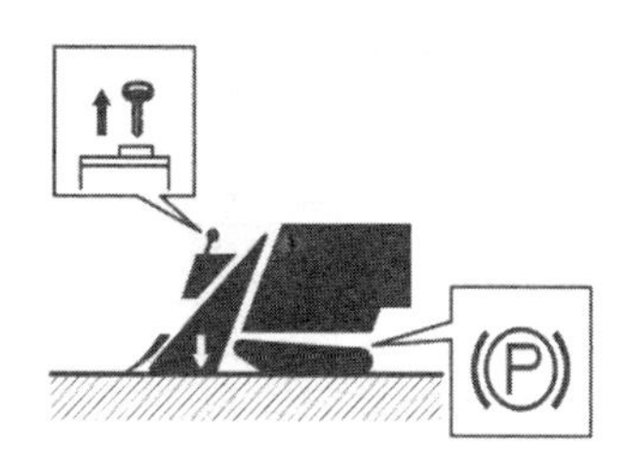

图 5-52　停机并拔下钥匙

（14）拆卸、更换蓄电池时，注意拆装顺序。拆卸蓄电池时，首先拆下负（一）极线，安装蓄电池时，首先将正（＋）极线安装于正（＋）极端子上。不要使明火（火柴、打火机以及香烟的火星等）靠近蓄电池或使蓄电池电线短路，以免造成烫伤或起火爆炸等危险（图 5-53）。

（15）如果在蓄电池的液位处于 LOWER（下限）以下时继续使用或对其充电，不仅会缩短蓄电池的寿命，还可能引起火灾、爆炸（图 5-54）。应将蓄电池从机器上拆下，在通风良好的场所补足电瓶液后再充电。

图 5-53 明火导致烫伤或起火爆炸

图 5-54 防火

（16）蓄电池电解液（稀硫酸）沾到身上，会导致烫伤或衣物损坏。若不慎沾到皮肤、衣物上，请立即用水充分清洗。电解液不慎进入眼睛或误食电解液时（图 5-55），应立即用水充分洗漱，然后接受医生的治疗。

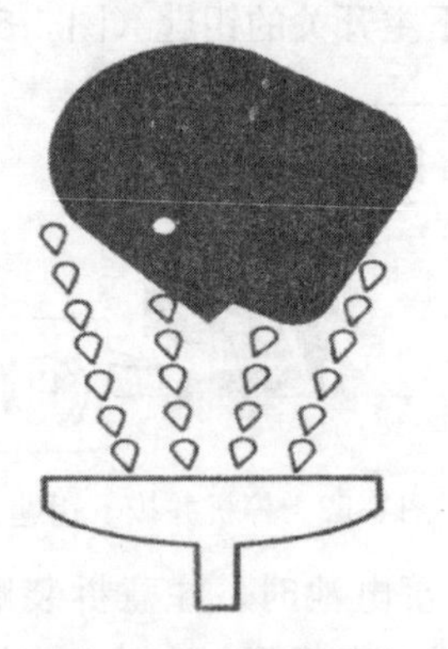

图 5-55 电瓶水溅出

（17）调整、更换割刀、切刀刀片、茎秆切刀时，需戴上防护手套，避免直接触碰刀刃受伤（图 5-56）。

（18）如果水箱过热开锅，严禁立即打开水箱盖，以免因热水或蒸汽喷出而导致烫伤或受伤。向发动机补充冷却液时，应在发动机熄火 30min 后，慢慢旋松散热器的压力盖，释放蒸汽压力后再将其打开（图 5-57）。

图 5-56 远离运动件

图 5-57 开锅

（19）应使用厚纸或板材等检查燃油喷射管、液压管中高压油泄漏情况。不要用手直接接触高压油，以免被高压油击穿皮肤（图 5-58）。

（20）装、卸机器时，应使用专用高强度、带挂钩、防滑装置的装卸板。其长度应为卡车车厢高度的 4 倍以上，其宽度不小于履带的宽度。确保装卸板钩挂牢并与卡车车厢平行，以免因装卸板偏移、脱落而导致机器掉落（图 5-59）。

图 5-58 检查泄漏

图 5-59 使用装卸板

（21）需钻入割台下方进行检查、维护以及清扫作业时，必须关停发动机，升起并用锁定卡锁定割台，以防止割台下落而受伤（图 5-60）。

图 5-60 锁定割台

(22) 随意丢弃、焚烧废弃物，会造成环境污染。废液流淌到田间污染土壤，焚烧废油污染空气，倒入河流、湖泊等污染水质。应对废弃冷却水（防冻液）、制冷剂、溶剂、滤清器、蓄电池、橡胶类及其他有害物质按照规定的方法进行无害化处理（图5-61）。

(23) 停机前应先将油门关小，拉起驾驶台左前方红色熄火拉钮。熄火后，熄火拉钮不能立即复位，以防意外启动。启动时先将熄火拉钮复位，然后启动（图5-62）。

(24) 机械不能在左右倾斜角度超过8°的地面上行走，以免翻车（图5-63）。

(25) 移动行走、急转弯时，应降低行走速度。否则机手可能会从机器上摔下或造成翻车（图5-64）。

图5-61 保护环境　　图5-62 熄火拉钮

图5-63 斜坡上行驶

图5-64 急转弯

（26）田边地角收割作业时，应充分观察后方情况，否则会导致翻车或人员掉落（图 5-65）。

图 5-65　观察不足

2. 安全操作规程

（1）割台部分

①检查、调整割刀前，在平坦的场所升起割台，将割台的安全锁具置于“锁定”位置，以防止割台下降（图 5-66）。此外，还应采取垫入枕木等防止下降的措施。请戴上手套，由 2 人手持割刀部的两端进行拆装作业，切勿用手接触刀刃部，否则在割刀意外动作时会非常危险。

图 5-66　锁定割台支撑

②更换切刀刀片前，务必关停发动机，拔下主开关的钥匙。请务必使用手套，并避免直接接触切刀刀刃。拆装切断轴组件时，必须由 2 人共同进行切断轴组件的分解、组装作业。

③在割台下方维修工作时，割台油缸升至最高位置点则必须锁定割台油缸（装好锁定销和开口销），并用安全托架或垫块支撑稳固割台，做好两点以上支撑，并注意检查路面是否会受力下降，若路面下陷则需更换维修地点，选择平坦坚硬路面，确认安全后方可进行维修作业。在维修割台故障时，严禁在运动状态下维修，应当将发动机熄火、启动钥匙拔掉，由维修人员保管，并使主离合处在分离状态，悬挂维修中标牌。

④对人工收割（田边收割）作物的脱粒时，请将收割机停在平坦的场所，挂上停车刹车，将割台降至地面并停止动作。工作人员要收紧衣服的袖口，切勿佩戴手套、头巾、围巾及在腰部缠绕毛巾，手和胳膊必须位于链条的外侧（离开收割机的位置）并少量依次喂入作物。否则会因被链条卷入而导致受伤。

（2）输送部分

①收割机运转时，不允许用手或身体其他部位碰触危险、运动部件，如转动的夹持链、往复运动的切割器、皮带、皮带轮、链条、链轮等。作业时，辅助人员要与收割机旋转及往复运动部件保持安全距离（图 5-67）。

图 5-67　保持距离

②调整（如夹持链间隙调整、切草刀间隙调整等）、保养、维修、清理堵塞（如清理堵塞）时，一定要分离主离合，发动机熄火，取出钥匙由维修人员保管，待零部件停止运转后才能进行维修。

（3）脱粒系统

①进行手动脱粒作业时，手和胳膊必须在链条的外侧，并少量依次喂入。收割机运转时应与之保持 50cm 以上的安全距离，远离旋转及往复运动部件，包括滚筒、搅龙、皮带、皮带轮、皮带张紧轮、链条、链轮、链条张紧轮等，防止被链条等卷入而造成重伤（图 5-68）。

图 5-68　意外伤害

②调整（如活动凹板间隙调整）、保养（如对轴承加注润滑油）、维修（如故障排除）、清理堵塞（如清理滚筒堵塞）和杂草秸秆缠绕（如夹持承缠草）时，一定要停车，将发动机熄火，拔掉启动钥匙，由维修人员保管，并使主离合处在分离状态，待零部件停止运转后才能进行调整。

（4）清选系统

①收割机运转时应与之保持 50cm 以上的安全距离，远离旋转及往复运动部件，包括筛箱、筛箱驱动装置、搅龙、皮带、皮带轮、皮带张紧轮、链轮、链条、链条张紧轮等。

②调整（如对风机转速调整）、保养（如对轴承加注润滑油）、维修（如故障排除）、清理堵塞时，一定要停车，将发动机熄火，拔掉启动钥匙，由维修人员保管，并使主离合处在分离状态，待零部件停止运转后才能进行。

（5）传动系统

①在进行变速箱检修时，将割台升到最高位置并使用安全卡固

定，在割台下方使用三角支撑架进行支撑，做到两点以上支撑，确认安全后方可进入机器下部维修。

②在检查各种皮带链条张紧度时，应当将发动机熄火，拔掉启动钥匙，由检查人员保管，并使主离合处在分离状态，在明显部位悬挂维修中警示标牌，方可进行检查维修（图 5-69）。

图 5-69　熄火检修

（6）电器系统

①机器运转时，不要摘下电瓶线，电焊维修时必须断开电源总开关，取下负极线。

②严禁反接蓄电池正负极电缆线。

③严禁私自增大灯泡功率或安装空调及大功率电器。

④更换保险时，保险片不可用铜丝或其他金属代替。

⑤禁止在电器系统中安装、更换不合格电线，接线要牢固可靠，质量应符合规定。电瓶上应保持清洁，禁止摆放金属等杂物。

⑥电线的外皮破损及短路会造成火灾，必须经常检查并将破损处维修好。

⑦需更换蓄电池或对蓄电池取下来充电时，应先摘掉负极，安装时，应先装正极。在充电时观察通气孔是否通气，避免电解液灼伤人体或衣物。

（7）液压系统

①高压液压油有足够的穿透力击伤眼睛和肌肤。在进行维修和检查高压管路时，最好用纸板来检查可疑漏油处（图 5-70）。

图 5-70　高压油喷射

②在维修或更换多路阀、液压管路、液压齿轮泵、油缸等液压类故障时，应先将割台和拨禾轮放至最低，将其完全落地或牢固支撑好，将发动机熄火、拔掉启动钥匙交由维修人员保管、关闭电源开关，排除周围维修安全隐患后方可进行维修。

（8）操作系统

①在更换、调整操纵机构时，应先把车开到平坦坚硬的路面上，整车固定到位（两点以上支撑），进行更换或维修工作。

②调节收获机械的刹车时，必须调整一致，否则会造成事故。

（9）行走系统

①在更换或拆卸收割机履带支重轮、导向轮、驱动轮时，应先将机架支撑固定到位（多点支撑），防止倾倒、移位，确保安全后方可实施维修（图 5-71）。

图 5-71　固定到位

②调节履带必须用千斤顶顶起机器时，请选择水泥地等坚硬的场地、能保持平衡的位置进行作业。

③请选用顶起能力为2t以上的千斤顶。

④用木材、垫块等垫入收割机时，应选用强度足够的材料，垫入时请注意不可使木材或垫块脱离收割机。

⑤在进行HST、变速箱驱动皮带的检查、调整、变速箱油的检查时，需升起割台并将割台的安全卡置于“锁定”位置，以防止割台下降。此外，还应采取垫入枕木等防止下降的措施。

（10）发动机

①启动发动机时，应坐在驾驶座上，将主变速手柄置于“停止”位置，并将脱粒、收割、出谷各离合器手柄置于“离”的位置，通过鸣喇叭等方式进行提示。

②发动机器或将脱粒、收割各离合器手柄置于“合”的位置时，请通过鸣喇叭等方式进行提示。

第四节　收获机械的使用与调整

一、全喂入联合收割机

为正常发挥联合收割机的性能，作业前必须根据作物的生长状态，田间干湿等情况，对收割机的各部做及时调整。

（一）割台部分

如图5-72所示，全喂入联合收割机割台由拨禾轮、上下连杆组件、割台搅龙、割台升降油缸、过渡传动组件、割台机架、切割器组件、左右分禾器等部件组成。正式作业前，各组件调整到位方可正常工作。

1. 拨禾轮的使用与调整

拨禾轮的高低、前后位置、拨禾轮转速以及弹尺的倾斜角，应根据田间作物生长情况随时调节，有利于提高机器作业质量和减少割台对农作物的损失（图5-73）。

（1）拨禾轮的高低调节　拨禾轮转到最低位置时，拨尺应作用

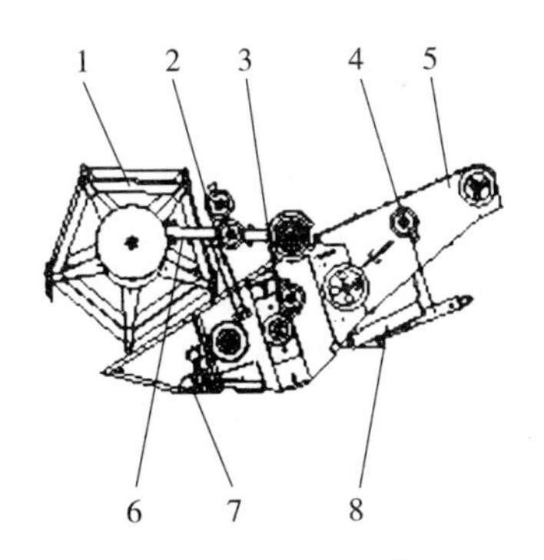

图 5-72　割台系统

1. 拨禾轮　2. 上下连杆组件　3. 割台搅龙　4. 割台升降油缸
5. 过渡传动组件　6. 割台机架　7. 切割器组件　8. 左右分禾器

图 5-73　拨禾轮的前后调整手柄

在作物被切割处以上 2/3 的部位，使割下作物能顺利倒向割台。当收割倒伏或矮秆作物时，拨禾轮可适当调低一些。调整时使用液压操纵手柄，当确定适合位置时，手柄恢复在中间位置，使拨禾轮高度控制在同一部位。

（2）拨禾轮的前后调整　拨禾轮与切割器是配合工作的，往前调时拨禾作用加强而铺放作用减弱。往后调时拨禾作用减弱而铺放作用增强。调整时，先放松拨禾轮传动“V”形带上的张紧轮，然后再松开拨禾轮升降臂支撑座的连接螺栓，便可将拨禾轮前后移动到合适位置。调整后张紧传动“V”形带，将各连接螺栓拧紧。收割直立生长作物时，将拨禾轮轴调到距护刃器前梁垂线 250～300mm 距离处。收割倒伏作物，顺倒伏方向收获时尽可能前些，逆倒伏方向收获时则应接近护刃器位置。收割高秆大密度作物时，应前调；收割稀矮作物时，应尽可能后移接近喂入搅龙。

(3) 拨禾齿倾斜角的调整　收割直立和稍微倒伏作物时，拨禾轮弹尺一般垂直向下以减少对作物穗头的打击，需增强铺放作用时可将拨禾轮弹尺向前倾斜。收割倒伏作物时，拨禾轮弹尺应向后倾斜，以增强扶起作物的作用。调整时，松开偏心调节板上的固定螺栓，便可把拨禾尺调节到合适的倾斜角，调整后拧紧固定螺栓。需要注意的是，拨禾轮放到最低、最后位置时，弹齿顶端至喂入搅龙、护刃器，最小距离不得小于 20mm。

(4) 拨禾轮转速的调整　由拨禾轮变速轮调速手柄操纵实现。调整拨禾轮转速时，必须在拨禾轮运转中转动变速轮调速手柄才能调速。当顺时针转动时，拨禾轮转速加快；逆时针时，转速减慢。

2. 切割器的使用与调整　切割器长时间使用或使用中遇到障碍物会引起刀片磨损、震动、松动等状况，严重时可使刀梁、刀杆、压刃器变形，动刀片上翘间隙变大，影响切割效果，所以应经常检查及时调整更换。

(1) 护刃器、压刃器及动刀片的调整　如图 5-74 所示，动刀片和压刃器工作面之间的间隙范围在 0.1～0.5mm。对新换的护刃器要进行矫正，所有护刃器上的切割工作面均应处在同一平面上。调整的方法可以用一个管子套在护刃器尖端上去掰直，也可用手锤

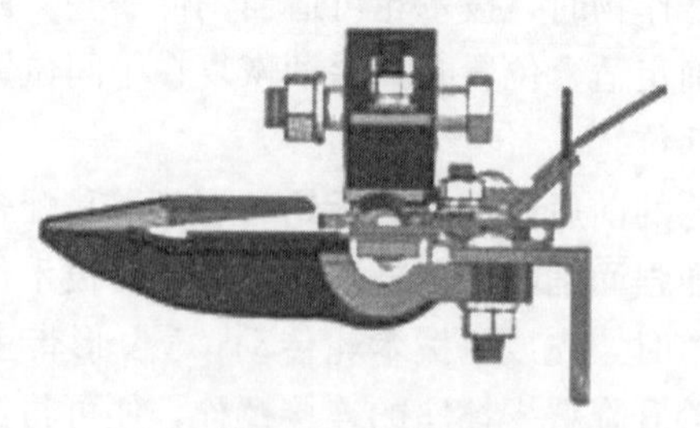

图 5-74　切割器

敲打，使之平直。压刃器的调整方法同样是用手锤敲打压刃器。如果按照上述方法还达不到要求，可在支撑切割器横梁与摩擦片之间增加调整垫片来实现。当调整正确后，用手推拉动刀刃应左右滑动灵活，并且在收割过程中以不塞草为宜。

（2）刀杆前后游动调整　刀杆与摩擦片之间的间隙应为0.3～0.5mm，一般出厂时已调整好。当机器使用较长时间后摩擦片侧边磨损，刀杆往复运动前后游动严重，此时可更换摩擦片的工作面，已经更换过工作面的可更换摩擦片。

（3）割刀传动机构检查与调整　当三角摆环组件处于两端极限位置时，动刀片中心线与护刃器中心线应重合，其最大误差不大于5mm，否则必须进行调整。调整的办法是：松开连杆组件与刀头组件的紧固螺栓，用手拉动动刀组件到动刀片中心与护刃器中心重合处，再转动偏心链轮组件，使割台过渡轴偏心链轮、销轴、连杆组件中心成为一线，拧紧连杆组件与刀头组件的紧固螺栓即可。

3. 割台搅龙的使用与调整

（1）搅龙叶片与底板间隙调整　割台搅龙叶片与割台底板间隙为11～15mm。调整时松开割台左侧浮动滑块下面螺栓的锁紧螺母，调整螺栓，拧起或放下滑块，保证搅龙在最低位置时，叶片与底板的间隙符合要求。

注意：搅龙左端有滑块螺栓横穿着，此螺栓只起导向作用，用户千万不能将其锁紧，以免搅龙不能浮动而产生堵塞。

（2）伸缩杆偏心位置调整　偏心拨齿机构是通过伸缩杆前伸后缩，把螺旋搅龙横向送来的作物纵向扒入输送槽入口处，伸缩杆的偏心位置直接影响到搅龙纵向输送的性能。调整时，松开短轴左端调节块弧形槽上的紧固螺栓，转动调节块，使左右拐臂接调节轴相对搅龙体中心转过一定角度，改变伸缩杆伸出的方位。拐臂的方向与调节块上的键槽方向一致，调整时，伸缩杆与输送槽中的被动滚筒相对方向缩至最短，不碰输送带耙齿，调整后紧固螺栓。

（二）输送部分

中间输送器又称为过桥，位于机器中部或左侧，上部固定在脱粒部件入口两侧的机架上，下部搭在割台入口过渡板上。中间输送部分由输送槽和输送链耙或皮带耙齿组成。作业时，将割台搅龙伸缩杆送来的作物由输送链耙通过输送槽均匀地输送到脱粒室进行脱粒分离。为了适应作物层厚薄不同，被动滚筒可以自由上下浮动，以适应喂入量的变化。

1. 输送带的使用与调整

输送带正常工作的张紧程度是以下边皮带下垂弧形的耙齿能轻轻刮到底板为宜。如需张紧，松开两侧张紧调节螺杆上的后锁紧螺母，拧紧前锁紧螺母，把撑板推前，使输送带张紧到合适松紧度后同时锁紧两侧前后螺母（注意：两条平皮带的张紧程度必须一致）。输送带调整后还应做下列调整：割台升至最高位置时，输送带上的耙齿与割台搅龙、伸缩杆顶部应留有15～35mm的间隙。若太小，可把输送带调短一截，然后接好再张紧。收割机在作业时，当喂入量过多造成轻微堵塞时，应踩下行走离合器踏板，让机器暂停前进，待输送完槽内作物后再继续作业。如果堵塞严重，应停机打开货盖清理。

2. 输送链耙的使用与调整

链耙张紧度和间隙直接影响到作物的输送和工作部件的使用寿命，因此必须进行合理调整。链耙耙齿与过桥底板之间的间隙为10mm。该间隙是通过调整过桥链耙的张紧度实现的。调整后的链耙必须保证左右高低一致，两根链条张紧度一致，同时要检查被动轴是否浮动自如。衡量链耙张紧度的方法：用手试将链耙中部上提，其提起高度以20～35mm为宜。

（三）脱粒清选部分

脱粒清选部分由机架、脱粒滚筒、凹板筛、滚筒盖、风扇、振动筛、出谷搅龙、回收搅龙、复脱滚筒等部件组成。作业时，将输送槽送来的作物导入脱粒室，完成脱粒、分离、清选、复脱、籽粒升运等工作。

1. 脱粒间隙调整

应根据作物成熟度、作物产量等情况，适当调整滚筒转速和凹板间隙。

调整前，一定要先关闭发动机。采用组合齿杆轴流滚筒，滚筒上对称安装6根或4根齿杆。在分离段采用可调高度的连体分离齿（振动筛机型为安装随机备件中的分离板），增强分离籽粒能力。该滚筒既有利于喂入，又有足够的脱粒强度，脱出物含杂较少，夹带损失率低，脱小麦较为适应。为了提高收割机的适应性和整机性能，一般都增加了脱粒间隙可调的功能。

脱粒间隙可通过改变齿杆座板与辐盘安装位置进行调整，实现如图5-75所示三种间隙。出厂状态，脱粒间隙一般为10～15mm。收获较青秸秆或潮湿作物，夹带损失较严重时，脱粒间隙可调为5mm。短茎秆多，粮食清洁度差时，脱粒间隙可调为19mm。另外，脱粒间隙还可通过增加或减少如图5-76所示调整垫片数量的方法进行调整。

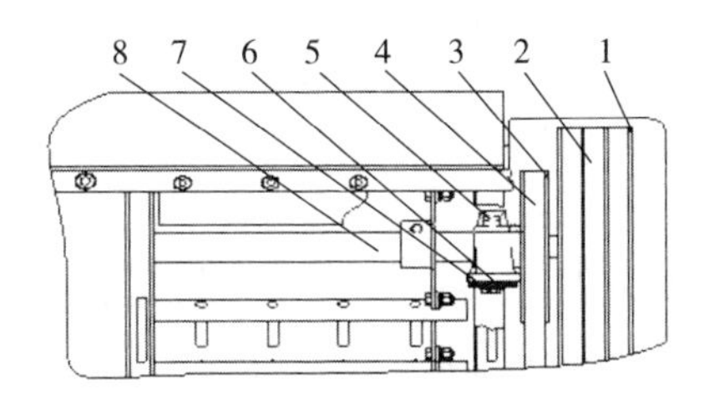

图5-75　脱粒间隙调整
1. 大皮带轮　2. 皮带　3. 小皮带轮　4. 皮带
5. 轴承座　6. 调整垫片　7. 螺栓　8. 脱粒滚筒

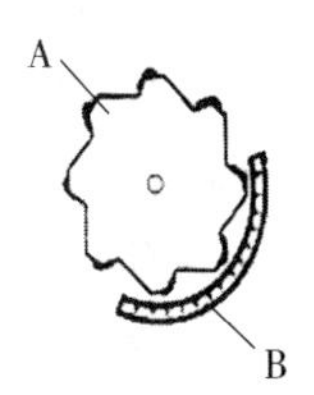

图5-76　凹板间隙
A. 滚筒　B. 凹板

松开皮带张紧轮，卸下大皮带轮上的皮带，再卸下内侧小皮带轮上的皮带，松开轴承固定螺栓，将调整垫片从内侧加在轴承座下面垫上，拧紧螺栓，装上皮带和张紧轮。调整脱粒间隙时，应保证间隙均匀一致。调整之后，一定要先用工具驱动滚筒转动几圈（不可直接用手驱动），如果无干涉，才可以启动发动机进行试运转。

2. 纹杆式轴流滚筒活动栅格凹板出口间隙的调整

轴流滚筒活动栅格凹板出口间隙是指该滚筒纹杆段齿面与活动

栅格凹板出口处径向间隙，如图 5-77 所示，该间隙通常可分为5mm、10mm、15mm 和 20mm 四挡，分别由活动栅格凹板调节机构手柄固定板上四个螺孔定位。手柄向前调整间隙变小，向后调整间隙变大。调整完毕后，凹板左右间隙应保持一致，其偏差不得大于 1.5mm，必要时可通过调节左、右调节螺杆调整。

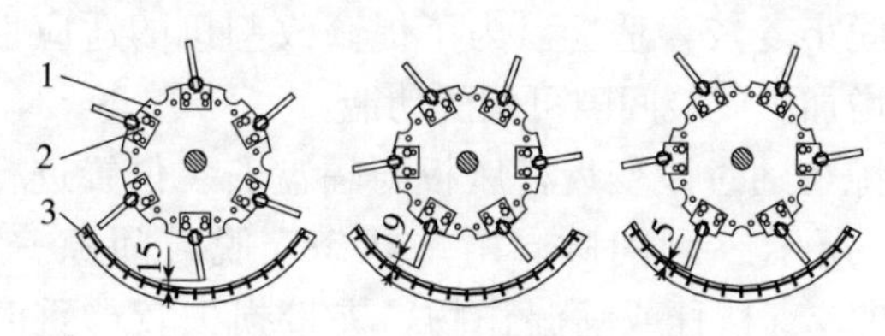

图 5-77　脱粒间隙

3. 滚筒转速的调整

杆齿式轴流滚筒通常有两种转速，收割机出厂时已定为高速。对特殊作物还可将中间轴带轮和轴流滚筒带轮对换，实现低速。板齿滚筒多采用链传动，可以对两滚筒进行不同的链轮配置，从而可实现多种不同的板齿滚筒转速，以满足不同作物的脱粒分离要求。

4. 风扇风速调整

进行风机的转速调节时，先将风机皮带张紧轮及锁紧螺母松开，然后将风机无级变速轮向里或向外调节，调好后锁紧。风机风量大小也可以通过调风板来调节。若风机转速调到最低，调风板也关到最小时还不能满足要求（风量大），可将风机叶片对称取掉6 片。

(四) 传动部分

1. 传动皮带的使用与调整

为了延长“V”形带的使用寿命，在使用中应注意以下几个问题：

(1) 装卸“V”形带时，应先将“V”形带张紧轮松开，不可强硬装卸“V”形带。

(2) 安装带轮时，同一回路中“V”形带轮槽对称中心面位置偏差不大于中心距的 0.3%（一般短中心距允许偏差 2～3mm，长中心距的允许偏差 3～4mm)。

(3) 要经常检查"V"形带的张紧程度，新"V"形带在刚使用的头几天易拉长，要及时检查调整。

(4) 机器长期不使用，"V"形带应放松，应保存在阴凉干燥的地方。挂放时，必须避免打卷。

(5)"V"形带上不要弄上油污，粘有油污时应及时用肥皂水清洗。

(6) 注意"V"形带工作温度不能过高，一般不超过 60℃。

(7)"V"形带应以两侧面工作，如带底与轮槽底接触摩擦，说明"V"形带已磨损，需更换"V"形带。

(8) 经常清理带轮槽中的杂物，防止锈蚀，减少"V"形带和带轮的磨损。

(9) 带轮转动时，不许有大的摆动现象，以免降低胶带的使用寿命。发现带轮摇摆转动时，要检查原因，必要时更换。

(10) 带轮轮缘有缺口时，应及时修理更换。

2. 链条的使用与调整

(1) 在同一传动回路中的链轮应安装在同一平面内，其轮齿对称中心面位置偏差不大于中心距的 0.2%（一般短中心距允许偏差 1.2～2mm，较长中心距的允许偏差 1.8～2.5mm)。

(2) 链条的张紧度应适度。

(3) 安装链条时，可将链端绕到链轮上，便于连接链节。连接链节应从链条内侧向外穿，以便从外侧装连接板和锁紧部件。

(4) 链条使用伸长后，如张紧装置调整量不足，可拆去两个链节继续使用。如链条在工作中经常出现爬齿或跳齿现象，说明节距已伸长到不能继续使用，应更换新链条。

(5) 拆卸链节冲打链条的销轴时，应轮流打链节的两个销轴，销轴头如已在使用中撞击磨损，应先磨去表面粗糙部分。冲打时，链节下应垫物，以免打弯链板。

(6) 链条应按时润滑，以提高使用寿命，但润滑油必须加到销轴与套筒的配合面上。因此应定期卸下润滑。卸下后先用煤油清洗干净，待干后放到机油中或加有润滑脂的机油中加热浸煮20～30min，冷却后取出链条，滴干多余的油并将表面擦净，以免在工作中粘附尘土，加速链传动件磨损。如不热煮，可在机油中浸泡一夜。

（7）链轮齿磨损后可以反过来使用，但必须保证传动面的安装精度。

（8）新旧链节不要在同一链条中混用，以免因新旧节距的误差而产生冲击，拉断链条。

（9）磨损严重的链轮不可配用新链条，以免因传动副节距差，使新链条加速磨损。

（10）机器存放时，应卸下链条，清洗涂油装回原处，最好用纸包起来，存放在干燥处。链轮表面清理后，涂抹油脂防止锈蚀。

（五）行走部分

1. 轮胎的使用要点

如图5-78所示，作业过程中，随时检查轮胎的损坏情况，如果有割伤和破裂要及时修理或更换新轮胎。避免轮胎受不必要的日照，避免轮胎与任何化学药剂接触。每天出车前，应检查轮胎压

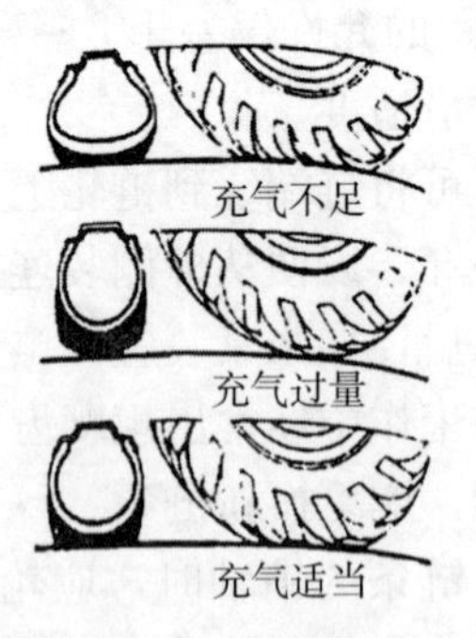

图5-78　轮胎充气

驱动轮胎（15-24）：轮胎压力为0.25～0.28MPa　转向轮胎（10.0/75-15.3　人字）：轮胎压力为0.35～0.39MPa（核对轮胎上给定值）

力，严格按照轮胎的型号要求充气，轮胎的充气情况影响着机器的作业寿命。

2. 履带行走机构的使用与调整

如图5-79所示，履带行走机构由驱动轮、支重轮、张紧轮、橡胶履带等部件组成，具有通过性好，不破坏田块硬土层，结构简单，经久耐用的特点。橡胶履带使用温度一般为－25～55℃。化学药品、机油、海水的盐分会加快履带的老化，在这样的环境下使用后要及时清洗履带。机器下田前应在两张紧螺杆及导向轮撑杆上加注润滑油，以免生锈。

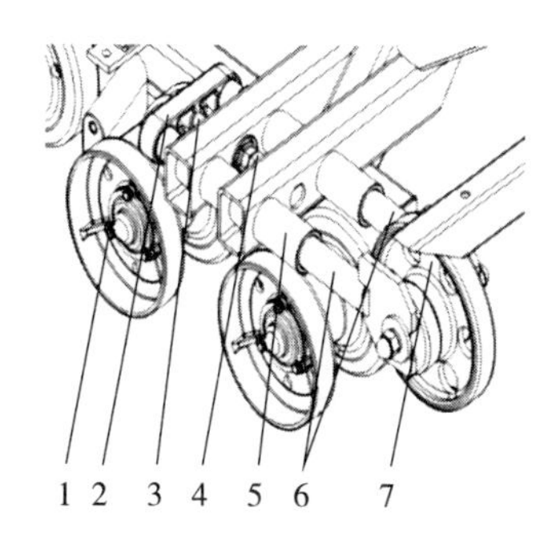

图5-79　履带的张紧和支重轮组合
1. 螺栓　2. 撑杆限位块　3. 张紧螺节杆　4. 锁紧螺母
5. 双导向管　6. 导向轮撑杆　7. 导向轮

（1）履带松紧检查与调整　行走机构中，橡胶履带的松紧度应经常检查。履带太松，容易引起脱轮，在行走时会经常跳动并伴有撞击声，导向轮、承重轮骑齿，造成芯铁脱落、钢丝断。太紧时，履带在行走运转中，履带产生非常大的张力，导致伸长，节距发生变化，在个别地方产生高面压，造成芯铁和驱动轮异常磨损，严重时，造成芯铁折断或被磨损的驱动轮齿勾出。检查履带松紧时，先用千斤顶顶起机架，使履带悬空，检查履带在第二个支重轮的下垂量应为15～20mm，超出此范围，应及时调整，确保橡胶履带松紧适度。调整时，只要松开锁紧螺母，用扳手将其固定，旋转张紧螺杆，调至需要的位置后，拧紧锁紧螺母。

注意：履带无需经常张紧，只要不脱轨，松一些更有利于延长履带寿命。

（2）履带脱轨后需重新安装的方法　用千斤顶顶起脱轨侧机架，松开锁紧螺母，用扳手将其固定，旋松张紧螺杆，将导向轮向内推到底，用撬棒将脱轨履带重新安装在轮系上。

（六）发动机空气滤清器

为确保联合收割机发动机在高灰尘浓度环境下正常工作，一般都配置了高性能的空气滤清器系统，主要由空滤器软管、粗滤盆、空滤器报警器、安全滤芯、纸质滤芯、排尘袋压、紧密封装置等部件组成（图 5-80）。

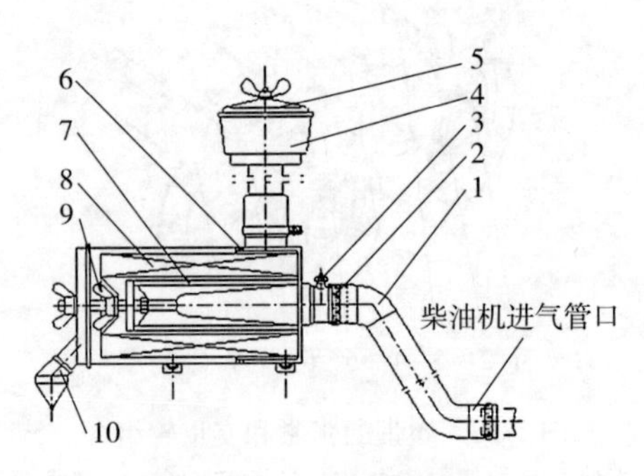

图 5-80　空气滤清器结构

1. 空滤器软管　2. 管箍　3. 空滤器报警　4. 粗滤盆　5. 盆盖
6. 叶片环　7. 安全滤芯　8. 纸滤芯　9. 压紧螺母　10. 排尘袋

作业中应注意以下几个方面：

（1）收割作业前，必须检查空气滤清器系统的所有密封件是否密封，确保未经过滤的空气不进入气缸内，防止因脏空气进入引起的气缸磨损，延长发动机的使用寿命。

（2）作业过程中要经常观察粗滤盆中灰尘满度情况，当满度达到 80%左右时必须及时清理干净粗滤盆中的灰尘。

（3）当灰尘在纸质滤芯上沉积到规定值时，空滤器报警器会使仪表报警灯或蜂鸣器报警，立即停机保养空气滤清器。

（4）保养空滤器时，要按空滤器壳体上的保养说明进行操作，清除纸质滤芯上的灰尘。当纸质滤芯产生严重变形时，必须更换新滤芯同时更换安全滤芯，保养完毕后，必须将各密封胶垫放在正确位置并拧紧所有密封件螺栓。

（5）经常检查排尘袋橡胶开口间隙，应不大于 1mm，橡胶变软或老化应及时更换。严禁工作中堵塞排尘口。

（6）严禁使用劣质滤芯、密封件。

二、半喂入联合收割机

（一）割台部分

1. 割刀间隙的调整

如图 5-81 所示，割刀通常由动刀片、压刀环、垫片、定刀片组成。割刀经长时间使用，会引起刀片磨损、刀片间隙变大，影响切割效果，所以应经常检查，及时调整更换。

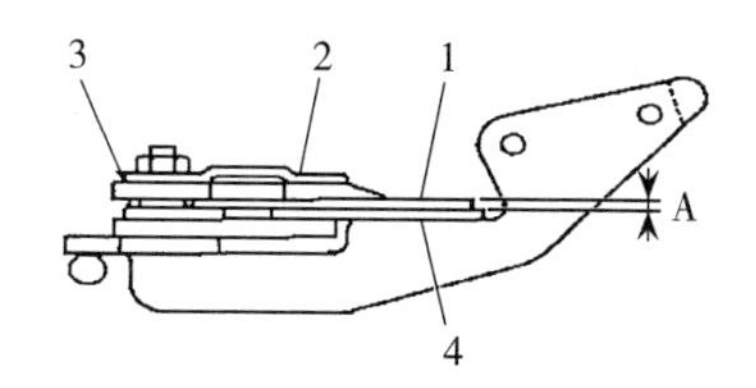

图 5-81　切割器结构

1. 动刀片　2. 压刀环　3. 垫片　4. 定刀片　A. 间隙

调整时，首先拧开锁紧螺母，从定刀支座上拆下压刀环。将刀片间的泥土和草屑等清除干净。然后利用垫片进行调整，以使动刀片和定刀片的间隙 A 为 0～0.5mm。调整完毕将螺母锁紧，此时能用手轻轻用力推拉刀杆，应能左右滑动。注意调整时应戴上手套，由 2 人手持割刀的两端进行装拆作业，切勿用手接触刀刃。

2. 割刀、定刀的更换

如图 5-82 所示，刀片损坏，直接影响作业质量，作业中应经常检查割刀，发现割刀破损、折断，应立即停机，更换刀片。拆卸时，利用手动砂轮机等工具磨去破损刀刃铆钉部的“铆接”部分，敲出铆钉，拆下并更换破损刀片后，用新铆钉铆接好。

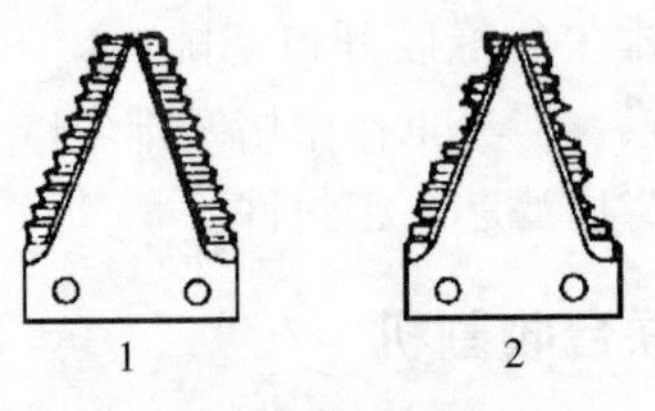

图 5-82　刀片对比

1. 新刀片　2. 破损刀片

（二）输送部分

1. 扶禾链条的张力调整

如图 5-83 所示。

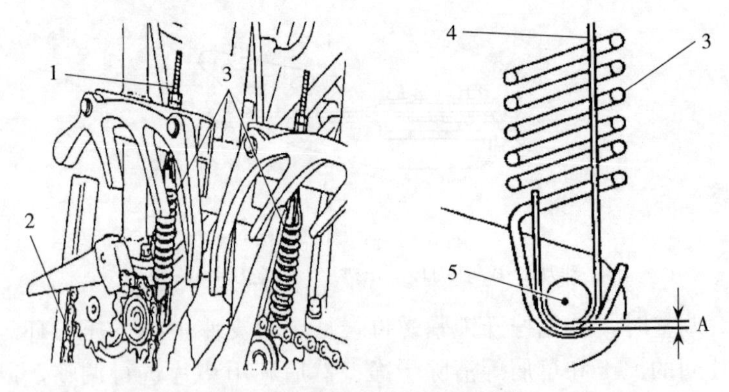

图 5-83　扶禾链条的张力调整

1. 张紧螺栓　2. 扶禾链条　3. 扶禾张紧弹簧　4. 扶禾张紧挂钩　5. 螺母　A. 间隙

（1）测量扶禾张紧挂钩部 4 和螺母钩挂部的间隙 A，基准值为 0.5～2.5mm。

（2）与基准值不符时，用张紧螺栓 1 的螺母进行调整。

（3）当扶禾链条 2 没有张紧余量时，可拆下链条的 2 个连接环（25.4mm）。

2. 齿形皮带的调整

如图 5-84 所示，旋松张力带轮安装螺母 2，张紧齿形皮带 1，然后将螺母 2 紧固。

3. 扶禾爪的调整

如图 5-85 所示，扶禾爪磨损或损坏时，应及时检查，磨损严重的应及时更换。拆卸扶禾爪时，应从销钉直径小的一侧用尖冲头将销钉敲出。

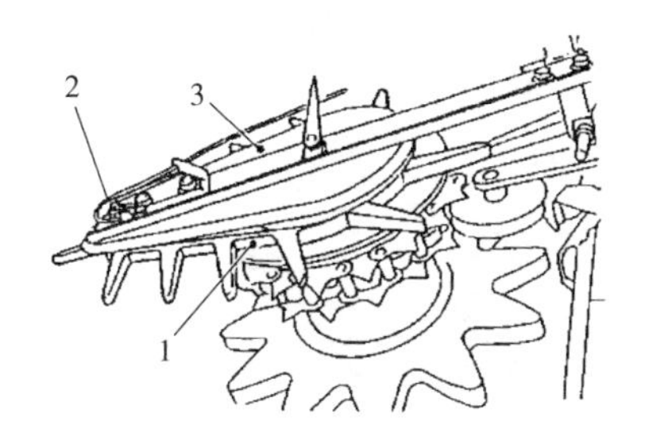

图 5-84　齿形皮带的调整

1. 齿形皮带　2. 螺母　3. 机架

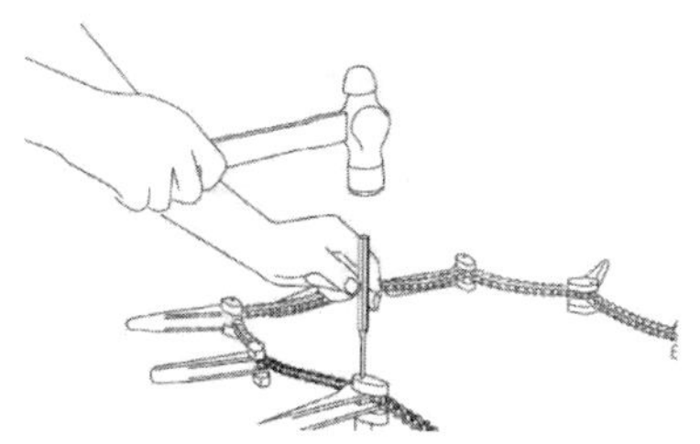

图 5-85　扶禾爪的调整

4. 排草链条的使用与调整

排草链条通过对应的两根张紧弹簧张紧，当链条使用伸长后，可以通过去掉链节进行调整。当收割长秸作物时，出现排出的茎秆落到未收割的作物上情况，可将排草导轨向后适当拉出。

5. 切草刀的更换

如图 5-86 所示，脱粒室内壁上固定有切草刀，当两侧都磨损

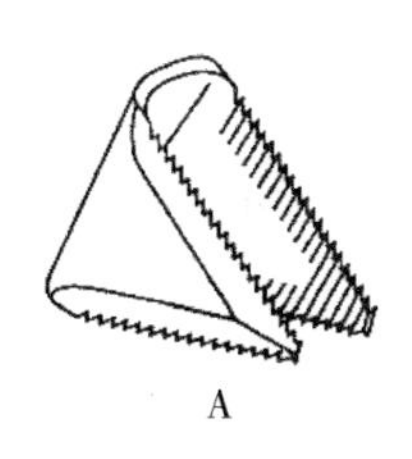

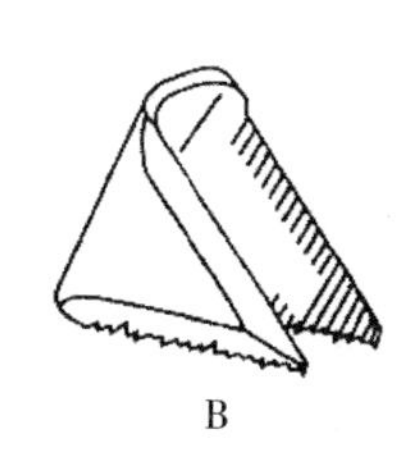

图 5-86　切草刀刀刃磨损

A. 良　B. 不良　1. 切草刀

或刀刃磨损成B时，应及时更换切草刀。更换切草刀时，打开脱粒室外罩，拆下安装螺栓，将切草刀1的方向颠倒安装或取下换成新刀再进行组装。拆装时切勿用手接触刀刃，以免伤手。

（三）脱粒部分

1. 脱粒深浅链条的调整 如图5-87所示。

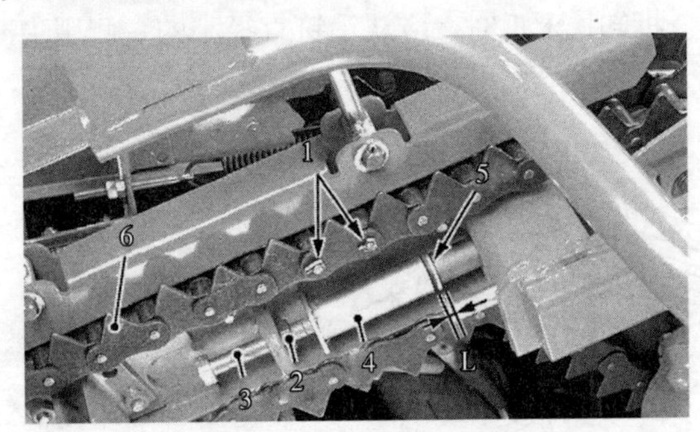

图5-87 脱粒深浅调整

1. 开口销 2. 锁紧螺母 3. 张紧螺栓
4. 深度挡板 5. 平垫圈 6. 脱粒深浅链条 L. 间隙

（1）测量张紧螺栓3的深度挡板4和平垫圈5的间隙L基准值1～2mm。

（2）与基准值不符时，旋松张紧螺栓3的锁紧螺母2，利用张紧螺栓3进行调整。

2. 脱粒弓齿的使用与调整

如图5-88所示。脱粒滚筒转速很高，固定在筒壁外的脱粒齿在大喂入量下受力，会产生磨损，甚至倾斜变形，继续使用将影响脱粒质量，应及时检查更换。

首先，检查脱粒齿的倾斜、磨损情况。当脱粒齿单侧磨损较重时，可颠倒脱粒齿的方向继续使用。当脱粒齿的两侧都磨损时，应更换脱粒齿。另外，当脱粒齿倾斜时，需使用锤子进行校正。更换脱粒齿时，先拆下护板4，然后拆下脱粒筒圆筒盖3，拆下脱粒齿安装螺母5，再拆下并更换脱粒齿。

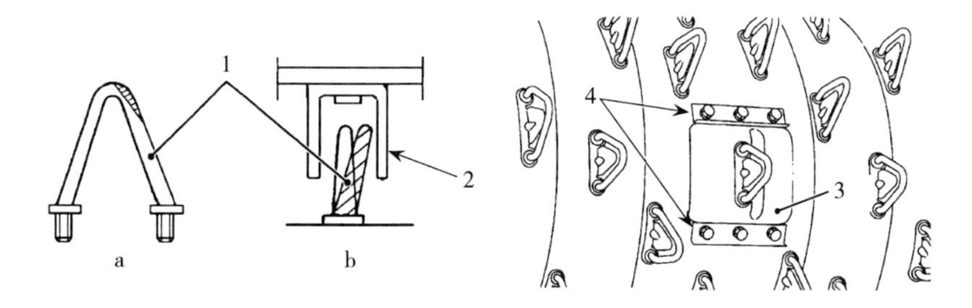

图 5-88　脱粒齿磨损

a. 脱粒齿磨损　b. 脱粒齿倾斜

1. 脱粒齿　2. 切草刀　3. 脱粒筒圆筒盖　4. 护板

(四) 行走部分

1. 履带的使用与调整

如图 5-89 所示。检修时，先将收割机停放在平坦的场所，用千斤顶顶起机架后部和变速箱下部，使履带悬空，距离地面 10cm 左右，用木块或千斤顶固定机架后部和变速箱的车轴。测量从履带张紧轮 1 起第 3 号的滚轮 2 下端和下侧履带上面的间隙 B，其基准值为13～18mm，当间隙与基准值不符时，用履带张紧螺栓进行调整。

注意：必须以同样的方式调整左右履带的张力，并保持一致。

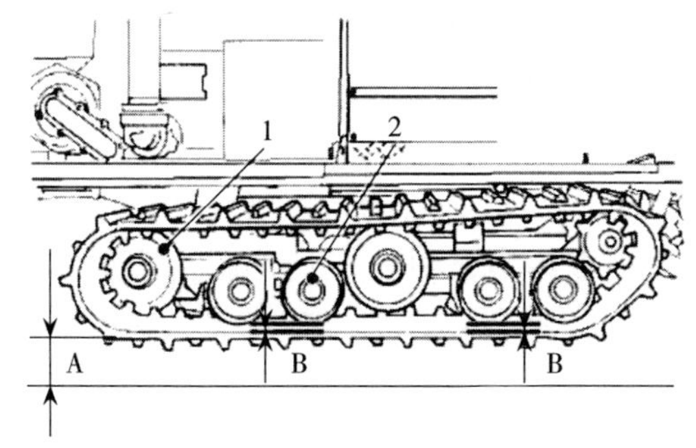

图 5-89　履带张紧

1. 履带张紧轮　2. 载重滚轮

2. 刹车踏板的使用与调整

如图 5-90 所示。测量停车刹车踏板的自由行程 A，其标准值为3～10mm。与基准值不符时，可通过调整螺母2位置进行调整。

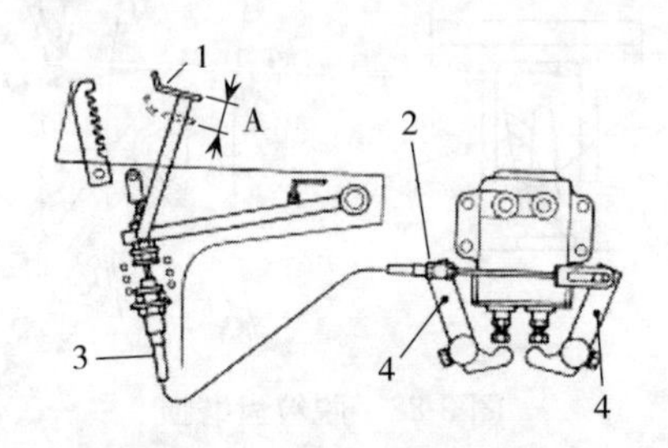

图5-90　停车制动系统

1. 停车刹车踏板　2. 调整螺母　3. 停车刹车钢索
4. 单边离合器臂　5. 自由行程

第五节　收获机械的维护保养与常见故障排除

一、维护保养要求

正确的维修保养，是防止联合收割机出现故障，确保优质、高效、低耗、安全工作的重要条件，因此，必须及时、认真地按下述规定的内容对联合收割机进行维修保养。

（一）作业期间的班保养

（1）发动机的班保养应按《柴油机使用说明书》进行。

（2）彻底检查和清理联合收割机各部分的缠草，以及颖糠、麦芒、碎茎秆等堵塞物，尤其应清理拨禾轮、切割器、喂入搅龙缠堵物，凹板前后所在脱谷室三角区、上下筛间两侧弱风流道堵塞物，发动机机座附近沉降物等，特别注意要清理变速箱输入轮的积泥（影响平衡）。

（3）检查发动机空气滤清器盆式粗滤器和主滤芯（纸质滤芯），以及散热器格子集尘情况。盆式粗滤器在工作中，还应视积尘满度随时清除。散热器格子视堵塞程度进行吹扫，必要时班内增加清理次数。

（4）检查并杜绝漏粮现象。

（5）检查各紧固件状况，包括各动力轴承座（特别是驱动桥左右半轴轴承座）紧定套螺母和固定螺栓、偏心套、发动机动力输出带轮、过桥主动轴输出带轮、摆环箱输入带轮、第一级变速轮栓轴开口销、行走轮固定螺栓、发动机机座固定螺栓状况。

（6）检查护刃器和动刀片有无磨损、损坏和松动情况，以及切割间隙情况。

（7）检查过桥输送链耙的张紧程度。

（8）检查“V”形胶带的张紧度。

（9）检查传动链张紧度，当用力拉动松边中部时，链条应有20～30mm挠度。

（10）检查液压系统油箱油面高度，以及各接头有无漏油现象和各执行元件之间的工作情况。

（11）检查制动系统的可靠性，变速箱两侧半轴是否窜动（行走时有周期性碰撞声）

（二）摩擦副的润滑

为了提高收割机的使用寿命和使用经济性，一切摩擦副都要及时、仔细地润滑，润滑工作按使用说明书中的润滑图、表进行。

（1）润滑油应放在干净的容器内，并防止尘土入内，油枪等加油器械要保持洁净。

（2）注油前必须擦净油嘴、加油口盖及周边部位。

（3）经常检查轴承的密封情况和工作温升，如因密封性能差，工作温升高，应及时润滑和缩短相应的润滑周期。

（4）装在外部的传动链条每班均应润滑，润滑时必须停车进行。先将链条上的尘土清洗干净，再用毛刷刷油润滑。

（5）各拉杆活节、杠杆机构活节应滴机油润滑。

（6）在变速箱试运转结束后清洗换油，以后每周检查一次油，每年更换一次油。

（7）液压油箱每周检查一次油面，每个作业季节完后应清洗一次滤网，每年更换液压油。换油时，应先将割台落地，然后再将油放尽更换新油。

（8）检修联合收割机时，应将滚动轴承拆卸下来清洗干净，并注入润滑脂（包括滚道和安装面）。

（9）润滑图、表规定的润滑周期仅供参考，如与作业实际情况不符，应依据实际作业情况调整。

（三）联合收割机的封存保养

收割机除每天工作前做好保养外，经过一个季节的工作后，要拆下收割机，并做一次大的维护保养。这样不但可以延长机器的使用寿命，而且能为下一季的使用做好准备。注意将拆下的割台用两根平直的木头顺搅龙方向垫起，支点要落在割台底板的弧形加强槽钢上，放置平稳，护刃器梁和切割器不能受压。主要维护和保养工作有：

（1）将各部沉积的杂物、泥沙清理干净。

（2）在滚筒轴承和割刀传动机构中的摆环轴承上加注新鲜黄油。

（3）全面检查割台搅龙伸缩杆导套、伸缩杆座、动刀片、滚筒纹杆或杆齿、抖动板和筛箱摆臂橡胶套等，必要时加以修复或更换。

（4）检查易磨损的割台底板、输送槽底板、集谷搅龙和籽粒升运器壳体等薄钢板，必要时加以修复或更换。

（5）检查振动较大部位有否开焊断裂，必要时加以修复或更换。

（6）检查各处轴承是否损坏。当发现外球面轴承缺油时，可拆下后用尖嘴油枪注入锂基润滑脂，也可拆下密封盖从一端更换新油后，再安装好密封盖。

（7）油漆脱落或生锈的覆盖件，要除锈后重新油漆。

（8）切割器、割台搅龙伸缩杆、链条等部位要涂上防锈油脂。

（9）放松三角胶带和输送带。

（10）存放地点要干燥，不能露天停放。

二、常见故障及排除方法

收割机故障产生的起因主要有两种：一是由于操作不当引起的

意外性故障，是人为所致，一般是容易避免和预防的。二是机器长期使用中某些机件由于过度磨损而引发的突发性故障，是自然磨损所致，在使用中只要采取积极的防范措施是可以避免和减少故障发生的。

（一）全喂入联合收割机

1. 割台（表 5-11）

表 5-11　割台部分常见故障、原因及排除方法

常见故障	故障原因	排除方法
割刀堵塞	1. 遇到石块、木棍、钢丝等硬物 2. 动、定刀片切割间隙过大引起切割夹草 3. 刀片或护刃器损坏 4. 因作物茎秆低导致割茬低，使刀梁上壅土	1. 立即停车排除硬物 2. 调整刀片间隙 3. 更换刀片和修磨护刃器刃，或更换护刃器 4. 提高割茬和清理积土
作物在割台搅龙上架空喂入不畅	1. 机器前进速度偏高 2. 拨齿伸出位置不对 3. 拨禾轮离喂入搅龙太远	1. 降低机器前进速度 2. 向前上方调整前伸缩位置 3. 后移拨禾轮
拨禾轮打落籽粒太多	1. 拨禾轮转速太高，打击次数多 2. 拨禾轮位置偏前，打击强度高 3. 拨禾轮位置偏高，打击穗头	1. 降低拨禾轮转速 2. 后移拨禾轮位置 3. 降低拨禾轮高度
拨禾轮翻草	1. 拨禾轮位置太低 2. 拨禾轮弹齿后倾角偏大 3. 拨禾轮位置偏后	1. 提高拨禾轮位置 2. 按要求调整拨禾板弹齿角度 3. 拨禾轮位置前移
拨禾轮轴缠草	1. 作物长势蓬乱 2. 作物茎秆过高过湿	1. 停车及时排除缠草 2. 适当升高拨禾轮位置
被割作物向前倾倒	1. 机器前进速度偏高 2. 拨禾轮转速太低 3. 切割器上壅土 4. 动刀切割速度太低	1. 降低机器前进速度 2. 提高拨禾轮转速 3. 清理切割器壅土 4. 检查调整摆环箱传动带张紧度
割台前堆积作物	1. 割台搅龙与割台底间隙过大 2. 茎秆短，拨禾轮太高或太偏前 3. 拨禾轮转速太低 4. 作物端面稀	1. 按要求调整间隙 2. 下降或后移拨禾轮，尽可能降低割茬 3. 提高拨禾轮转速 4. 提高机器前进速度

2. 倾斜输送器（过桥）（表 5-12）

表 5-12　倾斜输送器（过桥）部分常见故障、原因及排除方法

常见故障	故障原因	排除方法
滚筒的喂入不均匀或成捆状	1. 割台中央搅龙过高 2. 小麦在刀杆上方积聚 3. 过桥输送链前端调节过高 4. 过桥输送链过紧，喂入辊被拉向上方 5. 割台传动链打滑 6. 中央搅龙相对于防缠板太靠前 7. 过桥传送链打滑 8. 过桥输送链板弯曲 9. 污垢和茎叶积聚在过桥的底板上	1. 向下调整中央搅龙 2. 降低拨禾轮，并调整其前后位置，使其尽可能靠近刀杆和搅龙 3. 调节喂入辊使输送链耙以正确的间隙与过桥底板脱开 4. 将输送链调至正确的张紧状态 5. 张紧链轮必须压紧在传送链上，使链张紧度合适 6. 向后调节搅龙至防缠板 7. 调整传送链的张紧度 8. 校直或更换弯曲的链板 9. 清洁过桥底板

3. 脱粒和清选系统（表 5-13）

表 5-13　脱粒和清选部分常见故障、原因及排除方法

常见故障	故障原因	排除方法
滚筒堵塞，联组带张紧度偏小	1. 板齿滚筒转速偏低或滚筒带打滑 2. 喂入量偏大 3. 作物潮湿 4. 作物倒伏方向紊乱 5. 作业时发动机油门不到额定位置	1. 关闭发动机。将活动凹板放到最低位置，打开滚筒室周围各检视孔盖和前封闭板，盘动滚筒带，清除干净堵塞物。适当提高板齿滚筒转速，或调整皮带张紧度 2. 降低机器前进速度或提高割茬 3. 适当延期收获，或降低喂入量 4. 降低喂入量 5. 收紧钢丝绳，将油门调到位
滚筒脱粒不净	1. 板齿滚筒转速偏低 2. 活动凹板间隙偏大 3. 喂入量偏大或不均匀 4. 纹杆磨损或凹板栅格变形	1. 提高板齿滚筒转速 2. 减少活动凹板出口间隙 3. 降低机器前进速度 4. 更换或修复

（续）

常见故障	故障原因	排除方法
谷粒破碎太多	1. 板齿滚筒转速过高 2. 活动凹板间隙偏小 3. 作物过熟，或霜后收获 4. 籽粒进入杂余搅龙太多 5. 复脱器揉搓作用太强	1. 降低板齿滚筒转速 2. 适当放大活动凹板出口间隙 3. 适当提早收获期 4. 适当关闭风扇进风量，开大筛前段开度 5. 适当减少复脱器搓板数
谷粒脱不净且破碎多	1. 活动凹板扭曲变形，两端间隙不一致 2. 板齿滚筒转速偏高 3. 板齿滚筒转速较低 4. 活动凹板间隙偏大，板齿滚筒转速偏高 5. 活动凹板间隙偏小，板齿滚筒转速偏低 6. 轴流滚筒转速偏高	1. 校正活动凹板 2. 降低板齿滚筒工作转速 3. 适当提高板齿滚筒转速 4. 适当缩小间隙和降低转速 5. 适当放大活动凹板间隙和提高转速 6. 降低轴流滚筒转速
滚筒转速失稳或有异常声音	1. 脱谷室物流不畅 2. 滚筒室有异物 3. 螺栓松动、脱落或纹杆损坏 4. 滚筒不平衡或变形 5. 滚筒轴向窜动与侧壁摩擦 6. 轴承损坏	1. 适当放活凹板间隙，提高板齿滚筒转速 2. 排除滚筒室异物 3. 拧紧螺栓，更换纹杆 4. 修复和重新平衡滚筒,或更新 5. 调整并紧固牢靠 6. 更换轴承
排草中夹带籽粒偏多	1. 发动机未达到额定转速，或联组带、脱谷带未张紧 2. 板齿滚筒转速过低，或栅格凹板前后“死区”堵塞,分离面积缩减 3. 喂入量偏大	1. 检查油门是否到位，或张紧联组带和脱谷带 2. 提高板齿滚筒转速，清理栅格凹板前后“死区”堵塞物 3. 降低机器前进速度,或提高割茬高度
排糠中籽粒偏高	1. 筛片开度太小 2. 风量偏高，籽粒吹出 3. 喂入量偏大 4. 茎秆含水量太低，茎秸易碎 5. 板齿滚筒转速太高，清选负荷加大 6. 风量偏小，籽粒在糠中吹不散	1. 全开筛片开度 2. 适当关小风量调节盖开度，必要时将备用一对调风板 3. 不使用风机，或拆掉两片风扇叶片 4. 降低机器前进速度，或提高割茬。提早收获期 5. 降低板齿滚筒转速 6. 增大风量调节盖开度

（续）

常见故障	故障原因	排除方法
粮中含杂率偏高	1. 上筛前段筛片开度偏大 2. 风量偏小	1. 适当降低该筛片开度 2. 适当开大调风板开度
杂余中颖糠偏多	1. 风量偏小 2. 下筛后段筛片开度偏大	1. 适当开大调风板开度 2. 下筛后段筛片开度适当减小
粮中穗头偏多	1. 上筛前段开度偏大 2. 风量偏小 3. 板齿滚筒转速偏低，且凹板齿面参与工作	1. 适当减小该筛片开度 2. 适当开大调风板开度 3. 提高板齿滚筒转速，用板齿凹板光面工作，复脱器内装上搓板，开大杂余筛片开度
杂余中被磨碎的杂草过多	1. 上筛和尾筛在杂草多的条件下开度过大 2. 滚筒转速过高或滚筒与凹板间隙过小	1. 降低上筛和尾筛的开度 2. 降低滚筒转速，且（或）增加滚筒与凹板之间的间隙
复脱器堵塞	1. 清选胶带张紧度偏小 2. 潮湿或品种口紧，进入复脱器杂余量大 3. 安全离合器弹簧预紧扭矩不足	1. 提高清选带张紧度 2. 加大调风板开度，增加复脱器搓板 3. 停止工作，排除堵塞，检查安全离合器预紧扭矩是否符合规定
无级变速范围达不到要求	1. 变速油缸工作行程或压力达不到 2. 变速油缸工作时不能定位 3. 动盘滑动副缺油卡死 4. 行走带拉长打滑	1. 系统内泄，检查修理 2. 系统内泄，检查修理 3. 及时润滑 4. 调整无级变速轮张紧架
最终传动齿轮室有异声	1. 边减半轴窜动 2. 轴承未注油或进泥损坏 3. 轴承座螺栓和紧定套未锁紧	1. 检查边减半轴固定轴承和轮轴固定螺钉 2. 更换轴承，清洗边减齿轮 3. 拧紧螺栓和紧定套

4. 行走离合器（表 5-14）

表 5-14　行走离合器部分常见故障、原因及排除方法

常见故障	故障原因	排除方法
行走离合器打滑	1. 分离杠杆不在同一平面 2. 变速箱加油过多，摩擦片进油 3. 摩擦片磨损偏大，膜片弹簧压力降低或摩擦片铆钉松脱	1. 调整分离杠杆螺母 2. 将摩擦片拆下清洗，检查变速箱油面 3. 修理或更换摩擦片，更换长度尺寸公差范围内弹簧
行走离合器分离不清	1. 分离杠杆膜片弹簧与分离轴承之间自由间隙偏大，主被动盘不能彻底分离 2. 分离轴承损坏	1. 调整膜片弹簧与分离轴承之间自由间隙 2. 更换分离轴承
挂挡困难或掉挡	1. 离合器分离不彻底 2. 小制动器制动间隙偏大 3. 工作齿轮啮合不到位 4. 换挡叉轴锁定机构不能到位 5. 换挡软轴拉长	1. 及时调整离合器 2. 及时调整小制动器间隙 3. 调整滑动轴挂挡位置（调整换挡推拉软轴调整螺母） 4. 调整锁定机构弹簧预紧力 5. 调整换挡软轴调整螺母
变速箱工作有响声	1. 齿轮严重磨损 2. 轴承损坏 3. 润滑油油面不足或型号不对	1. 更换齿轮副 2. 更换轴承 3. 检查油面或润滑油型号

5. 液压系统（表 5-15）

表 5-15　液压系统部分常见故障、原因及排除方法

常见故障	故障原因	排除方法
操作系统所有油缸在接通多路换向阀时，均不能工作	1. 油箱油位过低，油泵出油口不出（油管长时间不升温） 2. 溢流阀工作压力太低（油管升温，但油缸不工作），锥阀脱位，锥阀阀面粘有机械杂质 3. 换向阀拉杆行程不到位，阀内油道不通畅	1. 检查油箱油面，按规定加足液压油，检查泵密封性 2. 按要求调整溢流阀弹簧工作压力。清除机械杂质 3. 调整

（续）

常见故障	故障原因	排除方法
割台和拨禾轮升降缓慢或只升不降	1. 溢流阀工作压力偏低 2. 油路中有气 3. 滤清器被脏物堵住 4. 齿轮泵内泄 5. 齿轮泵传动带未张紧 6. 油缸节流孔脏物堵塞	1. 按要求调整溢流阀弹簧工作压力 2. 排气 3. 清洗 4. 检查泵内卸压片密封圈和泵盖密封圈 5. 按要求张紧传动带 6. 拆下接头，排除脏物
割台和拨禾轮升降速度不平稳	1. 油路中有气 2. 溢流阀弹簧工作不稳定	1. 排气 2. 更换弹簧
割台和拨禾轮自动沉降（换向阀中位）	1. 油缸密封圈失效 2. 阀体与滑阀因磨损或拉伤造成间隙增大 3. 滑阀位置没有对中 4. 单向阀（锥阀）密封带磨损或粘有脏物	1. 更换密封圈 2. 送工厂检查修复或更换滑阀 3. 使滑阀位置保持对中 4. 更换单向阀或清除脏物
转向盘居中位时机器跑偏	1. 转向器拔销变形或损坏 2. 转向器弹簧片失效 3. 联动轴开口变形	送工厂检查修理
转向沉重	1. 油泵供油不足 2. 转向系油路混有空气 3. 单稳阀的节流孔堵塞	1. 检查油泵和油面高度 2. 排除空气 3. 清除污物

6. 电器系统（表5-16）

表5-16　电器系统部分常见故障、原因及排除方法

常见故障	故障原因	排除方法
启动电机启动缓慢或不启动	1. 启动继电器不工作 2. 电瓶接线松弛或锈蚀 3. 钥匙开关磨损或接线端松弛 4. 轴箱机油黏度过高 5. 蓄电池充电不足 6. 总保险丝或支路保险丝熔断 7. 启动机本身故障	1. 检查继电器和接线 2. 电路保险丝熔断 3. 清洁并紧固松弛的接线。检查开关和接线 4. 给曲轴箱重新加入黏度合适的机油 5. 给蓄电池充电 6. 更换相同规格的保险丝 7. 更换启动机
启动无反应	1. 蓄电池极柱松动或电缆线搭铁不良 2. 启动电路中易熔线、1Fu、点火开关的启动挡、启动继电器中有损坏或接触不良之处 3. 启动机中电磁开关损坏或电枢绕组损坏	1. 紧固极柱，将搭铁线与机体连接可靠，搭铁处不允许有油漆或油污 2. 更换新件或检查插接件结合处并连接好 3. 更换新件
蓄电池不充电	1. 发电机风扇皮带打滑或连接线断 2. 电压表损坏或极性接反 3. 发电机内部故障（如二极管击穿短路或断路、激磁绕组短路或断路、三相绕组相与相之间短路或搭铁等） 4. 调节器损坏	1. 调整好风扇皮带的松紧度或将发电机各连接线导线连接正确和牢固 2. 更换表头或正负极性线头对调 3. 修理或更换 4. 更换

（续）

常见故障	故障原因	排除方法
报警器主机不显示或背光不亮	1. 电源插头处没电 2. 电源插头没插好 3. 报警器主机故障	1. 检查线路接好 2. 重新插好 3. 更换报警主机
报警器主机显示正常，但报警灯不亮	1. 脱谷离合器未合上 2. 与报警器主机相连的传感器线束插头松脱 3. 报警器主机内部故障	1. 合上脱谷离合器 2. 插好并紧固两边螺丝 3. 更换报警主机
单个或多个报警灯常红不变绿并报警（最大油门时）	1. 磁钢装反或丢失 2. 传感器与磁钢之间的间隙大于 5mm 3. 所对应的传感器线断 4. 所对应的传感器失效 5. 报警器主机内部故障	1. 重新装好 2. 调整间隙到 3～5mm 3. 接好 4. 更换传感器 5. 更换报警器主机

7. 发动机（表 5-17）

表 5-17　发动机部分常见故障、原因及排除方法

常见故障	故障原因	排除方法
发动机启动困难或不能启动	1. 无燃油 2. 油水分离器滤芯堵塞 3. 燃油系统内有水、污物或空气 4. 燃油滤芯堵塞 5. 燃油型号不正确 6. 启动回路阻抗过高 7. 曲轴箱机油黏度过高 8. 吸油嘴有污物 9. 发动机内部有问题 10. 喷油泵失效	1. 加入型号符合要求的燃油，并给系统排气 2. 更换油水分离器滤芯 3. 排放、冲洗、重新加油并给系统排气 4. 更换滤芯，为滤清器排气 5. 使用符合条件的燃油 6. 清理、紧固蓄电池和启动继电器上的线路 7. 排放并重新添加黏度和质量合格的机油 8. 请专业人员修理 9. 请专业人员修理 10. 请专业人员修理

（续）

常见故障	故障原因	排除方法
发动机异常震动	1. 机油不足或黏度高 2. 燃油系统进气 3. 供油提前角有问题 4. 喷油器阀体黏着 5. 发动机内部有问题	1. 添加黏度值正确的机油 2. 给燃油系统排气 3. 请专业人员修理 4. 请专业人员修理 5. 请专业人员修理
发动机运转不稳定，经常熄火	1. 冷却液温度低 2. 油水分离器滤芯堵塞 3. 燃油滤芯堵塞 4. 燃油系统内有水、污物或空气 5. 喷油嘴有污物或失效 6. 供油提前角有问题 7. 气门推杆弯曲或阀体黏着	1. 运转预热发动机 2. 更换滤芯 3. 更换滤芯并排气 4. 排放、冲洗、重新加油并给系统排气 5. 请专业人员修理 6. 请专业人员修理 7. 请专业人员修理
功率不足	1. 燃油供给不足 2. 进气阻力大 3. 油水分离器滤芯堵塞 4. 发动机过热 5. 燃油滤清器滤芯堵塞 6. 高海拔高度作业 7. 喷油器有污物或失效 8. 供油提前角有问题	1. 检查燃油系统是否通畅 2. 检查燃油系统是否有漏气或产生负压的地方 3. 更换滤芯 4. 参看下面的“发动机过热常见故障及排除” 5. 更换滤芯并给系统排气 6. 随着海拔高度的增加，发动机将损失掉一部分功率。使用适合高海拔高度时工作的燃油 7. 清洗喷油器偶件或请专业人员修理 8. 请专业人员修理
发动机过热	1. 进气渗漏 2. 冷却液不足 3. 散热器旋转罩上有污物 4. 旋转罩不转动 5. 冷却系统结垢 6. 节温器有缺陷 7. 真空除尘管堵塞 8. 风扇转速低	1. 检查漏气部位并进行维修 2. 将散热器中的冷却液添加至正确的位置 3. 检查软管或散热器是否有渗漏，连接处是否松动，并维修 4. 清理水箱散热器和旋转罩 5. 传排放并冲洗冷却系统 6. 拆下并检修节温器 7. 清理真空除尘管 8. 检查风扇传动带张紧度，提高风扇转速

（续）

常见故障	故障原因	排除方法
机油压力低	1. 机油液面低 2. 机油牌号不正确 3. 机油散热器堵塞	1. 检查曲轴箱机油液面高度，按需要加入适量的机油 2. 排放后给曲轴箱加入黏度值正确的机油 3. 请专业人员修理
发动机机油消耗量大	1. 进气系统阻力大 2. 机油渗漏 3. 曲轴箱机油黏度过低 4. 机油散热器堵塞 5. 发动机拉缸 6. 发动机内部零部件磨损	1. 检查空气滤清器，清理进气口 2. 检查输油管路、密封组件和排放塞的附近是否有渗漏，并维修 3. 排放过低黏度机油后给曲轴箱加入黏度值正确的机油 4. 清理机油散热器 5. 请专业人员修理 6. 请专业人员修理
发动机燃油消耗量过高	1. 空气滤清器堵塞或有污物 2. 发动机燃油牌号不对 3. 喷油器上有污物或缺陷 4. 发动机正时有问题	1. 清理空气滤清器 2. 根据使用条件使用牌号正确的燃油 3. 请专业人员修理 4. 请专业人员修理
发动机冒黑烟或灰烟	1. 空气滤清器堵塞或有污物 2. 燃油牌号不正确 3. 喷油器上有污物或缺陷 4. 供油系统内有空气 5. 消声器有缺陷 6. 发动机正时有问题	1. 检查空气滤清器是否堵塞，并清理过滤元件 2. 使用牌号正确的燃油 3. 请专业人员修理 4. 给燃供系统排气 5. 检查消声器是否由于损坏而产生了背压，并维修 6. 请专业人员修理
发动机冒白烟	1. 发动机机体温度低 2. 燃油牌号不正确 3. 节温器有缺陷	1. 预热发动机至运转温度 2. 低十六烷值的燃料不能将发动机启动，请使用十六烷值正确的燃油 3. 拆卸并检修节温器

（二）半喂入联合收割机

1. 割台部分（表 5-18）

表 5-18　割台部分常见故障、原因及排除方法

常见故障	故障原因	排除方法
不能收割或作物被压倒	1. 割刀或夹持链内夹有异物 2. 收割驱动皮带打滑 3. 单向离合器磨损 4. 因作物茎秆被连根拔起，造成输送部堵塞	1. 立即停车排除异物 2. 调整收割离合器紧度 3. 检修单向离合器 4. 调整分禾器前端部高度至一致。调整作业速度
割茬不齐	1. 割刀内夹有异物 2. 割刀间隙过大 3. 割刀损坏或变形	1. 清除 2. 调整刀片间隙 3. 更换割刀

2. 输送部分（表 5-19）

表 5-19　输送部分常见故障、原因及排除方法

常见故障	故障原因	排除方法
不能输送	1. 链条或爪形皮带松弛 2. 脱粒深浅位置不合适	1. 适当调整张紧度 2. 调整脱粒深浅控制装置，使穗端对准喂入口的“脱粒深浅指示标识”的标准位置
扶禾部输送状态混乱	1. 调节手柄位置不当 2. 扶禾框架滑动导轨位置变化	1. 调节扶禾器变速手柄及副调速手柄位置 2. 调整滑动导轨位置
低速作业时输送状态混乱	副调速手柄位置不正确	低速作业时，将副调速手柄置于“低速”位置

3. 脱粒清选部分（表 5-20）

表 5-20　脱粒清选部分常见故障、原因及排除方法

常见故障	故障原因	排除方法
脱粒不净	1. 脱粒深浅调节得太浅 2. 发动机转速过低 3. 脱粒离合器、脱粒滚筒张力弹簧的紧度不足，或脱粒皮带松弛损坏，造成脱粒滚筒转速过低	1. 调整脱粒深浅控制装置，使穗端对准喂入口的“脱粒深浅指示标识”的标准位置 2. 使发动机转速保持在额定转速下工作 3. 调整脱粒离合器、脱粒滚筒张力弹簧的紧度，调整或更换脱粒皮带
损失籽粒多	1. 发动机转速过高 2. 脱粒室排尘调节开度过大 3. 清选风机风量调节位置不当 4. 摇动筛增强板角度过小 5. 筛选板位置不正确	1. 使发动机转速保持在额定转速下工作 2. 调整脱粒室排尘调节开度调到“标准”位置 3. 将清选风机风量调节至“弱”的位置方向 4. 将摇动筛增强板角度适当调大 5. 将筛选板调到“标准”或“上”的位置
再筛选螺旋输送器堵塞	1. 再筛选螺旋输送器内有异物，卡住 2. 再筛选螺旋转速不足	1. 清除异物 2. 调整传动皮带紧度
脱粒效果不良，不能脱去麦芒和颖壳	1. 发动机转速过低 2. 脱粒齿过度磨损 3. 脱粒室排尘量过大 4. 摇动筛开量过大	1. 使发动机转速保持在额定转速工作 2. 更换脱粒齿 3. 将排尘调节手柄从“开”的位置调到“标准”位置 4. 将摇动筛调整杆向减小的方向调整

（续）

常见故障	故障原因	排除方法
破碎籽粒多	1. 发动机转速过高 2. 脱粒室排尘量过小 3. 清选风机风量过大 4. 摇动筛开量过小	1. 使发动机转速保持在额定转速工作 2. 将排尘调节手柄调到“开”位置 3. 将清选风机风量调节至“弱”的位置方向 4. 将摇动筛调整杆向开的方向调整

4. 底盘部分（表 5-21）

表 5-21 底盘部分常见故障、原因及排除方法

常见故障	故障原因	排除方法
履带脱轨	1. 履带陷入麦沟后转弯 2. 转弯过快、过急 3. 在超过 5°斜坡或凹形路上行走 4. 过田埂时夹角小于 25° 5. 履带张紧度不够 6. 导向轮撑管折弯	1. 骑沟作业 2. 慢速转弯 3. 慢速走“S”形路线 4. 垂直过田埂 5. 按要求张紧履带 6. 修复、更换
支重轮边变形，有裂纹	1. 支重轮轴承缺油咬死 2. 长时间在不平道路上行走 3. 在不平道路上转弯过猛，行走过快	1. 修复后加润滑油 2. 4km 以上用车运 3. 小油门低速转弯，减慢速度
导向轮、托轮磨损严重	1. 长时间不加油，轴承咬死 2. 螺钉脱落，油封失灵	1. 加油，更换 2. 修复，更换
转向失灵	1. 行走离合器三角胶带松 2. 转向摩擦片磨损严重 3. 转向拨叉磨损 4. 底盘堆泥、驱动轮积草严重 5. 转向油缸顶杆顶力不够	1. 按要求张紧 2. 调整油缸长度或更换摩擦片 3. 更换 4. 清除堆泥积草 5. 检查组合阀压力（弹簧力）

（续）

常见故障	故障原因	排除方法
行走齿轮箱体破裂	1. 箱体与机架的固定螺栓松动 2. 倒车时经常与田埂撞击 3. 换挡操作过猛，中间位没有停顿	1. 更换 2. 更换 3. 更换，改变操作习惯
行走打滑	1. 下陷超过 25cm 2. 行走四联带松 3. 底盘下积泥、缠草严重	1. 换田作业 2. 张紧四联带 3. 清草、清泥

5. 液压系统（表 5-22）

表 5-22　液压系统常见故障、原因及排除方法

常见故障	故障原因	排除方法
所有油缸均不动作	1. 油量不足、用油不当 2. 吸入管吸入了空气 3. 机油泵驱动齿轮破损	1. 补充或更换液压油 2. 排气 3. 更换齿轮
方向操作离合器油缸不动作，或动作过慢	1. 方向操作溢流阀损坏 2. 液压泵（方向操作）损坏 3. 方向操作电磁阀不良 4. 方向操作离合器油缸不良（磨损、“O”形环损伤等） 5. 配管或接头松动、不良	1. 维修或更换 2. 维修或更换 3. 更换电磁阀 4. 维修或更换油缸 5. 维修或更换配管或接头
油温异常上升	1. 液压泵内部机油泄漏（磨损、损伤） 2. 液压泵内部机油泄漏（卡入脏物、磨损、损伤） 3. 溢流阀总在动作（过载、设定压力过低）	1. 更换 2. 维修或更换 3. 检查、维修
无级变速输出轴磨损过快	主变速杆拉得过快，没有在中间停顿	主变速杆拉至 S 槽中间后应停顿 1～2s 后再向后拉

（续）

常见故障	故障原因	排除方法
手柄处于中位时，割台不能停住	1. 阀口自锁失灵 2. 液控顶杆处于上部卡死，不能下降 3. 上部螺塞、液压总成出油口处管接头、油缸管接头等处漏油 4. 油缸端部漏油	1. 更换钢球，注意装钢球时，用铜棒抵压住钢球表面，用铁锤轻敲1～2下 2. 拆去螺塞取出液控顶杆清洗后，重新装入 3. 更换有关“O”形密封圈或组合垫圈 4. 更换密封圈或组合垫圈
割台提升不起或提升缓慢	1. 油泵损坏 2. 油箱油面过低 3. 组合阀压力不够或调压弹簧断 4. 油管老化或堵塞 5. 油温过高黏稠度不够	1. 更换新泵 2. 加油至合适高度 3. 加一垫片或更换弹簧 4. 更换，清洗滤油器和油箱 5. 冷却或更换液压油
割台不能下降	1. 按割台提升不起原因检查 2. 液压顶杆处于最下部卡死	1. 采取相应的故障排除方法 2. 拆去螺塞取出液控顶杆清洗后装入
割台自然下落	1. 单向阀不良 2. 割台油缸不良（机油泄漏等） 3. 配管或接头松动、漏油	1. 维修或更换 2. 维修或更换 3. 维修或更换
噪声大，行走无力	1. 吸油管变形或滤油器堵塞 2. 油散热器因草屑堵塞而使油温太高 3. 油的黏度不符合要求或油太脏 4. 油箱油面过低	1. 清洗，除去污垢，使吸油畅通，必要时更换新油。注意：换油时必须清洗油箱及更换细滤油器 2. 清除草屑 3. 更换专用液压油（或N68低凝抗膜液压油或美孚424液压油） 4. 加油至合适高度

6. 电气系统（表 5-23）

表 5-23　电气系统常见故障、原因及排除方法

常见故障	故障原因	排除方法
排草警报指示灯不点亮，喇叭也不鸣响	1. 保险丝熔断 2. 传感器（排草、输送链条、谷壳充满）不良 3. 面板、报警装置、喇叭、传感器的电源线断线 4. 喇叭损坏 5. 指示灯灯泡损坏 6. 指示灯电源线断线	1. 更换保险丝 2. 修理、更换传感器 3. 检修 4. 修理、更换喇叭 5. 更换 6. 检修
无故障报警	1. 在仪表盘和传感器之间处于接地状态 2. 传感器损坏	1. 维修 2. 更换
在主开关处于“开”的状态下，发动机停止时，充电指示灯不点亮	1. 配线不良（主开关和充电指示灯之间、充电指示灯和交流发电机之间） 2. 交流发电机损坏 3. 指示灯灯泡损坏	1. 维修 2. 更换 3. 更换
发出警报时，即时切断脱粒离合器，喇叭也不停止鸣响	1. 脱粒开关不良 2. 脱粒开关的地线不良	1. 更换 2. 维修
启动发动机，机油指示灯也不熄灭，蜂鸣器也不停止鸣响	1. 发动机机油压力过低 2. 发动机机油不足 3. 指示灯灯泡、蜂鸣器损坏	1. 维修 2. 补充机油 3. 检查、维修、更换
水温上升时（过热状态），不发出警报	1. 水温传感器损坏 2. 保险丝熔断	1. 更换 2. 更换

（续）

常见故障	故障原因	排除方法
主开关ON时警报水温指示灯一直点亮	水温指示灯和水温传感器之间处于接地状态	维修
自动脱粒深浅控制不动作，但手动操作时正常动作	1. 脱粒深浅自动开关不良或地线断线 2. 穗端传感器不良或地线断线 3. 茎根开关不良或地线断线 4. 脱粒开关不良或地线断线 5. 保险丝熔断（限位开关3A、脱粒深浅马达15A） 6. 限位开关不良 7. 脱粒深浅马达电源、地线不良 8. 脱粒深浅马达不良	1. 维修或更换 2. 维修或更换 3. 维修或更换 4. 维修或更换 5. 更换 6. 更换 7. 维修 8. 更换

7. 发动机故障和排除方法

与全喂入联合收割机基本一致。

参 考 文 献

袁建宁，李显旺，等，1998. 梳脱式收获机设计理论的研究［J］. 农业机械学报，29（2）：37-43.

第六章　机械化仓储装备

第一节　仓储基础知识

一、仓储目的

仓储就是在特定的场所储存物品的行为。搞好仓储活动是社会再生产过程顺利进行的必要条件，是保持物资原有使用价值和合理地使用物资的重要手段。仓储的对象既可以是生产资料，也可以是生活资料，但必须是实物动产。一般要履行如下功能：物品储存、流通调控、数量管理、质量管理、交易中介、流通加工、配送和配载。

小麦的仓储同样具有上述功用。按行为人的不同，分国家、企业和粮农三种仓储类型。作为特殊商品，小麦仓储的基本目的可概括为：低成本保质储藏，低成本有序流转，平抑供求关系。图 6-1 和图 6-2 分别为小麦仓储前实施机械化干燥和机械化仓储的情形。

图 6-1　仓储前机械化干燥

图 6-2　机械化仓储

二、机械化仓储技术

小麦机械化仓储作业采用的技术包括机械化干燥技术、储藏技术。

（一）干燥技术

干燥技术就是通过干燥介质给予粮食一定形式的能量，使粮食中的一部分水分汽化溢出。实现干燥过程的基本条件是要有能量的传递、转化和消耗。因此根据热量（能量）传给粮食的方法，粮食干燥技术划分为以下五类：

1. 对流干燥法

利用加热气体（炉气、热空气）直接与粮食接触，热量以对流方式传递给粮食，使粮食中的部分水分汽化，从而达到干燥的目的。在干燥过程中，放热后的干燥介质（热空气、炉气）再把粮食中汽化出的水分带走，因此干燥介质起载热体和载湿体的双重功效。对流干燥法在粮食干燥中应用最广，对流换热粮食干燥机也是使用最多的干燥设备。图 6-3 和图 6-4 所示两种干燥机均使用这种干燥方法。

2. 传导干燥法

粮食和加热固体表面直接接触，热量以传导方式传给粮食，导热物质各部分没有相对位移，只是粮食和加热固体表面直接接触产生热量转移。促使其内部水分转移，由粮食表面汽化，从而达到干燥的目的。粮食汽化出来的水分必须由干燥介质带走，这时干燥介质只是起载湿体的功用。这类干燥方法中热量的来源是烟道气、过

热蒸汽或热

图 6-3　批式循环干燥机

图 6-4　连续式干燥机(含金属仓库)

循环水，水、蒸汽、烟道气不与粮食直接接触，只是通过金属管道，粮食在金属管道外壁流通而吸收热量。因此传导干燥法又可称为间接加热干燥法。粮食部门使用的简易滚筒干燥机、蒸汽干燥机均属使用这种干燥方法，如图 6-5、图 6-6 所示。

图 6-5　简易滚筒干燥机

图 6-6　蒸汽干燥机

3. 辐射干燥法

由某种物体以辐射形式把能量传递给粮食，部分能量被粮食吸收，使粮食温度升高，水分汽化，从而达到干燥粮食的目的。人造辐射线有电能和热能两种形式。电能类型的辐射器有红外线灯泡金属氧化物陶瓷板辐射器，热能类型的辐射器是用煤气燃烧金属或陶瓷板使之放出红外线。利用这类干燥法的主要有远红外线粮食干燥机和高频真空干燥机，如图 6-7、图 6-8 所示。

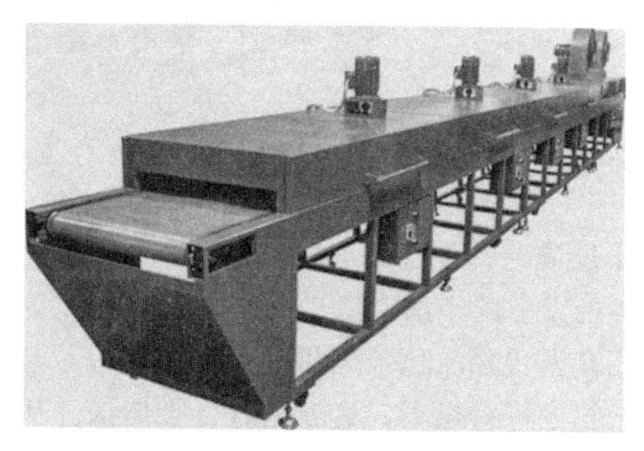

图 6-7　隧道式远红外干燥机

图 6-8　高频真空干燥机

4. 电场干燥法

利用介质加热原理，使粮食（介质）在高频电场作用下，引起介质损耗，使粮食受热，水分汽化，从而达到干燥粮食的目的。利用这类干燥法的有高频（1～100MHz）和微波（300MHz）干燥机，目前均为小型试验性质，如图 6-9 所示。

图 6-9　隧道式微波干燥机

5. 联合干燥法

将两种类型以上的干燥方法进行科学组合，成为一种新的干燥工艺。如用高温快速流化干燥机，首先使潮粮预热，再用转筒干燥机以较低温度进行烘干，这就是联合干燥法。从当前世界各国粮食烘干技术发展趋势看，用联合干燥是一种很有前途干燥方法。

（二）储藏技术

目前，粮食常用的储藏有以下四种方式，分别是热入仓密闭储藏、低温密闭储藏、自然缺氧储藏、拌和防护剂储藏。小麦多采用前两种储藏方式。

1. 热入仓密闭储藏

选择晴朗干燥天气，先将晒场晒热，再将小麦薄摊在场上，勤翻动，达到安全水分时将小麦晒至 50～52℃，保持 2h，聚堆入仓，趁热密闭。密闭物料一般选用麦糠或细沙，在使用前先将密闭材料晒干或喷药消毒，小麦入仓后将粮面整平，然后在粮面上铺一层席子，将准备好的麦糠覆盖 20～30cm 并压实，然后压一层 10cm 厚的沙子，沙子最好用麻袋或布袋装起。也可用塑料薄膜密闭，选用厚度为 0.18～0.2mm 的聚乙烯薄膜，采用六面或五面封盖，若粮仓为水泥结构也可用一面封盖。为了防虫、防霉变，在封盖前每5 000kg小麦用5g磷化铝，置于粮面，然后封严。

2. 低温密闭储藏

在秋凉以后将小麦自然通风或机械通风充分散热，在春暖前进行压盖密闭以保持低温状态。利用冬季严寒低温，进行翻仓、除杂、冷冻、灭害虫，将麦温降到0℃左右，而后趁冷密闭，并保持低温状态，保持良好的品质。低温储藏是小麦长期安全储藏的基本方法。

3. 自然缺氧密闭储藏

将新收获的粮食尽快晒干、扬净，在收获后一周内完成入仓密闭工作。进出粮口一定要确保气密。自然缺氧储藏期间，要经常检查进出粮口的密闭情况及整个粮仓的完好情况。如发现密闭不严或仓体破损，则不能继续采用自然缺氧的方法储藏。注意：陈粮不能采用自然缺氧方法储藏。

4. 拌和防护剂密闭储藏

在粮食质量符合安全水分标准（小麦含水量低于12.5%），且没有生虫或害虫密度应属于基本无虫粮情况下，按一定的比例入仓前在晒场上拌和，或在粮食入仓时边入仓边拌和防护剂，并保持粮仓密闭。我国目前允许在粮食中使用粉状的防护剂有保粮磷和谷虫净。

三、机械化仓储作业指标

（一）干燥作业性能指标及合格标准

小麦干燥作业在保证安全情况下，应做到发芽率（种子）和面筋率不低于干燥前，破碎率增值小（≤0.3%），干燥均匀。

1. 性能指标

干燥机作业性能通常用发芽率（种子）、破碎率增值、干燥不均匀度、面筋率、单位耗热量、出机物料温度、粉尘、噪声、处理量等主要质量指标进行衡量。如果被干燥小麦不做种子用，则不必关注发芽率。其定义和计算方法见表6-1。

表 6-1 主要作业性能指标的基本定义和计算方法

性能指标	基本定义	计算方法
发芽率	指测试种子发芽数占测试种子总数的百分比。例如 100 粒测试种子有 95 粒发芽，则发芽率为 95%	$发芽率=\frac{发芽的种子数}{供检测的种子数}\times 100\%$
干燥不均匀度	指经过一次干燥后，在排粮机构出口等间隔接取一定量小麦样品，在整个储粮过程中等间隔接取 5 次，取样品测得的最大含水率与最小含水率的差	$含水率=\frac{样品质量-烘干后质量}{烘干后质量}\times 100\%$
面筋率	指面筋占面粉质量的百分比。将面粉加入适量水、少许食盐，搅匀上劲，形成面团，稍后用清水反复搓洗，把面团中的活粉和其他杂质全部洗掉，剩下的即是面筋	$面筋率=\frac{面筋的质量}{面粉的质量}\times 100\%$
破损率	指经过烘干加工过程后，损伤破碎的小麦占取样小麦总重量的百分比	$破碎率=\frac{破碎受损小麦的质量}{小麦样品的总质量}\times 100\%$
单位耗热量	指干燥机去除物料中每千克水分所消耗的热量	$单位耗热量=\frac{小时燃油消耗量\times 燃料的低位发热值}{小时水分汽化量}$
出机物料温度	指干燥作业完成后，卸粮出机时，排粮机构出口处被干燥物料的温度	直接测量获得
处理量	指对一定含水率的小麦，在一次或一批次烘干至安全水分前提下，干燥机每小时或每批次能够干燥的物料的质量（t）	批式循环式干燥机的处理量为批次处理量，即一批次能装满的最大容量。连续式干燥机处理量计算式： $处理量=\frac{某段时间被干燥物料的总质量(干燥之前)}{干燥对应物料所消耗的时间}$

此外，噪声和粉尘浓度是干燥作业中对操作人员有直接影响的安全卫生性指标，其基本定义和测试方法见表 6-2。机器设计和作业中应当保证噪声和粉尘浓度低于相关标准要求，保证作业人员的安全和健康。

表 6-2　主要安全指标的基本定义和测试方法

安全指标	基本定义	测试方法
噪声	衡量在干燥机作业过程中，操作人员工作环境的噪声的大小	在机器工作时，用声级计在机器四周距机器 1m 远、距地面 1.5m 的几个不同位置测定，单机取最高值为噪声值 dB（A）
粉尘浓度	衡量在干燥机作业过程中，操作人员经常活动范围的呼吸带上粉尘含量多少的程度	在操作者主要活动的范围的呼吸带上进行测定。测点应选在距地面 1.5m 的不同位置测定三点，其算术平均值即为所测干燥机的粉尘浓度

2. 合格标准

作业指标具体要求参考表 6-3。

表 6-3　干燥作业主要指标合格标准

<table>
<tr><th>序号</th><th colspan="2">性能指标</th><th colspan="2">合格标准</th></tr>
<tr><td rowspan="4">1</td><td colspan="2" rowspan="4">单位耗热量，kJ/（kg · H_2O）</td><td rowspan="2">连续式</td><td>直接加热≤5 500</td></tr>
<tr><td>间接加热≤7 600</td></tr>
<tr><td rowspan="2">批式循环</td><td>直接加热≤5 500</td></tr>
<tr><td>间接加热≤9 380</td></tr>
<tr><td>2</td><td colspan="2">发芽率（种子），%</td><td colspan="2">不低于干燥前发芽率</td></tr>
<tr><td>3</td><td colspan="2">破碎率增值，%</td><td colspan="2">≤0.3</td></tr>
<tr><td rowspan="2">4</td><td colspan="2" rowspan="2">干燥不均匀度，%</td><td>连续式</td><td>降水幅度≤5%时：≤1
5%<降水幅度、≤10%时：≤1.5
降水幅度>10%时：≤2.0</td></tr>
<tr><td>批式循环</td><td>≤1</td></tr>
<tr><td>5</td><td colspan="2">面筋率（小麦），%</td><td colspan="2">不低于干燥前</td></tr>
<tr><td rowspan="2">6</td><td rowspan="2">出机物料温度，℃</td><td>环境温度>0℃</td><td colspan="2">≤环境温度+8</td></tr>
<tr><td>环境温度≤0℃</td><td colspan="2">≤8</td></tr>
</table>

（续）

序号	性能指标	合格标准
7	粉尘，mg/m^3	≤10
8	噪声，dB（A）	工作现场：≤85
		风机处：≤90
9	处理量（连续式），t/h（t/d）	≥企业明示值
	批次处理量（批次循环），t	≥企业明示值

（二）储藏作业性能指标

小麦储藏作业在保证安全情况下，应力争做到排尘防爆措施可靠，粮情检查方便，温度、湿度、通风可调，能倒仓、翻晒，不生虫、不霉变、无污染，损失少、破碎少。

四、仓储作业注意事项

（一）干燥作业

1. 作业前

应注意做好以下事项：

（1）了解小麦等粮食的批量、用途，烘干前含水率及均匀状况。

（2）选对用以烘干的干燥机。

（3）确保人员经培训，分班定岗，有严格明确的岗位分工及操作规章。

（4）确保干燥设备整套安装、保养、检修就绪，电力正常。

（5）确保原料、燃料、辅料充足，防雨雪及安全消防措施到位，粮食干燥机系统应安装避雷装置，所有运转部分应设置防护罩，并有警示或提示标志。

（6）确保倒粮、称重、封包设备和检修用具齐全、好用。

2. 作业中

应注意做好以下事项：

（1）根据小麦的含水、含杂情况，在入机前先进行适当的预处理，确保粮食符合干燥机安全运行要求。

（2）要根据燃料、热风炉、小麦用途（种子、食用、饲料等）特点，选择正确的烘干工作模式。

（3）要严格按照干燥机安全操作注意事项实施装机、烘干、水分监测、出机等作业。

（4）要经常检查粮食干燥机的排粮是否畅通，如发现排粮板或叶轮堵塞，应及时清理，防止干燥机内粮食流动不畅形成死角，避免因烘干过度而引发安全问题。

（5）已装粮或正在作业中的前仓、烘后仓及干燥机储粮段不允许进人，烘干作业正常进行时，严禁打开检修门。

（6）干燥机设备的系统运行时，电气系统应设有专人负责管理，严格执行电气安全操作规程。

（7）发现破碎率偏大、干燥不均匀或其他干燥品质异常情况时，应及时调整、检修设备。

（8）任何时候提升机不得在粮斗内有粮情况下进行启动。

3. 作业结束

应注意做好以下事项：

（1）停机时，要切断电源。

（2）干燥机设备维修时，电气控制柜应设有警示标志，并有专人看管。

（3）热风炉停炉后，炉膛温度应降至50℃以下并在通风状态下才能进人维修。

（4）维修人员应采取安全保护措施，高空操作和维修人员应配备安全带和安全帽。

（5）出机温度不符合标准要求的粮食不允许直接进仓。

（二）储藏作业

1. 储藏作业前

应注意做好以下事项：

（1）确保仓房条件要满足要求，即防潮、防雨、防虫、防污染，保持清洁干燥。

（2）确保储藏设施条件要满足要求，即检验仪器、计量设备、“三防设施”的配备要齐全、有效，存气箱、地上笼、风机正常，温控或测温工具正常，密封、保温用材料齐备。

（3）确保小麦达到入库质量标准：水分在13%以下，容重在750g/L以上，杂质在1.5%之内，不完善粒在6%以下，其他质量指标以国标规定的中等标准为准。

2. 储存期间

应注意做好以下事项：

从仓房准备、出入仓、粮情测控、机械通风、熏蒸等要符合《粮食仓库安全操作规程》标准的要求。

3. 出入仓作业

应注意做好以下事项：

（1）应严格按照程序启动和停止设备。

（2）仔细做好粮情测控、机械通风、熏蒸等工作。

（3）粮食入仓结束后，加强温湿度、水分、害虫、品质等检测分析，做好安危排队，确保安全储粮。

五、仓储机械种类介绍、型号编制规则

（一）干燥机

1. 干燥机种类

我国现在使用的粮食干燥机按其结构及干燥原理来分主要有：塔式干燥机、滚筒式干燥机、流化床干燥机、网柱式干燥机。按谷物与气流相对运动方向，干燥机可分为横流、混流、顺流、逆流及顺逆流、混逆流、顺混流等类型。还有其他分类方法。目前，小麦干燥常用的是批示循环式干燥机和连续式干燥机。

2. 干燥机型号编制规则

干燥机型号编制规则如下：

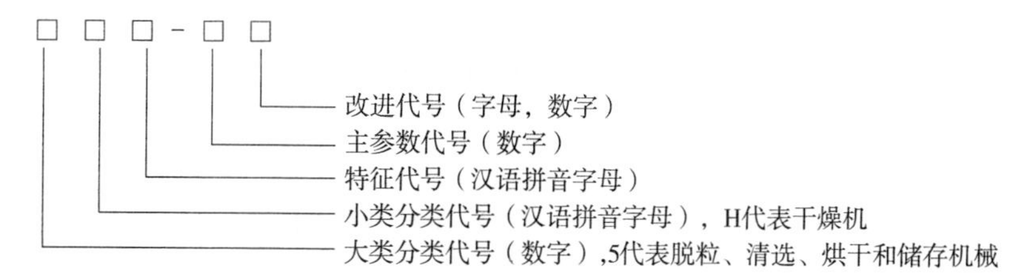

例如：生产率为3t/h的横流式粮食干燥机，表示为：5HE-3。

（二）粮仓

1. 粮仓的种类

根据粮库的结构形式可分为：房式仓、立筒仓、土圆仓、地下仓。粮仓还可以按堆装方式、位置、储粮性能、使用性质、建筑条件及设备配置等来进行分类。房式仓和立筒仓粮仓机械化程度高，在当前大中型农业合作社属粮库、粮食企业属中型和小型粮库的小麦储存中应用普遍，其中立筒仓的生产安装属于机械产品范畴。在以下章节只介绍立筒仓。

2. 金属筒仓型号编制规则

目前，仅金属筒仓有型号编制规则，规则如下：

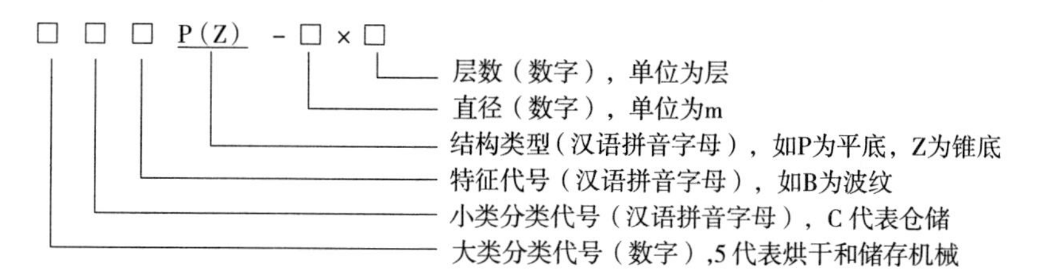

例如：5m 8层波纹锥底金属筒仓，表示为：5CBZ-5×8。

常见的干燥机、粮仓产品型号编制规则如表6-4所示。

表6-4　常见烘干和贮存机械的产品型号编制规则

机具类别和名称	大类分类代号	小类分类代号	特征代号	主参数代号	改进代号
烘干机	5	H	—	生产率	字母、数字
金属筒仓	5	C	—	容积	字母、数字

第二节　仓储装备的选择

一、干燥机

谷物干燥方法和干燥机的类型是多种多样的，但应用最普遍的是利用干燥介质的热能，使谷物中水分蒸发而干燥的机型。由于干燥设备结构的不同，干燥效率和适用范围也不相同。根据目前国内外的发展情况，适合小麦干燥的机型主要有以下几种：

（一）批式循环干燥机

1. 批式循环干燥机的种类

按干燥机移动方式分移动式干燥机（图 6-10）和固定式干燥机（图 6-11）。

图 6-10　移动式干燥机

图 6-11　固定式干燥机

上述各种干燥机械都离不开能源热风炉。干燥机的能源可以是煤、煤气、液化石油气、蒸汽、电能、太阳能、柴油等。

2. 批式循环干燥机的产品特点

批式循环干燥机是使被干燥的谷物反复地进行干燥、缓苏的设备。所有谷物基本都能获得同样的干燥条件，故干燥均匀，干燥质量好。如图 6-12 所示。干燥机由加热炉、烘干箱、定时排粮机构、上搅龙、斗式升运器、下搅龙、吸风扇和传动机构等组成。

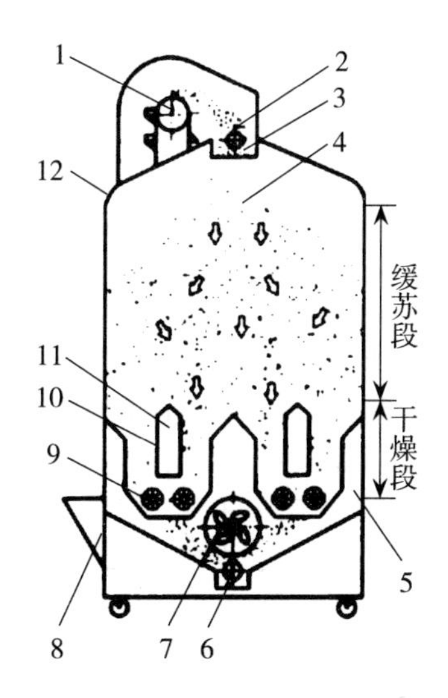

图 6-12　5HZ-3.2 循环干燥机

1. 斗式升运器　2. 上搅龙　3. 均分器　4. 粮　5. 废气室　6. 下搅龙　7. 吸风扇　8. 喂入斗　9. 排粮辊　10. 透气板　11. 热风室　12. 烘干箱

在干燥段内，由八张平行排列的孔板将干燥段分为两个热风室、四个粮食通道和三个废气室。干燥段热风室内的热风（一般为 50～60℃）横向吹过向下流动的谷物，谷物通过横流干燥段的时间为 5～6min，通过干燥段的谷物在排粮辊（间歇传动）的控制下，以一定的速度排出，再由排粮搅龙、升运器以及上搅龙送入上部缓苏段。谷物在缓苏段停留 70～80min 后，再次进入干燥段。谷物经多次循环被干燥到规定水分后，改吹冷风，使谷物冷却，然后排出机外。

3. 批式循环干燥机的主要技术参数

以下列举了几种常见型号批式循环干燥机的主要技术参数（表 6-5）。

表 6-5 批式循环干燥机的主要技术参数

产品型号		5HXG-48	5HXG-72	5HXG-120
类型		直接加热低温循环	直接加热低温循环	直接加热低温循环
处理量，kg/h		小麦：35～331；水稻：46～436	小麦：35～501；水稻：46～657	小麦：39～831；水稻：51～1 090
整机质量，kg		1 626	1 804	2 290
外形尺寸（长×宽×高），mm		3 270×2 411×4 963	3 270×2 411×6 185	3 609×2 660×9 602
燃烧机	类型	枪式	枪式	枪式
	点火方式	高压自动点火	高压自动点火	高压自动点火
	燃料	0＃柴油或煤油	0＃柴油或煤油	0＃柴油或煤油
	燃油消耗量，L/h	≤13.5	≤13.5	≤17.5
配套动力	回转阀电机，kW	0.2	0.2	0.2
	排风机，kW	1.5	1.5	3.7
	升降机电机，kW	1.5	1.5	1.5
	下搅龙电机，kW	0.55	0.55	0.55
	燃烧炉电机，kW	0.07	0.07	0.1
	除尘电机，kW	0.25	0.25	0.25
	总功率，kW	4.07	4.07	6.3
安全装置		自动报警（故障及超温），自动关机，温控装置，电器过载保护装置，漏电保护装置，燃烧机熄火，满量报警，回转检知器，出谷满量报警，灭火器		

4. 批式循环干燥机的适用范围

批式循环干燥机的容量一般为 3～10t，并能在 8～10h 完成干燥全过程，生产能力较平床干燥机大。但价格较高，故适用于中小农场或种子公司。

批式循环干燥机，采用中低温烘干技术，烘出来的谷物不仅爆腰率低，碎米少，而且色泽品相俱佳，有利于作物价值增值。但是，该类设备日处理量远远低于连续式烘干塔，对于大型粮食加工、仓储企业有一定的局限性。不过，随着烘干技术的发展，单台干燥机的作业功效也在不断扩大，目前，市场上每批次处理 30t 甚至 50t 的产品已经面市，而且继续扩大的趋势还在延续。即使是目前市场最常见的 15～30t 主流机型，还可以通过联合组成机组使用，基本上可以满足当前谷物烘干作业的需要。

最后还要指出，如果是用来烘干种子的，那就必须选择循环式机型，只有控制在中低温状态下烘干，才能确保种子胚胎不被烤坏或人为破坏。

（二）连续式干燥机

1. 连续式干燥机的种类

连续式干燥机可根据谷物流动与空气流动的相互关系分为横流式、逆流式和顺流式三类。

2. 连续式干燥机的产品特点

（1）横流式干燥机　这是目前应用较广的一种谷物干燥机，典型的横流干燥机如图 6-13 所示。该机内有热风与冷风的配风室，两侧有两条谷物流经的通道，其下端有卸粮搅龙及排粮辊。其配气室的侧壁及谷物通道的外壁均为孔板状，以便使从热配气室或冷配气室射出的气流穿过谷层。因气流方向与谷物流动方向相垂直，故称为横流干燥机或错流干燥机。被干燥的谷物在两层孔板或金属网之间，以薄层粮柱的形式向下流动，流动速度由排粮辊控制。谷物首先经过干燥段，被干燥到规定水分后，经过冷却段，由排粮辊和卸粮搅龙排出机外。

（2）逆流式干燥机　谷物由仓的上部向下层流动，而热介质通

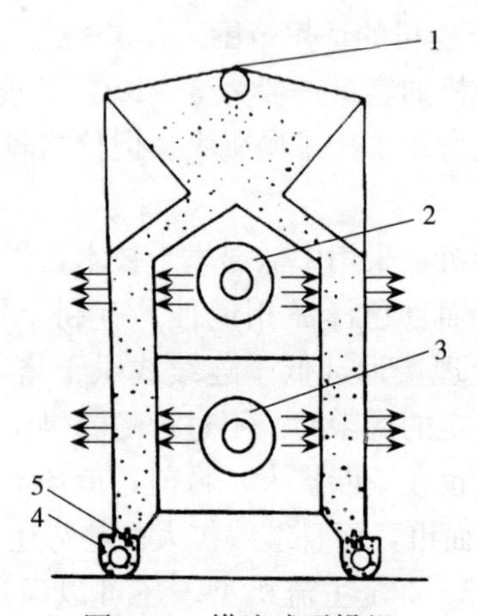

图 6-13　横流式干燥机

1. 喂入搅龙　2. 热风机及加热器

3. 冷风　4. 卸粮搅龙　5. 排粮辊

过仓底孔板穿过谷层向上移动，废气由上方排出。由于谷物流动与介质流动方向相反，故称为逆流式干燥机。

公转搅龙可将孔板上已干燥的底层谷物喂给中央立式搅龙，而立式搅龙与另外的倾斜搅龙配合将干粮送走，如图 6-14 所示。也可以由公转搅龙将已干燥谷物送入中心卸粮口，由孔板下面的搅龙送出机外。送出的已干燥热粮，应送入通风仓内通风冷却，并就仓储存。

在逆流干燥机中，谷物的流动方向与热空气流向相反，谷物的温度可能达到接近热空气的温度，故热气温度不可过高，一般为 60～80℃。此外，高温气流首先与最干的谷物相遇，故干燥效率较高。这种干燥机的干燥区在粮仓的下部，干燥区下部的谷物达到一定水分后，即被公转搅龙送出，故不会产生过度干燥情况。温暖而接近饱和的向上气流离开干燥区，进入温度低的新入机粮食时，其中部分能量传给冷粮，使其预热，故热利用率较高。但如果粮层过厚且初始温度较低时，会使得热气流中的水分凝结在冷粮表面，使粮食增湿。

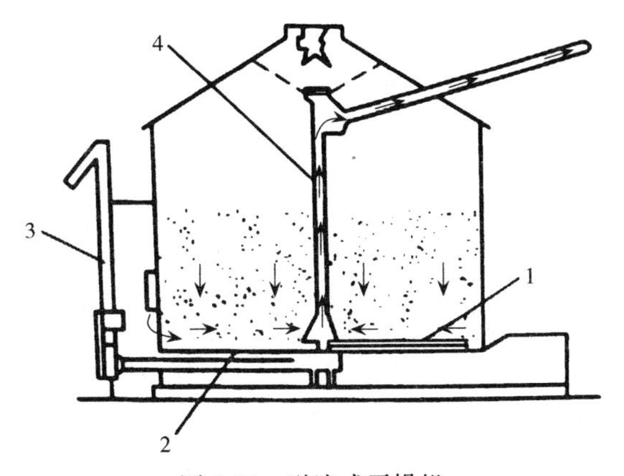

图 6-14　逆流式干燥机

1. 公转搅龙　2. 下搅龙　3. 升运器　4. 中央立式搅龙

这种干燥机，作为连续式干燥机使用，其生产能力会受公转搅龙的限制。改变风量、风温等也只能改变干燥降水的多少和干燥质量，而不能改变机器的生产率。此外，在干燥过程中，谷物中的尘土逐渐向中间集中，堵塞孔板，故每开机一定时间后，要停机清理。

（3）顺流式干燥机　该干燥机（图 6-15）有加热段、缓苏段、冷却段及排粮装置。在加热段与冷却段中设有进、排气管，湿粮向

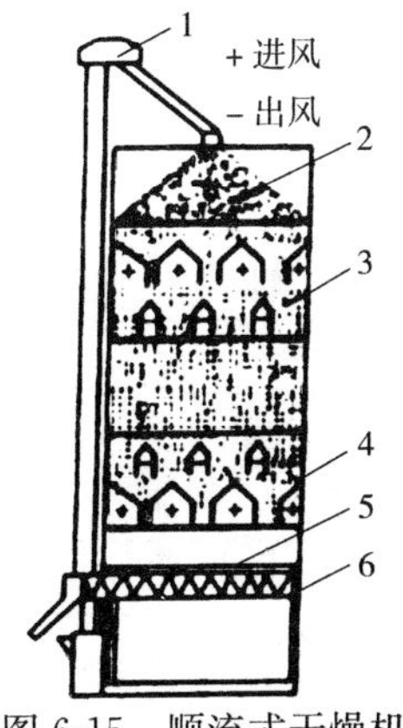

图 6-15　顺流式干燥机

1. 提升机　2. 湿粮　3. 加热段亭　4. 冷却段　5. 排粮辊　6. 排粮搅龙

下流动中与由热风室供给的热风（或炉气）并行向下运动，废气进入排气管排出，谷物经缓苏后进入冷却段，冷却段的冷空气由冷风机供给，属逆流冷却，谷物流到下部的排粮装置排出。由于该机的热介质流向与谷物流向相同，故称其为顺流（或并流）干燥机。

粮粒在与最高温度热空气接触一段时间后，粮温升至最高。随着粮粒的向下运动，所接触到的空气温度大大下降，由于水分的继续蒸发，粮粒温度也随即逐渐降低。故在顺流干燥机中，最干的谷物，其温度也最低。这种状态有助于减少谷物产生裂纹和以后输送中的机械损伤，干燥的谷物品质较高。顺流干燥机的主要缺点是一次干燥降水较少，不适合用来干燥水分在20%以下的谷物。

3. 连续式干燥机的主要技术参数

以下列举了几种常见型号连续式干燥机的主要技术参数（表6-6）。

表6-6　连续式干燥机的主要技术参数

<table>
<tr><td colspan="3">产品型号</td><td>5HST-100</td><td>5HST-200</td><td>5HSN-500</td></tr>
<tr><td colspan="3">处理量，t/d</td><td>100</td><td>200</td><td>500</td></tr>
<tr><td colspan="3">外形尺寸：长×宽×高，mm</td><td>3 405×3 405×17 180</td><td>3 400×3 000×22 000</td><td>4 000×4 500×26 700</td></tr>
<tr><td colspan="3">结构类型</td><td>连续式、塔形</td><td>连续式、塔形</td><td>连续式、塔形</td></tr>
<tr><td colspan="3">整机质量</td><td>17 500</td><td>23 580</td><td>50 470</td></tr>
<tr><td colspan="3">电机总功率，kW</td><td>63.25</td><td>107.35</td><td>232.45</td></tr>
<tr><td rowspan="6">燃烧机</td><td colspan="2">类型</td><td>燃煤热风炉</td><td>燃煤热风炉</td><td>燃煤热风炉</td></tr>
<tr><td colspan="2">型号</td><td>JLG-2</td><td>RF2.8-AⅡ</td><td>JLG-10</td></tr>
<tr><td colspan="2">燃料</td><td>煤或生物质</td><td>煤或生物质</td><td>煤或生物质</td></tr>
<tr><td colspan="2">点火方式</td><td>手工</td><td>手工</td><td>手工</td></tr>
<tr><td rowspan="2">燃料消耗量，kg/h</td><td>煤</td><td>200～250</td><td>340～420</td><td>300～1 380</td></tr>
<tr><td>生物质</td><td>410～480</td><td>700～810</td><td>650～2 670</td></tr>
<tr><td colspan="3">安全装置</td><td colspan="3">满粮开关、自动报警、过热保护、过载保护、短路保护等</td></tr>
</table>

4. 连续式干燥机的适用范围

连续式干燥机的设备利用率高，生产能力较大，大农场及大的粮食加工企业采用最多。

二、立筒仓

立筒仓是指平面为圆形、方形或多边形储存散粒物料的直立容器。

(一) 立筒仓的种类

按高度直径比分深仓、浅仓两类。筒仓高度不同，在筒仓仓底卸粮时，粮食流动状态及储粮对筒壁压力的变化曲线是有差别的，筒仓载荷计算的方法也不同，从而对筒仓的结构要求也不一样。按照筒仓的结构材料可分为：木筒仓、土圆仓、钢筋混凝土筒仓、砖混筒仓、钢板筒仓等。按照筒仓的平面布置形式分为单仓和群仓。群仓的平面布置形式不外乎有行列式和错列式两种（图 6-16）。单仓平面为圆形、矩形、正六边形、正八边形等形式，其中以圆形筒仓居多。

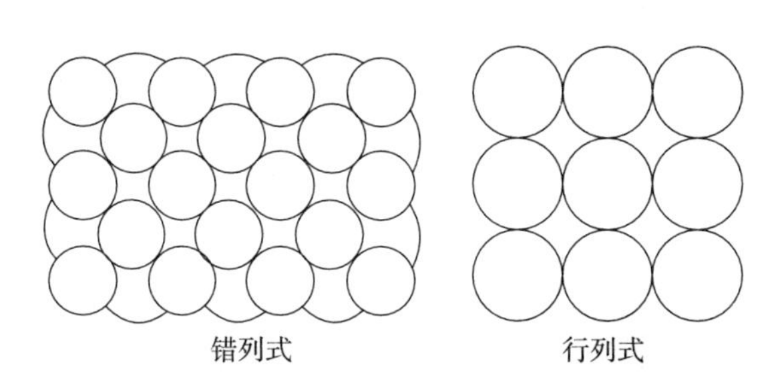

图 6-16　群仓的平面布局形式

(二) 立筒仓的产品特点

1. 木筒仓

木结构在筒仓建筑中是应用较早的一种结构形式，具有成型容易、拼装方便等特点。一般情况下，木筒仓高度为 5～6m，若经过加固，高度还可增加。

2. 土圆仓

土圆仓是一种以黏土和草为主要材料建成的圆形仓（图 6-17），特别适合北方雨水较少的基层库点使用。土圆仓具有结构简单，施工方便，取材容易，造价低廉，储粮性能较好，但隔热性能较差，粮食进出仓不方便。土圆仓一般高 3～4m，小型的直径 3～4m，容量约 1.5 万 kg；中型的直径 5～6m，容量约 5 万 kg；大型的直径 8～9m，容量约 10 万 kg。

图 6-17　土圆仓

3. 钢筋混凝土筒仓

钢筋混凝土筒仓是 20 世纪以来发展较快、应用较多的一种结构形式（图 6-18）。它具有占地面积小、仓容量大、机械化程度高、储粮性能好、保管费用低、筒仓耐久性与抗震性好等特点，是

图 6-18　钢筋混凝土筒仓

较现代化的仓型，但筒仓造价高，设计和施工周期长。钢筋混凝土结构的工作塔具有耐久、防火和便于机械化施工等特点，因此已被广泛采用。

目前我国建造的粮食筒仓直径为6～12m，装粮高度为15～30m，筒壁厚度约为20cm。筒仓底层结构分为架空式和落地式两种，国内钢筋混凝土仓大都采用架空式，底层四周宽畅，布置输送机方便，采光和自然通风条件好。筒仓底部形式一般为漏斗型，出粮方便。

通常由筒仓群与工作塔组成立筒群仓。工作塔一般为多层建筑，用钢筋混凝土或混合结构建成，负责筒仓群的粮食接收与发放，是筒仓的操作中心。工作塔内部安装有输送、称重、清理、除尘及分流装置等各种设备，粮食在此经过各个处理步骤后由输送机运到各筒仓内。筒仓群一般采用行列式排列方式，纵向为行，横向为列，四个相邻筒仓之间的空间称为星仓，也可储存粮食。行列式排列时，通常行数取2～4，列数取4～8。当仓容量超过35 000t时，可采用双翼式布置，即在工作塔两边布置筒仓群。

4. 砖筒仓

砖筒仓是钢筋混凝土筒仓代用材料的一种形式。它的筒身用砖砌成，为了增加强度，每隔1.2～1.5m设置一道钢筋混凝土圈梁，仓顶一般用预制板或现浇水泥板（图6-19）。砖筒仓储粮高度一般不超过20m，内径不超过8m，也有11m的。砖筒仓的特点是就地

图6-19　砖筒仓

取材，施工简单，不需要复杂机具，因而造价较低，砖筒壁一般为50～74cm，较混凝土筒壁厚得多，且保温隔热性能又比混凝土好得多，因此，砖筒仓的储粮条件远比混凝土筒仓优越，根据使用经验，砖筒仓可用来较长时间储粮，储粮管理也较为简单。

由于作为主要建筑材料砖的来源较好解决，价格较低，所以在建成的筒仓中砖筒仓的比例较大。但随着对农田的保护和新建材的发展，今后砖的生产会受到限制，这种仓型会逐步减少。

5. 钢板仓

钢板仓由镀锌薄板或波形钢板制成，它具有气密性好，自重轻，对基础要求低，造价低，标准化程度高，施工期短，用途广泛，便于实现机械化与工厂化生产等特点，便于进行杀虫和熏蒸作业，但隔热和抗震性较差（图 6-20）。按筒仓结构和施工方法可分为焊接式、装配式与螺旋卷边式三种形式。使用钢板仓储粮时，粮质要好，水分要低，要特别注意筒仓内外温差引起的结露和夏季南方地区过高的仓温和粮温。钢板筒仓的直径、高度大范围可选，直径一般大于钢筋混凝土筒仓，有的结构达 20m 左右，装粮筒仓壁厚 3～4mm。

图 6-20　钢板仓

6. 浅圆仓

浅圆仓是我国近年大力发展的一种新仓型。它具有储存量大，造价低，施工期短，进出粮易于实现机械化操作等特点。浅圆仓直径较大，一般为25～30m，仓壁为钢筋混凝土结构，厚度约为27cm，檐高15m，装粮6 100～9 000t（图6-21）。浅圆仓采用钢筋混凝土条形基础，仓顶为乙烯夹心预制装配整体式钢筋锥面薄壳，坡度为30°，也可采用现浇薄壳结构和其他保温材料。浅圆仓也可采用镀锌钢板结构。

图6-21　浅圆仓

浅圆仓用双层门，外门为密闭防护门，内门为可多层开启的钢结构弧形挡粮门，挡粮门可根据仓内粮面高度变化分层开启和关闭。浅圆仓仓顶中心设一入粮口，通过仓顶输送机朝仓内进粮。仓底设置一条输送通廊，沿通廊方向在浅圆仓地坪上开设五个卸粮口。卸粮时，打开卸粮口，粮食自流由通廊中输送机完成粮食出仓作业。仓内剩余粮食的清仓作业由装载机或清仓搅龙完成。

（三）立筒仓的适用范围

木筒仓的极限容量为1 500～2 000t，现基本被淘汰。

土圆仓由于不适应南方多雨潮湿天气，在南方改用砖石为主要建筑材料。现也基本被淘汰。

钢筋混凝土筒仓具有占地面积小、仓容量大、机械化程度高、储粮性能好、保管费用低、筒仓耐久性与抗震性好等特点，是较现代化的仓型。一般建为群仓，结合工作塔能实现机械化大型仓储目的，广泛应用于现代大型粮食企业和国家粮食储备库。

砖筒仓一般规模较小，造价较低，但储粮条件十分优越，可用来较长时间储粮，且储粮管理也较为简单，是粮食加工厂原料仓应用较多的一种仓型。

钢板仓储粮时，粮质要好，水分要低，易出现结露和夏季过高仓温和粮温的情形，常用作加工厂的原料仓，不作长期储粮。

浅圆仓储量大，占地面积适中，机械化程度较高，单位面积造价较低，而且随着浅圆仓直径的增大，其造价也随之降低。浅圆仓适合建在北方产粮区的粮食集散地。

第三节　仓储机械的安全操作

一、干燥机

无论批式循环干燥机还是连续式干燥机，操作时均应注意以下事项：

（1）干燥机的干燥效率高低，很大程度上取决于燃烧室的好坏，因此，在烘干设备操作过程中，必须对燃烧室、鼓风机和除尘吸尘设备加以特别的注意，定期检修。

（2）在粮食干燥机运转过程中要经常检查各部分轴承的温度，温度不得超过 50℃，齿轮声响应平稳，传动、支托和筒体回转应无明显的冲击、振动和传动。

（3）在开动粮食干燥机前 1h 点燃炉子，检查所有的附属设备，包括干燥机的各个传动部分，支拖部分等，都应当紧固、正常、滑滑、可靠方可开车。

①点燃炉子前应检查火炉、炉篦子、给料装置、燃烧室、炉坑内的炉渣、炉门、空气导管、调节阀和鼓风机、除尘器等。

②开启干燥机前应检查燃料、工具、传动支托装置，润滑全部轴承及摩擦面。

③开启干燥机的步骤是先启动干燥机电机，后开动运输湿料设备，再启动干料运送设备，形成连续均匀的作业层。

（4）热风炉周围严禁摆放易燃易爆物品。

(5) 应根据烘干后谷物的加工不同要求，选择合适的烘干温度，以保证粮食安全和烘干效率。

(一) 批式循环干燥机

1. 安全标志

批式循环干燥机安全标志相关要求如表 6-7 所示。

表 6-7　批式循环干燥机安全标志及相关要求

标志种类		标志图样	粘贴位置及主要作用
警告标识	1	警告 切入电源以后,严禁打开控制箱，否则会造成触电危险，一定要将总电源关闭后，才可进行电气检查	此标志为橙色，表示警告；位于控制箱盖外表面，警告断电后才可以打开控制箱盖，否则，有触电危险
	2	警告 WARNING 运转中严禁打开安全盖，有可能被盘叶片中的皮带卷入造成严重伤害	此标志为橙色，表示警告；位于顶层探视口盖上，警告手伸入有被分散盘卷入的危险
危险标识	1	危险 平时勿爬到机器顶上，以免摔下受伤	此标志为红色，表示危险；位于顶层盖板上，警告攀爬到机器顶盖上时，有坠落受伤危险
	2	危险！ 梯子必须安装在规定的地方	此标志为红色，表示危险；位于地面以上高 1.6m 左右梯子上，警告梯子应安装在干燥机规定的场所使用，否则有危险

（续）

标志种类		标志图样	粘贴位置及主要作用
危险标识	3	 危险 DANGER 严禁接近烟火 会引起火灾，发生爆炸造成严重灾害 KEEP AWAY FROM FIRE. EXPLOSIONS MIGTH OCCUR. P010431	此标志为红色，表示危险；位于燃油箱上，警告禁止烟火接近，否则有燃烧甚至爆炸的危险
	4	 危险 DANGER 禁止 燃烧炉 热风口 扫除口 扫除口	此标志为红色，表示危险；位于热风室前板、排风机固定箱上，警告如不注意以下事项，有引发火灾危险：（1）严禁在网前卸粮；（2）每烘干5～6次要：①打开扫除口盖，清扫排风路和热风路内部的谷屑灰尘；②清扫热风机四周、底部、内部和前面网的灰尘；③清理火炉和燃烧机
	5	 危险 DANGER	此标志为红色，表示危险；位于热风机门板上，警告使用劣质燃油可能导致火灾或人身事故、机器故障和被干燥谷物品质不良的危害
注意标识	1	 注 意！ 使用前，请认真阅读使用说明书	此标志为黄色，表示注意；位于控制柜附近，提醒操作者在使用前，要认真阅读使用说明书

（续）

标志种类		标志图样	粘贴位置及主要作用
注意标识	2	注意 机器运转时，因燃烧器处于高温状态，请勿打开盖子	此标志为黄色，表示注意；位于燃烧器、热风机护盖附近，提醒注意，不要打开护盖、触碰高温表面，以防烫伤
	3	注意 为防止手触皮带引起受伤，勿在运转时揭开盖子	此标志为黄色，表示注意；位于风机马达、皮带、底座后护罩处，提醒运转时不能打开防护罩，否则可能会被运转中的皮带卷入，造成意外挤压伤害
	4	注　意 运转中严禁打开安全盖，有可能被运转中的链条卷入，造成严重伤害。链条、链轮请适时适量加油	此标志为黄色，表示注意；位于本体底座后护罩处，提醒运转时不能打开防护罩，否则可能会被运转中的链条卷入，造成意外挤压伤害
	5	注　意 严禁在拆下排风布管（保护网）的状态下运转，有可能会被叶片卷入而造成严重伤害	此标志为黄色，表示注意；位于排风机侧面、排尘机处，提醒在机器运转时，不可拆下排风布管（保护网），以免被风机叶片卷入，造成意外伤害
	6	注意 ATTENTION 严禁使用试料取出器以外之任何物品或手指插入，会被卷入造成机构故障或人员受到伤害 DO NOT REMOVE GRAIN SAMPLES BY HAND OR ANY OTHER MEANS THAN THE PLASTIC GRAIN TESTER PROVIDED USING ANY OTHER INSTRUMENT MAY CAUSE MACHINE TO BREAK DOWN.	此标志为黄色，表示注意；位于取样口，提醒在机器运转时，不可使用取样器以外任何物品或手指伸入，以免被卷入造成机器故障和人身意外伤害
	7	注　意 为防止手碰触谷斗引起受伤，勿在运转时揭开盖子	此标志为黄色，表示注意；位于提升机扫除口、中层管处，提醒在机器运转时，不可打开窗口，以免被勺子卷入，造成意外伤害

（续）

标志种类		标志图样	粘贴位置及主要作用
注意标识	8	注 意 ATTENTION 在不入谷时，运转中严禁打开大漏斗门板，而且不可以将手伸入漏斗内，以免发生被勺子卷入而受伤的危险。 DO NOT OPEN THE COVER OF HOPPER EXCEPT FOR LOADING GRAIN. DO NOT PUT HANDS INTO THE HOPPER TO PREVENT INJURY FROM ELEVATOR BUCKETS. P010426	此标志为黄色，表示注意；位于提升机基层管上，提醒在机器运转时，不可打开大漏斗门板，也不可将手伸入漏斗内，以免被勺子卷入而受到意外伤害
	9	注 意 运转中严禁打开安全盖，以免被螺旋送料器卷入，发生受伤的危险 Don't open safety cover while dryer is running,to prevent injury caused by screw conveyor. P010427	此标志为黄色，表示注意；位于搅龙端盖板上，提醒在机器运转时，不可打开安全盖，否则有被搅龙卷入受伤的危险

2. 安全操作规程

（1）操作人员须经干燥机生产企业、经销商等培训后方可上岗操作。

（2）检查、操作、维护干燥机前必须仔细阅读相应干燥机的使用说明书，熟悉有关安全方面的警告事项和安全知识，掌握基本使用方法，严格按照干燥机的操作程序使用，定期检查、调整、保养，发现问题及时处理。

（3）干燥机发生故障时，必须停电检修，非专业人员不得随意拆卸，严禁进仓检查。登高检修时，应身系安全带、头戴安全帽、脚穿防滑鞋。

（4）进机谷物水分应在28%以下为宜。装粮过程中，干燥机出现满粮报警后，应立即停止进粮，防止进粮过多造成机器故障。烘干小麦或水分超过30%的水稻时，装载量切勿超过干燥机额定装载量的80%～90%，否则易发生堵塞，严重者有崩仓毁机的危险。严禁水分超过35%、流动性不好的粮食进入干燥机作业。

（5）进粮时要特别注意粮食清洁，原粮含杂率要小于1%。如原粮含杂率较高，在进机前必须进行筛选。切勿混入包装绳、铁丝、长草、石子等异物，防止机器在运转过程中出现堵塞或卡死等异常故障。

（6）启动干燥机前，须确认各运转设备、转动部件附近无闲杂人员。

（7）装料未满1t时，不能进行热风干燥。

（8）干燥机运行期间，严禁打开燃烧器箱、吸气盖板等，严禁给油箱加油，避免发生烧伤或其他事故。干燥机作业时，非操作人员切勿靠近，操作人员身体任何部位及衣物等异物不得放在或靠近搅龙、皮带、提升机喂入口等运转部件及其附近，以免发生意外事故。

（9）干燥机作业时，检查口、粮仓门等均不得随意打开，以防跑粮。

（10）必须保持稻谷在干燥机内均匀流动，防止堵塞，避免粮食在高温下长时间停滞而起火燃烧。发生粮温过高或有起火危险时，应立即切断全部电源，同时关闭热风炉燃烧器。非紧急情况，不要直接关掉控制箱电源。

（11）干燥临近结束时，应取样手动检测麦子含水率，必要时，修正干燥机的显示数据，确保达到规定的含水率。

（12）燃烧炉内部、风道内部、进气罩内网及炉箱盖上不得有积存的易燃污垢。要始终保持燃烧炉周边清洁，不得堆放易燃物品。烘干现场应配备灭火器、灭火砂等消防设备或工具。

（13）机器使用100h左右要进行一次保养，全面检查调整提升机皮带、三角皮带的松紧度，清洗燃烧器过滤器，清理上下搅龙及机器内部的杂物。检查各转动部件及有关部位的紧固件有无松动现象。把各部位调整、紧固到正常状态。

（14）严禁吸烟，严禁酒后上岗作业，严禁过度疲劳者参加作业。

（15）干燥机作业时，须安排具备操作知识人员24h值守，防止发生故障或意外。

（二）连续式干燥机的安全操作

1. 安全标志

连续式干燥机安全标志相关要求如表 6-8 所示。

表 6-8　连续式干燥机安全标志及相关要求

标志种类		标志图样	粘贴位置及主要作用
警告标识	1	警告 WARNING 切入电源以后，严禁打开控制箱，会造成触电危险，一定要将总电源关闭后，才可进行电子检查	此标志为橙色，表示警告；位于控制箱盖外表面、热风机护盖，警告断电后才可以打开控制箱盖、护盖，否则，有触电危险
	2	警告 WARNING 运转中严禁打开安全盖，有可能被盘叶片中的皮带卷入造成严重伤害	此标志为橙色，表示警告；位于热风机皮带护罩上，警告手伸入有被盘叶片卷入造成人身伤害的危险
危险标识	1	危险 平时勿爬到机器顶上，以免摔下受伤	此标志为红色，表示危险；位于塔顶层盖、塔中层工作架、提升机顶工作架等处，警告攀爬到机器高处时，有坠落受伤危险，要采取挂接安全带等措施
	2	危险！ 梯子必须安装在规定的地方	此标志为红色，表示危险；位于地面以上高 1.6m 左右梯子上，警告梯子应安装在干燥机规定的场所使用，非预期使用有人身危险

（续）

标志种类		标志图样	粘贴位置及主要作用
危险标识	3	危险 DANGER 每次干燥前必须打开清除口盖， 清除里面呆谷、芒、屑、秸梗等杂物， 需彻底清理干净后，才可进行干燥作业， 否则会发生火灾。干燥不均匀、干湿粒 碎米、减干速度变慢、机台故障等	此标志为红色，表示危险；位于各检修口盖板上，警告在每次干燥机工作前，必须打开检修口盖，彻底清理呆谷、麦芒、谷屑、秸梗等杂物，否则会引发火灾、机器故障或干燥不均匀、速度变慢等不良后果
注意标识	1	注意 ATTENTION	此标志为黄色，表示注意；位于控制柜附近，提醒操作者在使用前，要认真阅读使用说明书
	2	注 意 机器运转时， 因燃烧器处于 高温状态，请 勿打开盖子	此标志为黄色，表示注意；位于燃烧器、热风机护盖附近，提醒注意，不要打开护盖、触碰高温表面，以防烫伤
	3	注 意 为防止手触皮 带引起受伤， 勿在运转时揭 开盖子	此标志为黄色，表示注意；位于风机马达、皮带护罩处，提醒运转时不能打开防护罩，否则可能会被运转中的皮带卷入，造成意外挤压伤害
	4	注意 ATTENTION 严禁使用试料取出器以外之任何 物品或手指插入，会被卷入造成 机构故障或人员受到伤害 DO NOT REMOVE GRAIN SAMP- LES BY HAND OR ANY OTHER MEANS THAN THE PLASTIC GR- AIN TESTER PROVIDED USING ANY OTHER INSTRUMENT MAY CAUSE MACHINE TO BREAK D- OWN.	此标志为黄色，表示注意；位于取样口，提醒在机器运转时，不可使用取样器以外任何物品或手指伸入，以免被卷入造成机器故障和人身意外伤害

（续）

标志种类		标志图样	粘贴位置及主要作用
注意标识	5	注 意 运转中严禁打开安全盖，以免被螺旋送料器卷入，发生受伤的危险 Don't open safety cover while dryer is running,to prevent injury caused by screw conveyor. P010427	此标志为黄色，表示注意；位于搅龙端盖板上，提醒在机器运转时，不可打开安全盖，否则有被搅龙卷入受伤的危险

2. 安全操作规程

（1）干燥机必须由经过专门培训的熟练技术工人进行操作，未经培训的人员不得上岗。操作人员上岗前应认真阅读产品使用说明书，了解设备的结构、熟悉机器的性能和操作方法。同时注意设备上的安全警示标志。

（2）电气设备操作人员操作必须经过专业培训，电气操作、维修人员应熟悉生产工艺和设备，严格遵守电器操作安全规程。

（3）干燥机系统安装结束，空车试车调试合格后才能进行正常的生产操作。

（4）系统运行时，电气控制柜应有专人负责管理，其他人员不得随意开启开关。停机时，要切断电源。

（5）所有设备应空载启动。

（6）机器工作时，不能拆下或打开防护装置。

（7）切入电源时，严禁打开控制箱，会造成触电危险。

（8）已装粮或正在作业中的烘前、烘后仓及干燥机储粮段不允许进人。

（9）干燥机工作前，必须打开检修口进行清理。

（10）烘干作业正常进行时，严禁打开检修门。

（11）经常检查干燥机的排料是否通畅，发现叶轮堵塞，应及时清理，防止机内粮食流动不畅形成死角，粮食过度干燥而着火。

（12）不得长时间超负荷使用热风炉，以免烧坏换热器引发干燥机着火。

（13）严格控制热风温度，防止因人员疏忽导致热风温度过高而造成的干燥机着火。

（14）干燥机着火时，火未扑灭前任何人不允许进入干燥机。

（15）当干燥机着火时，应立即进行以下操作：

①干燥机实施紧急停机，关闭所有风机总闸门。

②热风炉实施临时停炉。关闭鼓风机和炉排电机，打开热风炉上的所有炉门、风门和闸门，加煤压火，保持热风机工作以降低炉膛和换热器温度。

③打开紧急排粮口，排出粮食及燃烧的火块。

④清理干燥机内着火的残余，分析原因并及时处理后方可开机。

二、立筒仓的安全操作

为确保立筒仓使用安全，避免发生机电设备损坏、粉尘爆炸及人身伤亡等重大事故，保障人员生命安全和财产安全，应遵守以下安全操作注意事项。

（一）立筒仓的设计与配套

（1）新建或改建立筒仓的设计、布置与构造应满足国家有关法律法规与建设规范要求，并获得批准。

（2）未经重新设计并获得批准，立筒仓原有的设计、布置和构造不得变更。

（3）立筒仓附近不得任意增加建筑物。若需要增加，应与立筒仓保持原设计批准的间距。

（4）立筒仓作业区内，要根据仓体结构、仓容规模配备适用的消防器材，并固定放置在明显、适当的位置，不准挪作他用。消防器材要有专人（兼职）管理，定期检查维修更换，保持完好待用。

（5）筒仓设施的入口处，要有明显的禁止吸烟、禁带火种和警惕粉尘爆炸等醒目标志。

（二）立筒仓配套设施安全要求

（1）立筒仓要设置测温、测料位装置。

（2）立筒仓应配备足够容量的机械通风设施，并保持状态良好。

（3）电气设施

①安装在立筒仓内的全部电气设施，均应符合国家颁布的有关电气标准或规范。

②具有双门、双窗尘密的隔离控制室、开关室，其内部可安装普通的电气元件。

③立筒仓内，若需安装电源插座，除应安装防爆型电源插座外，在开关室（或控制室内）还应装设能切断该插座电源的装置。

（4）清仓设施应保持在良好状态。不得使用有缺陷清仓设施进行作业。

（5）立筒仓内，各类金属结构件、管道、机械部件，以及各种电气部件，应尽可能做成可拆卸的连接。

（6）立筒仓内筒仓的金属结构件、机械设备、金属管道、钢筋、电气部件外壳等，均必须有效接地。

（7）小麦等粮食进入立筒仓前要加以清理。要防止金属物随粮进入，避免与提升机、刮板输送机等机械设备摩擦、碰撞产生火花，引发事故。

（8）为立筒仓配套的提升机、刮板输送机和除尘风网等，要设置泄爆口或采取其他防爆措施。在易发生事故部位，安装的电器装置要选用防尘、防爆型。

（三）人员及管理要求

（1）应确定立筒仓及其各设施的管理责任人与工作职责。应规定一旦发生意外情况时的处理方法、处理权限、报告程序以及紧急情况下的撤离路线、退守后的职责和应急安全措施。

（2）立筒仓管理人员和相关工作人员上岗操作前（或顶岗位）应进行严格培训，必须熟悉本身岗位职责和了解粉尘防爆知识及本规程要求，经考试或考核合格后，方可上岗。

（3）人员进入立筒仓管理要求

①无关人员不得进入立筒仓。

②外单位人员一般不得进入立筒仓作业区。因工作需要进入

的，要经过立筒仓安全工作负责人同意，由有关人员陪同，并遵守作业区内的各项规章制度。

③人员进入立筒仓进行作业，必须获得授权管理人员的批准，并按规定办理相关作业审批手续，如密闭处所作业审批、动火作业审批等。

④必须有人在外监护进仓人员，做到内外配合，上下呼应。进仓人员未全部出来之前，仓外配合与监护人员不得离开。禁止人员私自进入仓内。

（四）安全作业要求

严禁穿着带有铁钉的鞋进入筒仓区，严禁使用铁器敲击墙壁、金属设备、管道及其他物体。作业时应遵守以下要求：

（1）粮食进出立筒仓作业，必须严格执行分期、分层、对称进出料的办法，以保证仓基受力均衡。进出料顺序与方法应得到批准。如发现立筒仓受力不均，产生倾斜、裂缝等情况，要立即停止作业，及时采取有效措施，保证安全，并报告。

（2）作业前应检查控制室和工艺线路的仪表、设备是否正常，然后接通总电源和各分路电源。

（3）开机时，现场有关人员要注意相互配合，除尘通风系统应在其他设备开动之前启动，再按工艺流程逆方向依次启动设备，待各环节设备运转正常后，方可负载运行。

（4）停机时，设备必须处于无负荷状态。停机按工艺流程顺序操作。除尘风网系统应在其他设备停机 15min 后再停机。

（5）作业完毕，要将立筒仓的检查孔和进出料孔关闭好。

（6）人员撤离时，要切断所有电源。

（7）人员从事仓顶进仓作业时，必须遵循以下规定：

①应备有扶梯、站人护栏、软梯、安全带、吊篮等安全防护设施。

②应先打开仓顶通风口，启动轴流风机，确认仓内不处于缺氧状态，熏蒸后药剂残留量已达到安全要求后，人员方可进仓。

③进仓作业必须保证 2 人以上，仓外必须有人监护。进仓作业

人员必须系好安全带，并保证安全带有效。

④仓内使用的灯具应属粉尘防爆型，电压应不超过36V。

(8) 粮食入仓时，严禁人员进入仓内。仓内空气应能顺利排出，避免仓内形成过大的正压。装粮高度不得超过安全装粮线。粮食入仓结束后，必要时可平整粮面，做好覆盖密封工作。作业完成后，应将仓上闸门、进入口、通风口等关闭。同一单体仓分批入粮时，各批次间的粮食温度差应小于当时的露点温差。若达到或超过露点温差时，应及时采取机械通风，平衡粮温。

(9) 进行立筒仓作业时，各环节的操作人员，必须严格遵守操作规程，坚守工作岗位，注意观察各种机电设备、仪表的运转和粮食进（出）仓情况，发现异常情况，要及时处理。不能处理时，要立即报告负责人。在紧急情况下，要先行停机。在岗人员需要暂时离岗，要由带班人员安排他人接替后，方可离开。

(10) 在立筒仓进行动火作业、高空作业或机电设备维修作业还应遵守相应的操作规程。

(11) 定期清扫立筒仓设备、通风管道和墙壁设备等平时易清扫的场所。要做到设备周围和死角没有积尘。清扫时应以吸尘和湿拖为上，禁止采用易引起粉尘飞扬的清扫方法。清除积尘和溢出的粮食不得使用与水泥地摩擦产生火花的工具。装存尘灰的袋（包）要及时运离筒仓。清扫前，要将工作场所的窗户及通风口打开。

(12) 粮食出仓时，应及时补充仓内空气，避免形成过大的负压。在粮食出仓过程中，若出粮口堵塞，宜打开仓下出粮溜管的检查门进行排堵。粮食出仓过程中，应随时观察仓内粮食流动情况，出现挂壁、结拱时，应关闭仓下出料闸门，停止出粮作业，进行有效处理。必要时组织人员进仓处理。自流出粮时，禁止人员进入仓内。

（五）其他要求

在立筒仓投入使用后，除了根据说明正常使用外，还要注意以下事项：

(1) 工作人员下岗前，应对工作环境进行清扫。停机作业后，应对设备进行擦洗，以保持立筒仓及其设备的整洁，异常情况应记录并沟通后续接班人员。

（2）严禁擅自对立筒仓增加附加设施，防止发生意外。

（3）应重视对立筒仓配套使用的输送设备、闸阀及其他设施的自身密封性检查，应重视与立筒仓连接部位的防雨检查，严防雨水从此进入立筒仓，致使立筒仓内物料变质。

（4）气体输送装库时，压力不能太大，要确保仓顶气孔畅通，如发现气孔有灰尘要及时清理，滤布里面不能堆积灰尘。

（5）使用时不允许偏心装料、偏心卸料，严禁仓壁直接开孔出料。

（6）定期检查仓顶通风孔是否畅通，严禁仓内产生的气压过大。

（7）每年雨季来临之前，建设方应仔细检查立筒仓的防腐情况，并定期防腐处理。

（8）检查、报告与处置：

①立筒仓管理人员或指定的设备维修人员，每天应对立筒仓四周巡检一次。人员进入立筒仓作业时，作业负责人应在方便的条件下对立筒仓内部进行检视。

②每半年应组织对立筒仓进行一次全面的检查，包括外观、仓壁及连接螺栓锈蚀、测温装置、配套设施、地基下沉以及其他可以目测的状况等，应做好详细的检查记录。

③每两年应组织对立筒仓钢板进行一次测厚。选择的测厚点应不少于 20 个点，并应均匀分布在立筒仓圆周方向与上下方向。

④若在各种检查与测厚过程中发现异常，应及时报告。粮库负责人应组织评估，制定相应的处置措施并实施。如果因受到投资、时机等限制不能马上进行处置，应列出备忘报告，送交相关主管，并有责任采取临时措施，保证立筒仓使用安全。若发现状况危险，粮库负责人有权拒绝使用立筒仓作业。

第四节　仓储机械的使用与调整

立筒仓是固定式基础设施，其使用与调整方法一般在人们常识范围内，或者是在仓库交付使用前有深入介绍，在此不再赘述。这里着重介绍应用越来越普及的干燥机的使用与调整方法。

一、批式循环干燥机的使用与调整

以燃油燃烧器为燃烧机的批式循环干燥机的使用与调整方法如下：

（一）开机前准备

（1）根据处理量准备好能够保证烘干作业或调试所需的湿粮。进机粮食水分差应≤3%，如不同批次的湿粮水分相差过大，应按水分不同分堆存放，分批进行烘干。

（2）湿粮进入干燥机前应经过清理设备去除其中的大小杂质。

（3）进入旺季之前，应先做好以下准备工作：对包括干燥机在内的所有设备进行常规检查，对需要添加润滑油和润滑脂的设备或部件按要求加足润滑油和润滑脂，确保干燥机系统中各配套机械设备均运转正常。

①检查各连接处连接和密封是否良好。

②校对热电偶及测温仪表。

③各设备操作人员到位。

④给油箱加满油。

⑤打开油路开关，检查油路是否漏油，排掉油路中的空气，再恢复到正常装配状态。

⑥接电，并打开主机电源开关，把“水分值修正”旋钮拧到“小麦”挡的“0”位。

⑦按“进料”按钮，确认提升机的旋转方向。

（二）空车运转

（1）干燥机在负载运行前，在手动模式下先进行空车试运转。

（2）空车启动进出料搅龙，观察搅龙是否有异响，搅龙轴旋转方向是否与旋转标志一致。

（3）空车启动提升机，观察提升机皮带是否跑偏，畚斗与机筒有无摩擦，调整畚斗带的松紧度。

（4）空车启动排粮机构运转是否正常，链轮旋转方向是否与旋转标志一致，六叶轮转动时是否和流粮板有刮擦现象和不正常声响。

（5）启动热风机，观察热风管道是否漏气。

（6）空车试运转时间不少于 1h，在空车试运转时发现的问题应及时解决处理。

（7）确保各部分机械设备运转正常后再进行负载运行。

（三）负载运行

干燥机一般在操作界面集成有手动模式、低温烘干模式两种操作模式。其中低温烘干模式为一键式自动运转工作方式。

（1）操作模式的选择　设备调试及设备检修时采用手动模式，当入机粮食达不到干燥机上料位时，采用手动模式进行烘干操作。烘干不同物料的推荐热风温度如表 6-9 所示。

表 6-9　烘干不同物料的推荐热风温度

物料品种	水稻	小麦	玉米
热风温度	≤65℃	≤100℃	≤120℃

（2）手动模式　在干燥机的触摸操作屏上模式选择上点选“手动模式”，在手动模式下，干燥机的进料、出料及热风机均为单独手动控制。

①手动模式下的开机顺序为：上进提升机→下出料搅龙→排粮电机。

②手动模式下的关机顺序为：排粮电机→下出料搅龙→提升机。

③空车试运行及设备检修时，需要在手动模式下进行。

④手动模式下的负载操作：把出料溜管处的闸门调整为关闭状态，风机的热风风门及冷风风门均调整到关闭状态，开上进料提升机，然后进料。当物料达到上料位时，上料位器报警，停止供料，此时开启热风机及热风风门通热风烘干，同时依次开启下出料搅龙

及排粮电机，物料开始循环烘干。当水分检测仪检测到出机物料水分达到要求时，若此时烘干热风温度低，则手动打开出料溜管处的卸料闸门，开始往干燥机外排料；若此时烘干热风温度正常，则再烘干 40min，然后关闭热风风门，打开冷风风门，对物料进行冷却，冷却 20min 后，手动打开出料溜管处的卸料闸门，开始往干燥机外排料。

（3）低温烘干模式　把出料溜管处的闸门调整为关闭状态，风机的热风风门及冷风风门均调整到关闭状态。在干燥机的触摸操作屏上模式选择上点选“低温模式”。点击“启动”键，进料提升机自动启动，然后开始进粮，当进粮达到干燥机上料位时，上料位报警，停止供料。热风机自行启动，手动打开热风风门，开始送热风。同时出料搅龙及排粮顺序自动启动，粮食进入循环烘干。当水分检测仪检测到出机物料水分达到要求时，发出报警信号，然后手动打开出料溜管处的卸料闸门，开始往干燥机外排料，热风炉做降温准备。当料位达到下料位时，热风机自动关机。待干燥机内物料排空后，手动关停排粮、出料搅龙及提升机，闭合卸料闸门。

有的干燥机允许对谷物量、停止水分、热风温度进行设定，通过旋转“谷物量”旋钮、按切换键和“+”“−”按钮设置预期的谷物量、停止水分或热风温度，按“确认”按钮完成设定。

有的干燥机具有进粮、循环、热风干燥、排粮的“定时运转”模式。注意：在此情况下，水分检测器不工作，务必防止谷物被过度干燥。

（4）在烘干作业进行中，热风炉操作应保证热风温度平稳，温度满足烘干需要，热风炉温度波动应保持在±10℃之间。

（5）干燥机运行时，当班人员应认真做好生产记录，进机粮水分、出机粮水分、设备运转情况、故障及处理方案都应有详细记录。

（四）停机

（1）因单机及系统故障造成临时停机时，应按以下步骤和顺序处理：按“急停”按钮，关闭干燥机，干燥机停止烘干。停机时间不长时，可不必熄灭热风炉，应关闭热风炉鼓风机，当热风炉温度降至300℃以下时，关闭热风机。停机后，每2h应排粮2～3min，防止粮食板结。

（2）因临时停电造成停机时，各种机械不能运转，应立即打开换热器下方配冷风门，进行自然通风。

（3）因粮食不足或干燥结束，需要停机时，按长期停机处理，关闭电源总开关。

（4）重新开机时，应按以下步骤进行：

①将“急停”按钮右旋，清理输送设备内的存粮。

②选择设备停机前的烘干模式，然后点动控制柜上“复位”按钮，继续烘干。

（5）干燥作业全部结束后，应彻底熄灭炉灶内的余火，清扫干燥机。塔及炉子要进行清扫。

二、连续式干燥机

以燃煤热风炉为燃烧机的连续式干燥机的使用与调整方法如下：

（一）开机前准备

（1）根据处理量准备好能够保证烘干作业或调试所需的湿粮。进机粮食水分差应≤3%。如不同批次的湿粮水分相差过大，应按水分不同分堆存放，分批进行烘干。

（2）湿粮进入干燥机前应经过清理设备去除其中的大小杂质。

（3）进入旺季之前，应先做好以下准备工作：

①对包括干燥机在内的所有设备进行常规检查，对需要添加润滑油和润滑脂的设备或部件按要求加足润滑油和润滑脂，确保干燥机系统中各配套机械设备均运转正常。

②对燃煤热风炉进行烘炉、调试。检查燃油炉油箱是否加满油。

③检查各连接处连接和密封是否良好。

④校对热电偶及测温仪表。

⑤各设备操作人员到位。

（二）空车试运转

（1）空车启动排粮电机，观察排粮机构运转是否正常，六叶轮转动时是否和流粮板有刮擦现象和不正常声响，调速电机的速度调整变化是否平稳、准确、可靠。

（2）试验声光报警系统是否工作可靠。

（3）试验料位控制系统是否工作可靠。

（4）启动冷、热风机，观察冷、热风管是否漏气。

（5）空车试运转时间不少于1h，在空车试运转时发现的问题应及时解决处理。

（三）负载运行

（1）空车试运转无问题后，即可进行负载试车和正常烘干作业运行。

（2）开机时应根据物料流动方向，从后至前依次启动各配套设备；关机时相反。待所有设备运行正常后方可进粮。

（3）当粮食到达储粮段下料位时，启动热风机（风机启动前调风门应关闭），调整到需要的温度。

（4）热风炉操作应保证热风温度平稳，温度满足烘干需要，热风温度波动应保持在±10℃之间。

（5）当粮食到达储粮段上、下料位之间时，启动排粮机构，开始排粮。在排粮机构开始排粮前，应注意观察排粮机构在停止状态下是否漏粮，若漏粮应及时修理。

（6）当粮食到达储粮段高料位时，报警器会鸣响，停止进粮。

（7）干燥机进粮和排粮速度应调整到能保持干燥机稳定工作的速度。

（8）烘干开始时，可在干燥机下部装入干粮、上部装入待烘干的湿粮，如果没有干粮，也可以全部装入湿粮。下部湿粮由排粮机构排出后，应重新进行循环烘干。当干燥机排出干粮时，立即停止循环烘干进入连续烘干。

(9) 调试中，处理量、降水幅度和热风温度应达到平衡和相对稳定。

(10) 烘干产量的调整：通过调节干燥机排粮机构的变频调速电机来调整处理量。可调节叶轮转速，叶轮转速越高，排粮速度越快，烘干产量越大。反之越小。

(11) 降水幅度的调整

①降水幅度与烘干产量成反比关系。当进机湿粮水分较高或出机粮食水分超过要求的水分时，应减小烘干产量，提高降水幅度。

②降水幅度与热风温度成正比关系。当进机湿粮水分较高或出机粮食水分超过要求的水分时，在不影响品质的前提下，提高热风温度，可提高降水幅度。调节热风温度时应保证有足够的热风风量。

(12) 出机粮温的调整：调节冷却风管上的调节阀，使冷却风量满足出机粮温的要求。

(13) 设备运行期间，操作人员应根据原粮水分高低确定热风温度和炉子温度。经常查看热风温度是否符合要求，若相差超过±5℃要调整炉子温度。

(14) 要经常查看（自动水分测定仪）或化验（用烘箱）烘后粮食水分，根据烘后粮食水分情况调整热风温度和排粮速度。当烘后水分高于安全水分时，应适当升高热风温度或降低排粮速度。当烘后水分低于安全水分时，应适当降低热风温度或提高排粮速度。

（四）停机

1. 临时停机

(1) 因单机及系统故障造成临时停机时，应按以下步骤和顺序处理：关闭故障点前的所有联动设备，再关闭烘前仓的排粮闸门，干燥机停止进料。停机时间不长时，可不必熄灭热风炉，应关闭热风炉鼓风机，当烟气温度降至300℃以下时，关闭所有热风机。关闭排粮电机，停止排粮。停机后，每2h应排粮2～3min，防止粮食板结。

（2）因临时停电造成停机时，各种机械不能运转，应立即打开换热器配冷风门，热风炉调风门和风机调风门，进行自然通风。

（3）因粮食不足造成停机时，按长期停机处理。

（4）重新开机时，应按以下步骤进行：

①清理输送设备内的存粮。

②热风炉升温。当换热器出口烟气温度未达到 300℃时，不能进行干燥机的操作。

③热风机启动。

④热风温度达到要求时，开启排粮电机，干燥机进入正常操作。

2. 长期停机

（1）长期停机指的是烘干期结束时或时间超过 24h 的停机。

（2）当机内只剩最后一塔粮食时：

①从前至后依次关闭干燥机前的设备。

②随着干燥机内粮食逐渐排空，自上而下关闭热风机，逐步减少热风炉的加煤量。

③保持冷却风机开启，直至粮食完全冷却后排出干燥机。

④关闭干燥机的排粮机构，关闭冷却风机。

⑤从前往后依次关闭干燥机后边的输送、清理设备。

⑥关闭除尘系统。

⑦停炉、熄灭炉膛内的余火。

（3）当机内只剩最后一塔湿食时，也可以采用在停炉后，打开热风机调风门，利用热风炉内的余热和干燥机内的热量，使粮食在干燥机内停留 48h 后排出。

（4）干燥作业全部结束后，应彻底熄灭炉灶内的余火，清扫干燥机。塔和炉子要进行清扫。

（5）干燥机运行时应认真做好生产记录，每班产量、水分、设备运转情况、故障及处理方案都应有详细记录。

第五节　仓储机械的维护保养与常见故障排除

一、干燥机

（一）维护保养要求

（1）干燥机的干燥效率高低，很大程度上取决于燃烧室的好坏。因此，在干燥机操作过程中，必须对燃烧室、鼓风机和除尘吸尘设备加以特别的注意。

（2）在开动干燥机前1h点燃炉子，检查所有的附属设备，包括干燥机的各个传动部分、支拖部分等，都应当紧固正常、防滑可靠方可开车。

①点燃炉子前应检查火炉、炉篦子、给料装置、燃烧室、炉坑内的炉渣、炉门、空气导管、调节阀和鼓风机、除尘器等。

②开启干燥机前应检查燃料、工具、传动支托装置润滑全部轴承及摩擦面。

③开动干燥机的步骤是先启动干燥机电机，后开动运输湿料设备，再启动干料运送设备，形成连续均匀的作业程序。

（3）在干燥机运转过程中要经常检查各部分轴承的温度，温度不得超过50℃，齿轮声响应平稳，传动、支托和筒体回转应无明显的冲击、振动和窜动，还应该经常做好设备的检查、维护和保养工作，其内容应包括：

①全部螺栓紧固件不应有松动现象。

②要经常注意滚圈和挡轮，拖轮的接触情况。

③挡风圈，齿轮罩不应有翅裂和摩擦撞损情况。

（4）干燥机轴承维护　干燥机的轴承担负机器的全部负荷，所以良好的润滑与轴承寿命有很大的关系，它直接影响到机器的使用寿命和运转率，因而要求注入的润滑油必须清洁，密封必须良好。主要注油处有转动轴承、轧辊轴承、所有齿轮、活动轴承等滑动平面。

①新安装的轮箍容易发生松动必须经常进行检查。

②检查机器各部位的工作是否正常。

③检查易磨损件的磨损程度，随时注意更换被磨损的零件。

④活动装置的底架平面上的翻板式干燥机应除去灰尘等物，以免机器遇到不能破碎的物料时，活动轴承不能在底架上移动，以致发生严重事故。

⑤轴承油温升高，应立即停车检查原因加以消除。

⑥转动齿轮在运转时若有冲击声应立即停车检查，并加以消除。

⑦干燥机常见部位正常润滑要求如表6-10。

表6-10　润滑部位、润滑材料、润滑周期表

序号	润滑点	润滑材料	润滑时间、周期
1	电机	钠钙脂	6个月
2	减速机轴承	钙基脂	6个月
3	减速机齿轮	10＃油	换/3个月
4	传动轴承	钙基脂	2次/班
5	支托轴承	钠钙油脂	6个月
6	挡轮轴承	钠钙油脂	6个月

（5）干燥设备周期保养

1）日维护保养

①每天用柔软棉布对设备进行擦拭，以保持外观整洁。

②每天开机前检查气源三联件，当油位不足时加润滑油，并将存水排出。

③每天清理集尘箱内的绒絮，保证良好的通风，使设备发挥最佳的烘干效果。

2）维护保养

①打开后箱盖，用柔软棉布清洁设备的内部。

②对轴承等运动件加注润滑油，以减少摩擦。

③检查皮带张紧力，调整皮带轮。

④对震动后容易造成松动和脱落的部位，包括电气线路、门的摇臂、管道连接处等进行坚固。

3）年度维修保养

①检查机座的固定螺栓是否松动并坚固。

②检查支承弹簧连接松紧情况并时行调整。

③检查设备的接地情况并保证可靠。

④检查电脑板的控制、风轮、热交换器的灵活程度。

⑤对设备上温度表等仪表送当地技术监督局计量检定。

（二）常见故障及排除方法

1. 批式循环干燥机（表 6-11）

表 6-11　批式循环干燥机常见故障及排除方法

故障种类	故障原因	排除方法
风压异常报警	1. 干燥机侧板没有盖严 2. 风压开关发生移位，接线头松脱、断线、损坏 3. 风机风道有异物堵住，风机轴承有卡滞，风机损坏	1. 装好干燥机侧板 2. 正确调整风压开关位置，拧紧接线头，更换断线，更换风压开关 3. 清理风道异物，更换风机轴承，更换风机
排粮轮转动异常	1. 燃烧器上方的转动检测开关发生移位或接线头松动或损坏 2. 下本体上的排粮轮被异物堵住，导致链条处的尼龙传动齿轮安装支架变形或损坏 3. 排粮轮电机损坏 4. 风机热继电器参数设定过小，风道有堵料，风机轴承损坏	1. 正确调整转动检测开关位置，拧紧接线头。如果转动检测开关损坏，应更换 2. 可以先校正尼龙传动齿轮支架，再松开被堵排粮轮上齿轮的紧固螺丝，让被堵排粮轮齿轮空转，在谷物烘干结束出粮后，再清除下本体上排粮轮上的异物，检查排粮轮损坏情况，校正或更换 3. 维修及更换电机 4. 正确设置风机热继电器参数，排除风道异物，更换风机轴承

（续）

故障种类	故障原因	排除方法
风机过载或接触器损坏故障报警	1. 风机缺相 2. 风机接触器不动作 3. 电机损坏 4. 排粮轮电机热继电器参数设定过小、排粮轮有杂物缠绕，堵塞	1. 检修线路及检查热继电器、接触器是否损坏 2. 检修接触器线圈驱动线路，如果驱动电压正常请更换接触器 3. 更换电机 4. 正确设置排粮轮电机热继电器参数，清除下本体排粮轮上异物
排粮轮电机过载或接触器故障报警	1. 排粮轮电机缺相 2. 排粮轮电机接触器不动作 3. 排粮轮电机损坏 4. 搬运电机热继电器参数设定过小、上搅龙有杂物缠绕，堵塞	1. 检修线路及检查热继电器、接触器是否损坏，修理或更换 2. 检修接触器线圈驱动线路，如果线圈驱动正常请更换接触器 3. 更换电机 4. 正确设置搬运电机热继电器参数，清除上搅龙异物
搬运电机过载或接触器故障报警	1. 提升机、上搅龙皮带打滑 2. 提升机皮带畚斗损坏 3. 上搅龙片磨损严重 4. 搬运电机缺相 5. 搬运电机接触器不动 6. 搬运电机损坏	1. 清理机尾堵料，重新调整提升机、上搅龙皮带张力或更换皮带 2. 更换畚斗 3. 更换上搅龙片或上搅龙 4. 检修线路及检查热继电器、接触器是否损坏，修理或更换 5. 检修接触器线圈驱动线路，如果线圈驱动正常请更换接触器 6. 更换电机
下搅龙电机过载或接触器故障报警	1. 下搅龙电机热继电器参数设定过小，下搅龙有杂物缠绕，堵塞 2. 提升机、上搅龙输送系统异常 3. 下搅龙片磨损严重 4. 下搅龙电机接触器不动作 5. 下搅龙电机缺相 6. 下搅龙电机损坏	1. 正确设置下搅龙电机热继电器参数，清除下搅龙异物 2. 检查提升机输送系统及上搅龙传动系统是否有异常 3. 更换下搅龙片或下搅龙 4. 检修接触器线圈驱动线路，如果线圈驱动正常请更换接触器 5. 检修线路及检查热继电器、接触器是否损坏，修理或更换 6. 更换电机

（续）

故障种类	故障原因	排除方法
燃烧器点火失败	1. 火焰监视器安装方向不正确或被污染 2. 油箱缺油、油路开关关闭或油路阻塞 3. 油路中有空气 4. 燃烧器的喷口被堵塞 5. 燃烧器的工作部件损坏或接线接触不良	1. 拔出火焰监视器，清理污物，将火焰监视器的光接受窗口正对燃烧器喷口方向重新插入 2. 及时给油箱加油，打开油路开关，清除油路堵塞物，包括清理燃油过滤器 3. 松开油泵进油口螺母，在明显溢油后再旋紧 4. 清理喷口及喷嘴 5. 更换损坏的燃烧器部件，拧紧接线头和插紧插头
燃烧器火焰不佳	1. 油质不好，水分及杂质高 2. 燃烧器风门或油压调节不当 3. 燃烧器喷口被污染	1. 清洗油路及过滤器，更换优质燃油 2. 根据需要把油压调整到8～14kg，通过观察火焰燃烧情况把风门调整到合适位置，在油压确定后风门如果转到某个角度，火焰长度50cm且火焰燃烧最明亮，风门此时所处位置就是比较理想的位置，再把风门锁紧螺丝锁紧即可 3. 清理燃烧器喷嘴和喷口处的污物
火焰监视器异常报警	1. 燃烧器喷口处光线太强 2. 火焰监视器脱落	1. 将燃烧器移到光线暗的地方 2. 将火焰监视器的光接受窗口正对燃烧器喷口方向重新插入
油泵继电器异常报警	控制燃烧器风机的继电器不动作或触点接触不良	检修风机继电器驱动线路或更换继电器
点火器继电器异常报警	点火继电器不动作或触点接触不良	检修点火器继电器驱动线路或更换继电器
电磁阀继电器异常报警	电磁阀继电器不动作或触点接触不良	检修电磁阀继电器驱动线路或更换继电器

（续）

故障种类	故障原因	排除方法
水分仪故障报警	1. 检测不到谷物报警 2. 水分仪不断反转过多报警 3. 滚轮上有干扰异物 4. 水分仪通信异常 5. 水分仪温度过高或过低 6. 水分仪不动作	1. 检查水分仪滚轮是否能碾压到足够多的谷物 2. 水分仪滚轮处是否有异物缠绕或堵塞 3. 清除水分仪滚轮处异物 4. 检查水分仪通信电缆连接情况。如果连接良好，就断电重启水分仪试试，如果故障不能排除，就应更换水分仪电路板 5. 检查水分仪温度传感器是否处于异常状态 6. 检查水分仪通信电缆是否接触良好，拆开水分仪尾部金属盖板，检查电路板是否有断线或插头接触不良现象。如果没有，则应更换水分仪或水分仪电路板

2. 连续式干燥机（表 6-12）

表 6-12　连续式干燥机常见故障及排除方法

故障种类	故障原因	排除方法
排粮机构堵塞	1. 粮食没有得到应有的清理，杂质太多 2. 杂质或杂物堆积堵塞	1. 加强粮食的清理，保证清理设备有效的工作 2. 定期清理干燥机
粮粒变色、焦糊粒	粮粒在塔体内部局部堵塞或粮食流动不畅，粮食受高温干燥介质的长时间作用	经常检查排料是否流畅，及时清理叶轮堵塞，保证机体流粮畅通
机内着火	1. 杂质清理不净产生自动分级，集中到局部，受高温干燥介质的长时间作用 2. 换热器局部损坏，有明火进入干燥机内 3. 热风温度过高，粮食过度干燥	1. 加强清理设备的管理工作 2. 严禁长时间超负荷使用热风炉。检查换热器，修复换热器损坏漏火处 3. 严格控制热风温度

（续）

故障种类	故障原因	排除方法
烘干塔漏气	1. 连接管道密封不严实 2. 排粮速度大于进粮速度，造成储粮段内粮层太薄	1. 把管道密封不严处重新密封 2. 增加进粮或降低排粮速度
干燥机产量低，降水幅度小	1. 主风机风门开度小 2. 热风温度低，降水慢 3. 煤层薄，炉温低 4. 煤层厚，炉排转速过慢 5. 炉温高，热风温度低 6. 废气室百叶窗堵塞	1. 将风门开到最大处 2. 提高并保持热风温度，稻谷 60～70℃ 3. 适当加厚煤层，提高炉温 4. 适当加快炉排转速 5. 打开引风机风门，检查炉膛沉降室是否堵塞 6. 清理百叶窗
水分不均匀度过大	1. 原粮水分差异大 2. 热风温度波动大 3. 排粮机构排粮间隙不均匀 4. 排粮机构局部堵塞 5. 热风分布不均匀 6. 废气室排气口面积过小或堵塞	1. 将湿粮分级堆放，分批烘干，每批水分差异不大于 3%，最好 2% 2. 按照操作规程操作热风炉 3. 停机，调整排粮间隙 4. 停机清理 5. 增加导风板 6. 增加排气口面积或清理百叶窗
排粮不均	1. 六叶轮与侧分粮板之间有堵塞物 2. 六叶轮与侧分粮板之间间隙不均匀	1. 停机，清理堵塞物 2. 调整排粮间隙
料位不准	1. 料位器失灵 2. 提升机皮带打滑或排料溜管堵塞	1. 检修料位器 2. 张紧提升机皮带或清理溜管

二、立筒仓的维护保养与常见故障排除

这里仅介绍机械化程度较高、应用较普遍的立筒仓——钢板仓的维护保养与故障排除方法。

（一）钢板仓的维护保养要求

（1）定期检查仓顶盖板是否完好，紧固螺栓是否松动。定期对仓顶平台进行检修，以防进料孔、平台板、防雨圈漏雨，构件外表产生锈斑等，如有锈斑应及时处理。定期对整体焊接式仓顶，对仓顶焊缝进行检查，根据检查情况确定必要的防腐处理。

（2）定期对工艺孔（包括通风孔、入孔、测温孔等）进行外表锈蚀情况检查和防漏情况检查。

（3）钢板仓每次装满或放空时，都要检查仓壁是否有变形现象，通廊支腿等敏感部位要特别仔细观测，并做好检查记录存档。每年检查仓壁锈蚀情况，根据检查情况对仓壁进行防腐处理。每次空仓后，应对仓体进行检查，仓门密封性是否良好，仓门四周是否有裂开现象，检查加强筋与仓壁连接情况。若为锥底仓，应对锥斗根部位进行检查，根据检查情况对锥斗进行防腐或其他处理。

（4）每年对直爬梯的安装螺栓进行防松动检查，并检查所用材料有无损坏，根据检查情况进行防腐或其他处理。

（5）经常检查仓壁是否有局部变形及加强筋仓壁板螺栓连接情况，检查其表面锈蚀及其密封等情况，发现问题要及时维护。因钢板仓的筒仓工况是交变荷载，仓体焊缝每半年检查一次，对焊缝变形部位应进行纠正补焊，对锈蚀的部位应及时进行防腐处理。如发现螺栓脱落应立即补装上。卸料空仓后，应检查筒仓的密封性及门框和相邻周边侧板、力筋有无变形或裂缝等现象，并根据实际情况采取维护措施。每月一次检查仓顶上张环、工艺孔（通风孔、入孔、测温孔等）及其他螺栓连接部位是否完好，紧固螺栓是否松动，垫片是否损坏。

（6）钢板仓冬天的防护：首先要准时加注润滑油，机器在作业前将各部位空运转一遍，做好物料贮存运送设备的保温或加热、防冻作业。其次，要查看配料斗里是不是有积水，如有则整理洁净。对水泵、水箱、水管的积水进行扫除，避免在严寒季节冻坏。钢板仓的大多数材料都是钢板，由于经常暴露在空气中，容易被腐蚀，所以要查看钢板仓的防腐作业，特别是查看钢板仓外表的防腐作业，看油漆涂刷是不是完整，厚度、润滑度是不是合格。做到以上这些，钢板仓才能长久正常运转。

（二）钢板仓常见故障及排除方法

钢板仓常见故障及排除方法如表 6-13 所示。

表 6-13　钢板仓常见故障及排除方法

故障种类	故障原因	排除方法
出料困难	—	1. 设计完善的基础防水结构、严格的地基处理要求，气力输送和气压平衡的空气必须经过严格干燥，仓壁气密性要严格控制，并尽量使出料廊道底面处于地下水位之上 2. 必须设计下料口发生故障难以排料时的封料阀门，以实现下料口的维修与更换，并设计备用的紧急出料通道，以便安全清库，处理意外板结等出料困难故障
仓体倾斜	多点出料的出料率较高。但由于统计等误差的累积，人为操作失误或某些下料口发生故障时，易于导致物料偏斜，引发仓体倾斜	1. 优先采用刚性地基和刚性基础，保证入料均匀堆放，并优先采用单点出料方式 2. 如为多点出料，可以配合相应的称量、计量系统，以保证各点出料量相同，进而防止物料偏载 3. 在土质偏软或地基处理费用大的情况下，可以采用允许沉降的基础。但在土壤承载力较高的地区，应采用刚性不沉降基础

参　考　文　献

耿端阳，张道林，王相友，等，2011. 新编农业机械学［M］. 北京：国防工业出版社.

参 考 文 献